# 21 世纪高校计算机应用技术系列规划教材

丛书主编　谭浩强

# Visual Basic 程序设计

## （第二版）

赵万龙　编著

U0107820

中国铁道出版社
CHINA RAILWAY PUBLISHING HOUSE

## 内 容 简 介

本书以 Visual Basic 6.0 为工具，以实用为主，通过大量应用实例的演练，较为系统、详尽地介绍使用可视化程序设计的基本知识和编程方法开发 Windows 应用程序的操作过程。主要内容包括：Visual Basic 概述，Visual Basic 语言基础，窗体，Visual Basic 基本控件，数据的输入与输出，图形，驱动器、目录与文件控件，对话框的程序设计，菜单的程序设计，多文档界面窗体及在应用程序中插入 OLE 对象等。

本书内容全面，操作实例丰富，语言简明易懂，强调实用性和可操作性，各章均配有习题。本书还配有教学辅助材料，包括各章节的内容提要、习题解答、习题扩充、上机操作实验等内容。

本书适合作为高等院校非计算机专业学生学习 Visual Basic 语言的教材，也可作为各类 Visual Basic 培训班教材，还可供 Visual Basic 初学者自学使用。

**图书在版编目（CIP）数据**

Visual Basic 程序设计/赵万龙编著.—2 版.—北京：
中国铁道出版社，2008.6
（21 世纪高校计算机应用技术系列规划教材）
ISBN 978-7-113-08790-6

Ⅰ.V… Ⅱ.赵… Ⅲ.BASIC 语言—程序设计—高等学校—教材 Ⅳ. TP312

中国版本图书馆 CIP 数据核字（2008）第 091979 号

书　　名：Visual Basic 程序设计（第二版）
作　　者：赵万龙　编著

策划编辑：严晓舟　　秦绪好
责任编辑：王占清　　　　　　　　　　编辑部电话：(010) 63583215
特邀编辑：薛秋沛　　　　　　　　　　封面制作：白　雪
封面设计：付　巍　　　　　　　　　　责任印制：李　佳
责任校对：侯　颖　　高婧雅

出版发行：中国铁道出版社（北京市宣武区右安门西街 8 号　　邮政编码：100054）
印　　刷：北京新魏印刷厂
版　　次：2008 年 7 月第 2 版　　　2008 年 7 月第 1 次印刷
开　　本：787mm×1092mm　1/16　印张：16　字数：362 千
印　　数：5 000 册
书　　号：ISBN 978-7-113-08790-6/TP · 2821
定　　价：24.00 元

21世纪是信息技术高度发展且得到广泛应用的时代，信息技术从多方面改变着人类的生活、工作和思维方式。每一个人都应当学习信息技术、应用信息技术。人们平常所说的计算机教育其内涵实际上已经发展为信息技术教育，内容主要包括计算机和网络的基本知识及应用。

对多数人来说，学习计算机的目的是为了利用这个现代化工具工作或处理面临的各种问题，使自己能够跟上时代前进的步伐，同时在学习的过程中努力培养自己的信息素养，使自己具有信息时代所要求的科学素质，站在信息技术发展和应用的前列，推动我国信息技术的发展。

学习计算机课程有两种不同的方法：一是从理论入手；二是从实际应用入手。不同的人有不同的学习内容和学习方法。大学生中的多数人将来是各行各业中的计算机应用人才。对他们来说，不仅需要"知道什么"，更重要的是"会做什么"。因此，在学习过程中要以应用为目的，注重培养应用能力，大力加强实践环节，激励创新意识。

根据实际教学的需要，我们组织编写了这套"21世纪高校计算机应用技术系列规划教材"。顾名思义，这套教材的特点是突出应用技术，面向实际应用。在选材上，根据实际应用的需要决定内容的取舍，坚决舍弃那些现在用不到、将来也用不到的内容。在叙述方法上，采取"提出问题-解决问题-归纳分析"的三部曲，这种从实际到理论、从具体到抽象、从个别到一般的方法，符合人们的认知规律，且在实践过程中已取得了很好的效果。

本套教材采取模块化的结构，根据需要确定一批书目，提供了一个课程菜单供各校选用，以后可根据信息技术的发展和教学的需要，不断地补充和调整。我们的指导思想是面向实际、面向应用、面向对象。只有这样，才能比较灵活地满足不同学校、不同专业的需要。在此，希望各校的老师把你们的要求反映给我们，我们将会尽最大努力满足大家的要求。

本套教材可以作为大学计算机应用技术课程的教材以及高职高专、成人高校和面向社会的培训班的教材，也可作为学习计算机的自学教材。

由于全国各地区、各高等院校的情况不同，因此需要有不同特点的教材以满足不同学校、不同专业教学的需要，尤其是高职高专教育发展迅速，不能照搬普通高校的教材和教学方法，必须要针对它们的特点组织教材和教学。因此，我们在原有基础上，对这套教材做了进一步的规划。

本套教材包括以下五个系列：

- 基础教育系列

- 高职高专系列

- 实训教程系列

- 案例汇编系列

- 试题汇编系列

其中，基础教育系列是面向应用型高校的教材，对象是普通高校的应用性专业的本科学生。高职高专系列是面向两年制或三年制的高职高专院校的学生的，突出实用技术和应用技能，不涉及过多的理论和概念，强调实践环节，学以致用。后面三个系列是辅助性的教材和参考书，可供应用型本科和高职学生选用。

本套教材自 2003 年出版以来，已出版了 70 多种，受到了许多高校师生的欢迎，其中有多种教材被国家教育部评为**普通高等教育"十一五"国家级规划教材**。《计算机应用基础》一书出版三年内发行了 50 万册。这表示了读者和社会对本系列教材的充分肯定，对我们也是有力的鞭策。

本套教材由浩强创作室与中国铁道出版社共同策划，选择有丰富教学经验的普通高校老师和高职高专院校的老师编写。中国铁道出版社以很高的热情和效率组织了这套教材的出版工作。在组织编写及出版的过程中，得到全国高等院校计算机基础教育研究会和各高等院校老师的热情鼓励和支持，对此谨表衷心的感谢。

本套教材如有不足之处，请各位专家、老师和广大读者不吝指正。希望通过本套教材的不断完善和出版，为我国计算机教育事业的发展和人才培养做出更大贡献。

全国高等院校计算机基础教育研究会会长
"21 世纪高校计算机应用技术系列规划教材"丛书主编

谭浩强

# 第二版前言

Visual Basic 6.0 是美国 Microsoft（微软）公司推出的一种在 Windows 平台上开发应用软件的程序设计语言，它继承了 BASIC 语言简单易学、操作方便等优点，而且适用于面向对象的程序设计编程机制和可视化程序设计方法，从而极大地提高了应用程序的开发效率。因此，在国内外各个领域的应用十分广泛，已经成为普通用户首选的面向对象的 Windows 应用软件开发工具。

Visual Basic 是在 Windows 环境下运行的程序设计语言，用于编写 Windows 应用程序，因此它与 Windows 有着十分密切的关系。随着计算机技术的深入普及，一般读者对 Windows 都有了基本了解。本书并没有系统地介绍 Visual Basic 的语法规则和算法设计，而是以实用为主线，通过大量实例的演练和讨论，重点介绍开发一个 Visual Basic 应用程序的设计思路和操作过程，即开发 Visual Basic 应用程序的 4 个操作步骤：用户界面设计、对象的属性设置、事件过程的程序代码设计及程序的调试、运行和保存。

根据教学实践的需要和读者的意见，本书是在第一版的基础上修订的，与第一版相比，主要做了以下几方面的改进和加强：

（1）现在许多高校已经把 Visual Basic 作为第一门程序设计课程，取代了 QBASIC，因此在第 1 章中淡化了从 QBASIC 到 Visual Basic 的过渡，让读者直接从 Visual Basic 入手学习程序设计。

（2）考虑到计算机课时有限，保留了第一版中将 Visual Basic 基本语法和编程方法介绍的内容放在第 2 章的做法，并对其内容加以充实，增加了程序实例，便于读者用较少的时间集中学习和掌握 Visual Basic 的基本语法和基本概念，然后用更多的时间和精力去学习 Visual Basic 的实际应用和操作过程。

（3）对其他九章的内容和实例也做了必要的修改和调整。

修订后的第二版仍保持第一版的风格：起点较低，概念清晰，面向应用，操作实例较丰富，内容通俗易懂。由于 Visual Basic 的内容很丰富，尤其是各种属性、事件、方法及系统的函数，不可能在本书中一一详细介绍，更多的需要读者在实际应用中体会，在本书最后，把常用的属性、事件、方法及系统的函数、常见的错误信息列在各个附录中，作为备查之用。

在第二版的修订过程中，刘学贵老师对书稿的文字内容及格式进行了认真的校订，赵丹青老师对各章的操作实例进行了验证和操作，徐燕老师、周星宇老师、朱艺红老师对本书内容的修订提出了许多宝贵的意见，在此表示诚挚的感谢！

在修订过程中，尽管对在第一版中发现的错误做了更正，但难免还会有不足与疏漏之处，请各位专家、教师和广大读者批评指正。

编　者
2008 年 4 月

# 第一版前言

Visual Basic 6.0 是美国 Microsoft（微软）公司推出的一种在 Windows 平台上开发应用软件的程序设计语言，它继承了 BASIC 语言简单易学、操作方便等优点，又适用于面向对象的程序设计编程机制和可视化程序设计方法，从而极大地提高了应用程序的开发效率。因此，在国内外各个领域的应用十分广泛，已经成为普通用户首选的面向对象的 Windows 应用软件开发工具。

本书不要求读者具备专门的计算机专业知识基础，只要求读者具有 Windows 的初步知识。Visual Basic 是在 Windows 环境下运行的程序设计语言，用于编写 Windows 应用程序，因此它与 Windows 有着十分密切的关系。随着计算机技术的深入普及，一般读者对 Windows 都有了基本了解。本书也没有系统地介绍 Visual Basic 的语法规则和算法设计，而是以实用为主线，通过大量实例的演练和讨论，重点介绍开发一个 Visual Basic 应用程序的设计思路和操作过程，即开发 Visual Basic 应用程序的 4 个操作步骤：用户界面设计、对象的属性设置、事件过程的程序代码设计及程序的调试、运行和保存。

第 1 章讲述 Visual Basic 是什么、Visual Basic 能够做什么和用 Visual Basic 怎样解决实际问题，并通过实例介绍了界面设计以及有关对象、属性、事件和方法的使用。

第 2 章集中介绍 Visual Basic 的语言基础知识，其目的是在以后学习各章内容、讨论实例、设计编写事件过程代码时，为读者提供一些语句、数组、函数、过程、数据文件操作等编码工具。读者可以先初步了解一下，为后面的学习做好准备。

从第 3 章～第 11 章，结合每章内容，通过对实例的操作和讨论，比较系统、详尽地介绍了窗体（第 3 章）、Visual Basic 最常用的 20 个控件（第 4 章）、数据的输入输出（第 5 章）、图形（第 6 章）、驱动器、目录与文件控件（第 7 章）、对话框的程序设计（第 8 章）、菜单的程序设计（第 9 章）、多文档界面窗体（第 10 章）以及 OLE 对象（第 11 章）等内容。

为了配合读者的学习，编者准备了这本书的辅助材料，包括各章节的知识要点、习题解答、习题扩充和上机实验指导等内容。

在本书的成稿过程中，刘学贵对全书的文字内容及格式作了认真的校对并对书中内容提出了宝贵意见，中国铁道出版社计算机图书中心对本书的内容、格式进行了认真的审阅和修改，进行了大量的工作，在此表示衷心感谢。

限于编者水平，加之计算机技术日新月异地发展，书中疏漏在所难免，不当之处，敬请读者批评指正。

编　者
2005 年 11 月

# 目录

# 第 1 章 | Visual Basic 概述

Visual Basic 的中文含义是"可视化的 Basic"，它是一门非常适合初学者学习可视化程序设计技术的计算机语言。它保留了 BASIC 语言语法简洁、直观简便的特点，又充分利用了 Windows 平台的图形优势，为软件开发人员提供了一个直观的、全新的软件开发环境和崭新的可视化软件开发工具。在开发 Windows 应用程序的软件中，Visual Basic 是最为流行的开发工具之一。

## 1.1 BASIC 发展史

BASIC 语言是 20 世纪 60 年代初产生于美国大学校园，从校园走向社会，此后风靡世界的一种在计算机技术发展史上应用得最为广泛的程序设计语言。BASIC 是 Beginner's All – purpose Symbolic Instruction Code 的缩写，可以直译为"初学者通用符号代码"。

与其他计算机高级程序设计语言相比，BASIC 语言是语法规则简洁明了，最容易理解和掌握的程序设计语言。它实用性强，被公认为是初学者最理想的学习程序设计的入门语言。

BASIC 语言自诞生以来，就在实际应用中不断地发展完善，截止到目前，它已前后经历了 4 个发展阶段。

第一个发展阶段为 1964 年—20 世纪 70 年代初期，最初的 BASIC 只有十几条语句，一般称之为基本 BASIC。

第二个发展阶段为 20 世纪 70 年代～80 年代中期，是随着微型计算机的出现而发展起来的，一般称之为微机 BASIC，以 GW-BASIC、MS-BASIC 为代表。微软（Microsoft）公司的创始人比尔·盖茨就是从研制包括 BASIC 语言在内的系统和应用软件起家的。微机 BASIC 除了能处理一般的数值计算和非数值计算问题外，还能制作简单的图画、动画、声音及其他一些数据文件，是功能比较丰富的实用型程序设计语言。

第三个发展阶段为 20 世纪 80 年代中期出现的结构化 BASIC 语言，以 True BASIC、QBASIC 和 Turbo BASIC 为代表。它颠覆了传统的程序设计流程，采用了一种新型的结构化程序设计思想和新的流程图——N–S 图，N–S 图去掉了在算法描述中的流程线，将程序设计流程归纳为 3 种基本结构：顺序结构、选择（分支）结构和循环结构。这样就有效地避免了传统程序设计流程中容易出现的逻辑性错误。结构化 BASIC 语言在我国软件开发人员中曾经是很流行的应用软件开发工具。

以上 3 个发展阶段的 BASIC 语言都是在 DOS 环境下的程序设计语言。

第四个发展阶段是 20 世纪 90 年代初微软推出的在 Windows 环境下的 BASIC 语言，这就是本书要介绍的面向对象程序设计语言——Visual Basic 语言。在短短的十多年时间里，微软将 Visual Basic 从 1.0 版发展到 .NET 版，随着版本的不断升级换代，其功能也日臻完善。目前，使用较多的版本是 Visual Basic 6.0 中文版。

Visual Basic 在保留了 BASIC 语言简单易学等优点的同时，又吸收了近年来最先进、最优秀的编程技术，从而成为在 Windows 操作环境下开发应用程序最好、最快、最简单的开发工具之一。

## 1.2　BASIC 与 Visual Basic 的比较

Visual Basic 以前的 BASIC 都是"在 DOS 环境下的程序设计语言"，而 Visual Basic 则是"在 Windows 环境下的 BASIC 语言"。Windows 与 DOS 编程环境的主要区别在于：DOS 为用户提供的是字符界面，而 Windows 提供了图形用户界面，使 Visual Basic 成为一个"可视化"的程序设计工具。

下面以一个简单的计算问题为例，说明 QBASIC 与 Visual Basic 的区别。

【操作实例 1-1】向计算机输入两个数，分别放到变量 x 和 y 中，计算 x*y，把结果放到变量 z 中，输出 z 中的结果。

### 1. QBASIC 实现过程

用 QBASIC 在 DOS 编辑环境下可编写出以下源程序代码：

```
INPUT "Please inter a number:"; x
INPUT "Please inter a number:"; y
LET z=x*y
PRINT "z="; x*y
END
```

运行这段源程序，输入 x 和 y 的初值后，按【Enter】键，在屏幕上就会输出如下结果：

```
Please inter a number: 5
Please inter a number: 8
z=40
```

可以看到，用 QBASIC 解决这样一个计算问题，屏幕上自始至终是一个字符界面。

### 2. Visual Basic 实现过程

如果用 Visual Basic 在 Windows 下处理这个问题，首先要设计一个非常直观的图形界面，如图 1-1 所示。将 x、y 的值分别放入两个文本框内，再用一个文本框显示相乘后的结果，然后单击"相乘后的结果"按钮，在第三个文本框内显示相乘的结果。由于它们之间用"*"号和"="连接起来，所以形成了"x 的值*y 的值 = z 的值"的强烈的视觉效果，如图 1-2 所示。运算结束后，单击"退出"按钮，结束整个计算过程。

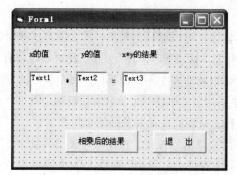

图 1-1　Visual Basic 的图形界面　　　　图 1-2　Visual Basic 图形界面的视觉效果

同样一个问题，在两种不同的环境下操作和运行，可以明显地感到 Windows 的图形用户界面比 DOS 的字符界面更直观，更具亲和力，更贴近人的操作习惯。

# 1.3　Visual Basic 的优势和特点

与其他可视化开发工具相比，Visual Basic 更大众化。Visual Basic 拥有最广泛的爱好者和学习者，具有易学易用的优势，大大推动了计算机的普及和应用。使用 Visual Basic 在 Windows 环境下开发应用软件，由于有一个图形环境的支持，这就使得它在编写程序方面具备了如下特点：

### 1. 可视化的程序设计工具

在 DOS 环境下编程，主要的工作是设计算法和编写程序。程序的各种功能都是通过程序语句，即一系列的"命令行"来实现的。而用 Visual Basic 开发应用程序，包括两部分工作：一是设计用户界面；二是编写程序代码。

Visual Basic 提供了一个"画板"（窗体），即用户界面，还有一个"工具箱"，在"工具箱"中放了许多被称为"控件"的工具，例如制作按钮的工具、制作文本框的工具、制作菜单的工具等。读者可以从工具箱中取出所需的工具，放到"画板"中适当的位置，这样就形成了"用户界面"、也就是说，屏幕上的用户界面是用 Visual Basic 提供的可视化设计工具——"控件"直接"画"出来的，而不是用程序"写"出来的。其实，Visual Basic 的界面设计也是由程序编写出来的，只不过这些编程工作不用读者来做，而是由 Visual Basic 系统自己来完成。

### 2. 面向对象的程序设计思想

面向对象的程序设计是伴随 Windows 的图形环境而产生的一种新的程序设计思想。所谓"对象"可以类比为现实生活中的可见"实体"。例如，学校有学生、教室、篮球场等，这些都可以看做是"对象"，在程序设计中，把用户界面上的每个实体，例如按钮、菜单、图片框及窗体本身都称为"对象"，这些对象就是由可视化编程工具"控件"派生出来的。

不同的对象在编程中所赋予它的功能是不同的。例如，在用户界面上设计两个命令按钮，一个用来处理用户输入的初始数据，另一个用来显示计算或处理结果。两个按钮就是两个不同的对象，为了使这两个对象具有各自的功能，就需要给这两个对象编写出实现各自功能的程序代码，这种编程的思想和方法就是"面向对象的程序设计"。

### 3. 编程采用"事件"驱动的机制

上面提到学校里的学生、教室、篮球场这些"实体"可以看做是对象，那么围绕这些对象可以发生许多"事件"，例如针对学生有上课、吃饭、休息、活动等"事件"发生，针对篮球场有"篮球比赛"、"没有比赛"等事件发生，一个对象通常可以响应多个不同的事件，每个事件的发生都需要用必要的文字或语言来表述。在 Visual Basic 中采用了"事件"驱动的编程机制，即一个事件的发生表述为：能驱动一段程序（事件过程）的执行，从而完成某对象的某个功能。

例如，用户界面上有一个"两数相加"按钮。用户单击该按钮，程序可完成"两数加法"运算。此时，用户单击鼠标的动作就会产生一个"按钮（对象）- 单击"事件（Click 事件），Visual Basic 系统就会自动调用执行命令按钮对象的 Click 事件过程，执行相应的程序代码。这就是事件驱动的功能。

用 Visual Basic 开发应用程序，改变了传统的编程机制，开发人员不需要编写传统意义上的主程序，也不需要明显地指出程序从哪里开始、到哪里结束，整个 Visual Basic 应用程序是由一个一个"小"的事件过程构成的。事件过程的执行与否及执行的顺序取决于操作时用户所引发的事件，若用户未引发任何事件，则应用程序将处于等待状态。

## 1.4　Visual Basic 的分类

Visual Basic 发行了 3 种不同的版本，以满足不同用户的需求，这 3 种版本分别是：

### 1. Visual Basic 学习版

学习版用于学习 Visual Basic。通过学习版读者可以很轻松地学习和掌握 Visual Basic 的基本功能和开发 Windows 应用程序的技术。学习版对于那些学习、了解 Visual Basic 基本内容和功能的用户是适合的。

### 2. Visual Basic 专业版

专业版为专业编程人员提供了一套功能齐全的软件开发工具。专业版包括了学习版的全部功能，还增加了 Active X 控件、集成可视化数据工具和数据环境等专业开发功能块。

### 3. Visual Basic 企业版

企业版为编程人员提供开发功能更加强大的应用程序，并包括了专业版的全部功能。

本书中的内容、例题及习题都是在 Windows XP 环境下用 Visual Basic 6.0 编写和开发的。

## 1.5　Visual Basic 6.0 的启动

在安装有 Visual Basic 6.0 的计算机上，常用下面的方法启动 Visual Basic 6.0。

单击 Windows XP 桌面左下角的"开始"按钮，弹出一个菜单，选择"所有程序"→"Microsoft Visual Basic 6.0 中文版"→"Microsoft Visual Basic 6.0 中文版"命令（见图 1-3），即可启动 Visual Basic 6.0 并进入集成开发环境，如图 1-4 所示。

用户在 Visual Basic 下所做的一切操作，几乎全部是在这个集成开发环境中完成的。

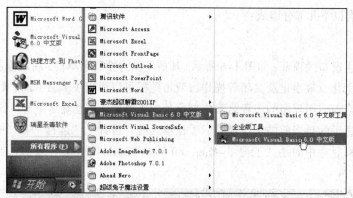

图 1-3　启动 "Microsoft Visual Basic 6.0 中文版" 命令

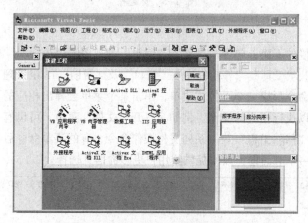

图 1-4　Visual Basic 6.0 集成开发环境

## 1.6　Visual Basic 6.0 集成开发环境的组成

启动 Visual Basic 后，集成开发环境（也称为主窗口）中显示有一个名为 "新建工程" 的对话框（见图 1-4），单击 "确定" 按钮后，主窗口成为如图 1-5 所示的界面。它是由以下几个部分组成的。

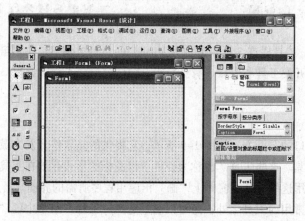

图 1-5　Visual Basic 6.0 的主窗口

主窗口界面有以下几部分组成：

### 1. 标题栏

标题栏位于主窗口的顶部，如图 1-6 所示。其最左侧为控制菜单框，用来控制主窗口的大小、移动、还原、最大化、最小化及关闭等操作，双击此框可以退出 Visual Basic 集成环境；控制菜单框的右侧显示当前应用程序的工程名和当前所处的工作模式，也就是主窗口的标题，在标题文字后面方括号内显示的是当前的工作模式，工作模式有"设计"、"运行"和"中断"3 种状态。图 1-6 中显示在标题栏中的是"工程 1 –Microsoft Visual Basic [设计]"，表明它当前处在"设计"状态。

图 1-6 　标题栏

### 2. 菜单栏

菜单栏位于标题栏的下面，包含"文件"、"编辑"、"视图"、"工程"、"格式"、"调试"、"运行"、"查询"、"图表"、"工具"、"外接程序"、"窗口"及"帮助"13 组管理 Visual Basic 的命令，如图 1-7 所示。每组命令形成一个下拉式菜单，单击某个菜单会弹出相应的下拉菜单，选择菜单上的某个命令，就可以执行相应的操作。例如，打开"文件"菜单，可以有"新建工程"、"打开工程"、"添加工程"、"移除工程"等一系列文件操作命令，有的菜单命令后有省略号"…"表示执行此命令时将弹出一个对话框，以便提供给用户更多的信息选择。

图 1-7 　菜单栏

### 3. 工具栏

工具栏一般位于菜单栏的下面，如图 1-8 所示。工具栏中以图标的形式为用户提供最常用的菜单命令。与操作菜单栏中的菜单命令相比，操作图标更快捷、简便、直观。只要单击某个图标，就可以立即执行相应的动作，不必再去打开某个菜单选取某个命令。例如，自左向右的第四个图标是"打开工程"，双击此图标相当于完成菜单栏中打开"文件"菜单，然后选择"新建工程"命令的操作。

图 1-8 　工具栏

标题栏、菜单栏、工具栏这 3 栏一般称为 Visual Basic 的主窗口，在主窗口的下面还有几个直接为程序设计提供的开发工具和窗口，有工具箱、窗体窗口、工程资源窗口、属性窗口及窗体布局等。

### 4. 工具箱

工具箱位于主窗口的左下方，如图 1-9 所示。它提供的是软件开发人员在设计应用程序界面时需要使用的常用工具。这些工具（也称为控件）以图标的形式存放在工具箱中，软件开发人员在做应用程序时，使用这些工具在窗体上"画"出应用程序所需的界面。

工具箱中除了最常用的工具之外，还可以通过选择"工程"菜单中的"部件"命令，向工具箱中添加新的工具。

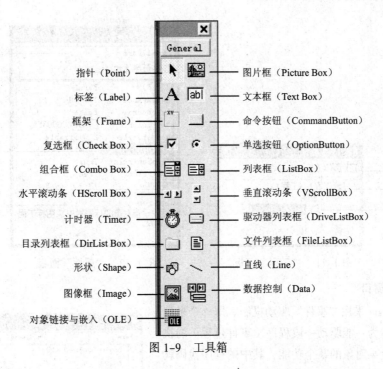

指针（Point）　　　　　图片框（Picture Box）
标签（Label）　　　　　文本框（Text Box）
框架（Frame）　　　　　命令按钮（CommandButton）
复选框（Check Box）　　单选按钮（OptionButton）
组合框（Combo Box）　　列表框（ListBox）
水平滚动条（HScroll Box）　垂直滚动条（VScrollBox）
计时器（Timer）　　　　驱动器列表框（DriveListBox）
目录列表框（DirList Box）　文件列表框（FileListBox）
形状（Shape）　　　　　直线（Line）
图像框（Image）　　　　数据控制（Data）
对象链接与嵌入（OLE）

图 1-9　工具箱

### 5．窗体窗口

窗体窗口在主窗口的正中位置，如图 1-10 所示。它主要用来设计应用程序的界面。窗体窗口是用户的一个"画板"，用户根据应用程序的需求选择工具箱中的这些工具，并把它们"画"在这块"画板"上，这就是用户所设计的应用程序界面，也称为用户界面。

### 6．"工程"面板

"工程"面板在窗体窗口的右上方，如图 1-11 所示。它所显示的是当前应用程序中所包含的所有文件清单。一个应用程序应该由一个工程文件（.vbp）

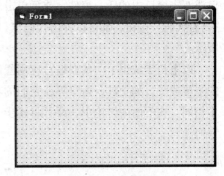

图 1-10　窗体窗口

或一个工程组构成，而一个工程可以包含窗体（.frm）文件、标准模块（.bas）文件、类模块（.cls）文件等。

在"工程"面板的上部，有 3 个按钮，分别用于"查看代码"、"查看对象"和"切换文件夹"，后面要详细讨论它们的使用。

### 7．"属性"面板

"属性"面板的位置通常在"工程"面板的下面，如图 1-12 所示。用户在窗体窗口中"画"出的每一个工具（称为控件），在此可以为其设置属性，并把这些属性值显示在窗口中。在窗体窗口中"画"一个控件，就有一个"属性"面板与之对应。

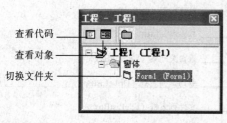

图 1-11　"工程"面板

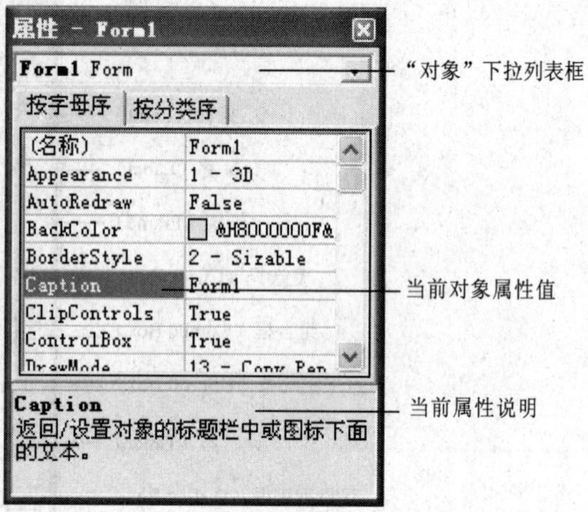

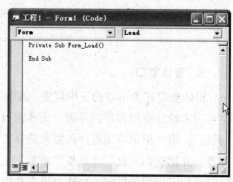

图 1-12　"属性"面板

### 8. 代码窗口

Visual Basic 采用"事件"驱动机制，即一个事件的发生可表述为：能驱动一段程序（事件过程）的执行，从而完成某对象的某个功能，其中的程序代码就是在代码窗口中完成的。在窗体窗口中，双击窗体窗口或双击窗口中的任一控件，或者单击图 1-11 中的"查看代码"按钮，都可以弹出代码窗口，如图 1-13 所示。

以上初步认识了一些在编写应用程序时需要使用的主要成员，如工具、窗口等，它们的功能和作用各不相同。在下面的讨论中，读者将逐步地熟悉和了解它们。

图 1-13　代码窗口

# 1.7　入门操作实例

下面通过一个简单的应用程序，了解一下 Visual Basic 解决实际问题的过程。

【操作实例 1-2】设计一个程序，界面上有一个"显示字符"命令按钮，在运行时若单击此按钮，在窗体上显示"Visual Basic 欢迎您！"一行文字，运行结果如图 1-14 所示。

一般来说，设计一个 Visual Basic 应用程序，主要有两步：设计一个用户操作界面和设计程序代码。具体操作可分为 4 个步骤：设计用户使用的界面；设计界面上各个控件的属性；编写程序代码；保存与调试应用程序。这 4 步的具体操作如下：

图 1-14　【操作实例 1-1】运行效果

**第一步**：设计用户使用的界面

应用程序运行时，用户输入或输出的信息都在这个界面中进行。所以界面设计要使用户感到方便、直观。本例中的用户界面只需要一个命令按钮。单击工具箱中的命令按钮，在窗体中的鼠标指针变为十字形，按住鼠标左键，拖出一个按钮；或者双击工具箱中的按钮控件，则在窗体正中会出现一个命令按钮对象，再用鼠标把该按钮拖到窗体中的合适位置。

通常，把工具箱中的工具称为"控件"，把用"控件"在窗体中"画"出的图形称为"对象"，在窗体中可以画出很多对象，但只有一个对象是当前激活的对象，其四周有 8 个蓝色控制点，用鼠标拖动这些控制点可以改变对象的大小，如图 1-15 所示。

**第二步：** 设计界面上各个控件的属性

本实例的用户界面上共有两个对象——窗体（Form1）和命令按钮（Command1），窗体不需要用工具箱中的控件生成，而是系统默认的对象。此外，还需要对窗体和命令按钮设置属性。

单击窗体，使其四周出现 8 个蓝色控制点。或选择"属性"面板中对象下拉列表（见图 1-14）中的 Form1，设置窗体的属性。单击 Caption（标题）属性，将其右侧文本框中的 Form1 改写为"入门操作实例"，此时窗体的标题栏中也显示了"入门操作实例"字样，再单击 Font（字体）属性，此时右边弹出一个有 3 个小黑点的按钮，单击该按钮，弹出一个字体对话框，可以在其中设置窗体中显示的字体为"华文新魏"、小三号。"属性"面板如图 1-16 所示。

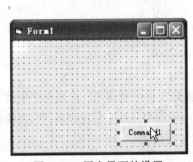

图 1-15　用户界面的设置

图 1-16　"属性"面板

下面设置命令按钮的属性。打开对应的 Command1"属性"面板，方法同操作窗体时一样。将命令按钮的属性面板中 Caption 属性右侧的 Command1 改为"显示文字"，修改后，同时看到窗体上这个命令按钮上的 Command1 也改为"显示文字"。与操作窗体的 Font 属性完全一样，将该命令按钮的字体属性修改为宋体、小四号。

**第三步：** 编写程序代码

通过操作步骤一和操作步骤二，已经可以看到用户界面上的按钮及按钮上的提示信息（即标题 Caption），但是这时用户若单击该命令按钮，应用程序是不会有任何反应的。这是因为还要为命令按钮编写一段程序代码。

编写程序代码要在代码窗口中进行。有以下 3 种方法可以打开代码窗口。

① 用鼠标双击窗体或其他对象的图标。

② 单击"工程"面板中的"查看代码"按钮。

③ 在菜单栏中选择"视图"→"代码窗口"命令。

打开代码窗口，看到在代码窗口的标题栏中显示"工程 1 - Form1 (Code)"，表明现在是代码窗口，标题栏下分为两部分：左边为"对象"下拉列表框，其中列出了用户界面上的所有对象，右边为过程下拉列表框，显示当前选中的对象的所有事件。在 Visual Basic 中编程，就是在对象下拉列表框中选择某一对象，在过程下拉列表框中选定该对象的某一个事件，即可形成一个"对象—事件"过程。例如，当双击用户界面上的命令按钮进入代码窗口后，窗口中自动显示两行文字：

```
Private Sub Command1_Click ( )

End Sub
```

实际上等价于在对象下拉列表框中选择命令按钮对象，在过程下拉列表框中选定该对象的 Click（单击）事件，从而形成一个"命令按钮—单击"过程。

此时，输入光标在两行自动显示的代码中间空行上闪烁，提示在光标处可以输入代码。本例只需要输入一行代码：Print"Visual Basic 欢迎您！"（用西文双撇号，不能用中文双引号），如图 1-17 所示。

对象下拉列表框 ———— 　　　　　　　　　　　———— 过程下拉列表框

图 1-17　代码窗口

其中，关键字 Private（私有）表示该过程只能在本窗体文件中被调用，应用程序中的其他窗体或模块不可以调用它。关键字 Sub 是子程序的标志。Command1_Click 是过程名，它由两部分组成：对象名和事件名，其间用下画线连接。End Sub 表示过程结束。

**第四步**：保存与调试

通过上述 3 个操作步骤，基本制作好了应用程序，这时应先保存文件，Visual Basic 应用程序的保存与通常的文件存盘操作有些不同。一个 Visual Basic 应用程序是一个工程(或一个工程组)，可由若干文件组成——窗体文件（.frm）、工程文件（.vbp）、二进制文件（.frx）等。应用程序越复杂，所包含的文件越多，但一个应用程序至少包含.frm 文件和.vbp 文件。

选择"文件"→"保存工程"命令或单击工具栏上的"保存工程"按钮，将弹出"文件另存为"对话框，如图 1-18 所示。此时，系统已经给窗体文件命名了一个默认的名字 form1.frm，该默认名表示该工程第一个窗体的窗体文件。建议用户不要使用这个名字，因为 Visual Basic 每建立一个工程，工程的第一个窗体文件名都默认为 form1.frm，最好换成"见名知义"的名字。例如，名字起为"操作实例 1-1.frm"，表示这是第 1 章中第 1 个操作例题的窗体文件。保存完窗体，单击"保存"按钮后，系统接着会再次弹出另一个保存窗口，这时文件名显示的默认名为"工程 1.vbp"。同样，也把这个名字改为"操作实例 1-1.vbp"，这样在资源管理器目录中就很容易识别"操作实例 1-1.frm"、"操作实例 1-1.vbp"是一个工程中的文件，它们互相依存，缺少哪一个应用程序都不能正常运行。也就是说，当移动这个应用程序时，其中的所有文件必须一起移动。如果该工程中的所有文件都是同名的（仅扩展名不同），在资源管理器中把它们按名称排序，就很容易把它们全部选中。

图 1-18　Visual Basic 的"文件另存为"对话框

　　保存好文件后，就可以对它进行调试运行。一般情况下，程序不可能一次运行成功，需要反复试运行，反复修改，这个过程叫做调试。

　　在 1.6 节中，提到 Visual Basic 有一个非常好的集成开发环境，可以集界面设计、代码编写、运行调试于一体。在该集成环境中进入运行模式有如下两种方法：

　　① 选择"运行"→"启动"或"运行"→"全编译执行"命令，如图 1-19 所示。

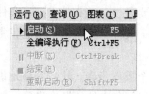

图 1-19　"运行"菜单命令

　　② 单击工具栏上的"启动"按钮，或在运行模式下单击工具栏上的"暂停"按钮及"停止"按钮，可以控制程序的运行，如图 1-20 所示。

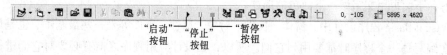

图 1-20　工具栏中的"启动"、"暂停"和"停止"按钮

　　若程序运行不正常，就要返回到设计模式中修改。单击"停止"按钮，程序会自动返回到设计模式下。修改后应再次保存文件（单击工具栏上的"保存工程"按钮），但这次存盘不会弹出为文件命名的窗口，系统会自动按路径原文件名重新存储该工程内的所有文件，例如.frm 文件及.vbp 文件。

　　确认程序运行正常后，可以选择"文件"→"生成操作实例 1-1.exe"命令（.exe 文件可以脱离 VB 环境运行）。系统默认将*.vbp 的文件名作为可执行文件的文件名，本例中工程文件名是"操作实例 1-1.vbp"，所以"文件"菜单下的"生成工程 1.exe"文件名已变成"生成操作实例 1-1.exe"，如图 1-21 所示。尽管可以在后续弹出的窗口中修改这个名字，但建议不要修改，仍是为了能方便地找到与该应用程序相关的所有文件。

图 1-21　生成 .exe 文件的命令

如果日后需要再次调试该应用程序，应选择"文件"→"打开工程"命令。打开工程窗口只允许打开 .vbp 文件，可见打开工程要通过 .vbp 文件，.vbp 文件会自动调用它所需要的其他文件。有些初学者在资源管理器中双击 .frm 文件，某些时候也能正常运行，但当窗体多于一个或遇到其他复杂的应用程序时就会出错。

至此，把入门操作实例分为 4 个操作步骤，比较完整地讲述了从设置用户界面、设置对象属性、编写程序代码、调试程序到运行保存文件的操作步骤。

在前面的讨论中，涉及几个新名词——窗体、控件、对象、事件、属性等。在做上面操作实例的过程中，对它们已经进行了简单的解释，通过对实例的具体操作，对这些概念也有了一个基本的了解，下面再用文字做一下简单的描述。

在 Visual Basic 程序设计中，窗体、控件、对象、属性、事件等是一些最基本、也是最常用的术语。在编写每一个程序时都要用到它们。所以，在设计应用程序之前有必要对它们进行简单的介绍。

### 1．窗体

在 Visual Basic 中，窗体是为用户设计应用程序界面而提供的窗口。它是多数 Visual Basic 应用程序设计界面的基础。它相当于一块画布，应用程序界面会全部在此画出，而无须编写任何有关界面的程序代码。设计中使用工具箱中的工具在窗体上画出的各种图形，如命令按钮、文本框、标签、图像框、文件列表框等统称为控件，而窗体和控件均称为对象。

### 2．属性

在 Visual Basic 中，属性用来描述对象的状态，即对象的名字、大小、位置和颜色等特性。每个对象都由若干属性来描述，不同的对象具有不同的属性，在设计应用程序时，通过改变对象的属性值来改变对象的外观和功能。

属性值的设置或修改有两种方法：一种是通过"属性"面板进行设置，另一种是通过程序代码的方法在程序运行时改变对象的属性。

### 3. 事件

事件是由 Visual Basic 事先设置好的，前面的操作实例 1-2 中已经接触到了事件，在其操作步骤三中，窗口中显示的两行文字：

```
Private Sub Command1_Click ( )
  Print " Visual Basic 欢迎您！ "
End Sub
```

就是一个"命令按钮（对象）-单击"事件，这个事件触发了一段程序代码（事件过程），在窗体上显示"Visual Basic 欢迎您！"一行文字。事件就是在对象上所发生的事情，通俗地说，事件是作用在对象上的某种事先规定的动作，如在日常生活中，上课铃声响了，这个事件触发了一个过程的发生：学生走进教室上课。在 Visual Basic 中，如在窗体上单击一次鼠标（单击窗体），在窗体上连续单击两次鼠标（双击窗体）等都是事件。不同的对象可以识别不同的事件。

Visual Basic 中对象的事件是固定的，用户不能随意定义一个新的事件，所以，Visual Basic 为每个对象提供了丰富的事件，这些事件足以满足 Windows 中大多数操作的需要。

## 1.8　开发 Visual Basic 应用程序的步骤

通过对上面入门操作实例的演练，总结出开发 Visual Basic 应用程序主要有以下 4 个步骤：

### 1. 设计用户界面

用工具箱中的控件，在窗体上按用户需求设计用户界面。用户界面由窗体和控件两部分组成。窗体就是进行界面设计时在其上面"画"控件的窗口。

### 2. 窗体或控件属性的设置

针对窗体或某一个控件，在其对应的"属性"面板中所进行属性值的设置，用户也可在程序代码中对它们进行设置或修改。

### 3. 编写事件过程代码

事件过程是指一组 Visual Basic 语句。一个事件过程是为响应一个对象的"事件"所进行的操作。例如，"单击"事件，当单击命令按钮时，就执行相应的过程以完成相应的操作。这些操作在过程中是用 Visual Basic 语句实现的，例如在入门操作实例中的语句"Print " Visual Basic 欢迎您!""。

### 4. 保存程序文件

应用程序基本制作好以后，要及时地进行保存。在 Visual Basic 下，一个应用程序由一个工程文件和相关的若干文件（如窗体文件等）组成，这些文件需要分别进行保存。

保存窗体文件时，选择"文件"→"保存 Form1"命令，弹出一个对话框，如图 1-22 所示。系统提供一个供用户选用的窗体文件名 Form1，如果不想用这个名字，可以输入自己指定的文件名，然后单击"保存"按钮，保存窗体文件。

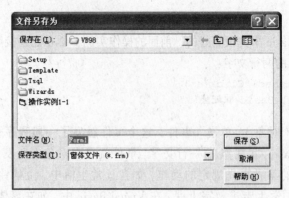

图 1-22    "文件另存为"对话框

如果 Visual Basic 的一个工程包含多个窗体，那么用上述方法分别保存了各个窗体文件之后，还需要保存一个工程文件。选择"工程另存为"命令，在弹出的"文件另存为"对话框中，输入工程文件名，单击"保存"按钮即可。

# 1.9   脱离 Visual Basic 环境应用程序的运行

上面介绍的工程文件、窗体文件都是在 Visual Basic 的集成开发环境下运行的，当一个应用程序开始运行后，Visual Basic 解释程序就开始对程序逐行解释、逐行执行。这些文件可以脱离 Visual Basic 集成环境，而直接在 Windows 下运行。

如果要想使应用程序不在 Visual Basic 集成环境中运行，就必须对应用程序进行编译，生成 .exe 文件。具体步骤是：选择"文件"→"生成工程 1.exe"命令，弹出"生成工程"对话框，如图 1-23 所示。输入文件名，单击"确定"按钮，关闭对话框，就可以生成一个 .exe 文件。

如果需要运行编译后的程序，可以在 Windows XP 下的"资源管理器"或"我的电脑"中找到该文件，然后双击文件名即可执行。也可以选择"开始"→"运行"命令，在弹出的"运行"对话框中输入带路径的可执行文件名，然后单击"确定"按钮，如图 1-24 所示。

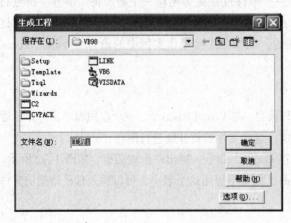

图 1-23    "生成工程"对话框

图 1-24    "运行"对话框

# 1.10 习　　题

1. Visual Basic 有哪些版本？你上机操作使用的是哪一个版本？

2. 如何启动和退出 Visual Basic？

3. Visual Basic 6.0 集成开发环境由哪几部分组成？

4. 将【操作实例 1-2】按照书中叙述的操作步骤在计算机上操作一次。

5. 设计一个用户操作界面和设计程序代码。具体操作可分为几个步骤来完成？具体的操作步骤是什么？

6. 脱离 Visual Basic 环境，应用程序如何运行？

# 第 2 章　Visual Basic 语言基础

通过对第 1 章的学习，读者对 Visual Basic 的界面设计有了一个初步的认识和了解。Visual Basic 还有一个重要部分是编写程序代码，它主要是对对象的过程事件做出回应后，具体执行任务的反映，这些代码组成了 Visual Basic 程序主体。本章主要介绍 Visual Basic 语言基础，其中包括常量和变量类型、常用的内部函数、表达式的书写、基本语句的语法、通用函数和过程的编写等。另外，还穿插介绍了一些用基本语句编写的程序。

## 2.1　常量与变量

在学习计算机语言时，初学者常常对常量和变量有不同的数据类型感到困惑。比如，在日常生活中，一般把学生的姓名、性别等作为符号，把学生的学号、电话号码等作为数字。但在计算机中，两者都用符号（即字符串）来表示，这是因为学生的学号、电话号码多数情况下是作为符号来使用的，它不同于那些真正参与运算的数值，而且很多学号中常常有前缀 "0"，电话号码中常含有 " – " 符号，因此把它们作为数字形式的字符来看待更合理些。另外，根据计算机存储、处理信息的特点，不同的量需要采取不同的方式来处理，这就是所谓的数据类型。所以，在学习语言之前，需要了解并掌握计算机语言中的常用数据类型。

像数学中讨论常量与变量一样，本节讨论的常量是指不随时间改变的量，此处 "时间" 相对于计算机程序而言是指程序执行的先后顺序，所以常量的定义就是不随程序运行而改变的量，有时也称做 "常数"。变量是指其内容会随程序运行而改变的量，这里所说的 "其内容" 的含义是指变量中存放的数据，不用 "数值" 而用 "数据" 两字是想着重说明数值的含义是数，而数据可以是任何类型的量。

### 2.1.1　常量

Visual Basic 中的常量有数值常量、字符串常量、货币数据常量、日期／时间常量、逻辑数据常量和符号常量 6 种。

#### 1. 数值常量

数值常量可分为整数、长整数、定点实数和浮点实数，其中，浮点实数又可分为单精度浮点数和双精度浮点数。

在 Visual Basic 语言环境下，不同类型的数值常量，在计算机内部占用的字节数和取值范围是不相同的。数值常量的分类如表 2-1 所示。

**表 2-1　数值常量分类**

| 数 据 类 型 | 占用字节/B | 取 值 范 围 | 范 例 |
|---|---|---|---|
| 整数 | 2 | −32 768～32 767 | 12 345 |
| 长整数 | 4 | −2 147 483 648～2 147 483 647 | 321 456 798 |
| 定点实数 | 3 | −999 999 999 999 999.0～999 999 999 999 999.0 | 123 456.456 |
| 单精度实数 | 4 | 负数：−3.402 823E+38～−1.401 298E−45<br>正数：1.401 298E−45～3.402 823E+38 | 2.345 6E−06 |
| 双精度实数 | 8 | 负数：−1.797 693 134 862 32D+308～<br>−4.940 656 458 412 47D−324<br>正数：4.940 656 458 412 47D−324～<br>1.797 693 134 862 32D+308 | −2.345 6D+03 |

整数——占用 2B，即 16 位二进制位，取值范围为−32 768～32 767。

长整数——占用 4B，取值范围为$-2^{31}$～$2^{31}-1$，即−2 147 483 648～2 147 483 647

定点实数——指含有小数点的实数，一般是占用 3B，其取值范围为−999 999 999 999 999.0～999 999 999 999 999.0。

浮点实数——指数形式的实数，又称为"科学计数法"。浮点实数用尾数和阶码两部分来表示，如−3 256 765 = −3.256 765E+6，其中−3.256 765 称为尾数，E+6 称为阶码。单精度浮点实数占用 4B，取值范围分别如下：

负数：−3.402 823E+38～−1.401 298E−45。

正数：1.401 298E−45～3.402 823E+38。

双精度浮点实数占用 8 个字节，取值范围分别如下：

负数：−1.797 693 134 862 32D+308～−4.940 656 458 412 47D−324

正数：4.940 656 458 412 47D−324～1.797 693 134 862 32D+308

在表示单精度或双精度实数时，也可以不用指数形式，但此时必须在数值后加符号"!"表示单精度实数，或加符号"#"表示双精度实数，如 8.345 678 9# 表示一个双精度实数。

**2．字符串常量**

字符串常量由一串 ASCII 字符或汉字国标码符号或两者相结合而组成的量。它可以是字母、数字、汉字、空格和特殊符号。字符串常量的最大长度是 64 512B（注意，一个 ASCII 字符占用 1B，一个汉字国标码符号占用 2B）。字符串常量必须用英文双引号（" "）括起来。例如，"Visual Basic"、"3 + 5"、"北京欢迎您！" 等都是正确的字符串常量。

**3．货币数据常量**

货币数据常量主要用来计算货币数据，该类型的数据占用 8B，执行运算时小数点左边有 15 位，小数点右边有 4 位，以便获得精确的计算结果。

货币数据常量的取值范围为−922 337 203 685 477.580 5～922 337 203 685 477.580 7。为了辨别，通常在数字尾端加"@"表示货币数据常量，如 123 456.789@。

### 4. 日期/时间常量

日期/时间常量在计算机内部占用 8B。

日期的取值范围是公元 100 年 1 月 1 日—公元 9999 年 12 月 31 日，形式为"月–日–年"，使用时要用一对"#"括起来。例如，2008 年 8 月 18 日表示为#8–18–2008#。

时间的取值范围是 0 点 0 分 0 秒～23 点 59 分 59 秒，表示为 0:0:0～23:59:59。使用时也要用一对"#"括起来。例如，#12:28:25PM#。

表示日期/时间，例如 2008 年 8 月 18 日下午 1 点 20 分，即 #8–18–2008 1:20pm#或者#8–18–2008 13:20#。

### 5. 逻辑常量

逻辑常量只有两个值：True 和 False，分别表示"真"和"假"。

字符串常量、货币数据常量、日期/时间常量、逻辑常量分类如表 2-2 所示。

表 2-2 字符串、货币数据、日期/时间、逻辑常量分类

| 数据类型 | 占用字节/B | 取值范围 | 范例 |
|---|---|---|---|
| 字符串常量 | 1～2 | 1～64 512B | "123"，"北京" |
| 货币数据常量 | 8 | −922 337 203 685 477.580 5 ～ 922 337 203 685 477.580 7 | 123 456.789 1@ |
| 日期/时间常量 | 8 | 100.1.1～9999.12.31 0:0:0～23:59:59 | #8–18–2008# #12:18:25# |
| 逻辑常量 | 1 | True，False | True　False |

### 6. 符号常量

在程序中用一个符号来代表一个常量可以增加程序的可阅读性，同时也方便程序的修改和移植，这样的符号称做符号常量。符号常量在使用前需用 CONST 语句声明，其语法为：

CONST <符号常量名>=<常量>

例如，在窗体的通用对象的声明中输入"CONST PI = 3.14159"语句，那么在窗体中各过程事件的程序代码中都能用 PI 符号常量来表示常量 3.14159。

## 2.1.2 变量

与常量类似，Visual Basic 中的变量有整型变量、长整型变量、单精度型变量、双精度型变量、字符串变量、货币数据变量、日期数据变量和变体数据变量等多种类型。

在程序设计中，使用变量的目的是用它在计算机内存中保存程序运行过程中的数据处理结果（或中间结果）。为了在程序中存取它们（注意，无论是最终结果还是中间结果，其实都是数据），就要有一个标识符来指明某个数据存放在内存空间中的具体位置，从而能对它进行"存"或"取"的操作，这种标识符就是变量名。

变量是用来存储数据的，变量用变量名标识，变量中存放的数据称为变量的内容。在程序设计中都是通过变量名来表示变量的内容，即动态地使用变量内容或修改变量的内容。

对变量进行"存"、"取"操作具有"取之不尽"、"一冲就掉"的特点。变量在程序执行的

某一瞬间的值是确定的，但在程序执行的整个过程中，它的值是可以被改变的。一个变量在某一瞬间只能存放一个值，例如一个变量一开始存放数值 100，每次向它"取"值时总是 100（就是所谓的"取之不尽"），但当把 200"存"入这个变量时，变量中原来存放的 100 就被"冲"掉了，由 200 覆盖了 100（就是所谓的"一冲就掉"）。由于变量在某一瞬间只能代表某一个值，而它以前的值都被覆盖了，所以说变量不具有记忆性。

在 Visual Basic 中，变量名的取名方法最好满足"见名知义"，应符合以下规则。

（1）第一个字符必须是字母，其后可以跟字母、数字或下画线"_"，长度不超过 255 个字符，如 myname 、Zhang_xiaoping、number_1 等。

（2）变量名不区分大小写，如 MyName、MYNAME、myname 被视为同一个变量。

（3）变量名在引用范围内必须是唯一的，如在一个过程中、一个窗体内等。

此外，变量是用来保存被处理数据结果的，而数据有不同的类型，因此变量也有类型之分。为了保证程序代码阅读、修改方便，使用变量命名要标准。

在程序设计中，每一个变量在使用前都要对其类型进行说明。说明变量类型有两种方法：一是显式声明，使用强制类型说明语句说明变量；二是隐式声明，在变量的尾部加上类型隐含声明字符来声明变量。

### 1. 显式声明变量

所谓显式声明，就是用一个说明语句来定义变量的数据类型。说明语句的语法为：

Dim|Private|Static|Public 变量名　[As 类型]

其中：

（1）Dim、Private、Static、Public 都是说明语句的语句定义符，它们在代码窗口中定义变量的位置不同，所代表变量的作用范围也不同。本书常用的定义变量类型的语句定义符是 Dim。

① 建立过程级变量（范围最小），在过程中用 Dim、Private 或 Static 语句声明变量。

② 建立模块级变量，在通用的声明段用 Private 或 Dim 语句声明变量。

③ 建立公用变量（范围最大），在通用的声明段用 Pubic 或 Dim 语句声明变量。

（2）变量名：按照变量的命名规则命名。

（3）类型：类型是被声明变量的数据类型或对象类型，但也可以省略。Visual Basic 中部分变量的数据类型或对象类型如表 2-3 所示。

表 2-3　变量的数据类型或对象类型

| 变 量 类 型 | 类 型 名 称 | 后缀类型声明符 |
| --- | --- | --- |
| 字节变量 | Byte | 无 |
| 整型变量 | Integer | % |
| 长整型变量 | Long | & |
| 单精度型变量 | Single | ! |
| 双精度型变量 | Double | # |
| 字符串变量 | String | $ |
| 货币型变量 | Currency | @ |

续上表

| 变　量　类　型 | 类　型　名　称 | 后缀类型声明符 |
|---|---|---|
| 日期型变量 | Date | 无 |
| 逻辑型变量 | Boolean | 无 |
| 对象变量 | Object | 无 |
| 变体变量 | Variant | 无 |

例如：

```
Dim Sum As Integer                       '变量 Sum 被声明为整型变量
Private dMax As Double, dMin As Double    '变量 dMax、dMin 被声明为双精度型变量
Static Student_name As string            '变量 Student_name 被声明为字符串变量
Public Book_id As String*8               '变量 Book_id 被声明为定长字符串型变量
Dim x                                    '变量 x 被声明为变体变量
```

在 Visual Basic 中，如果在声明中没有声明数据类型，则变量的数据类型为变体 Variant。Variant 数据类型很像一条变色龙——它可在不同场合代表不同的数据类型。当指定变量为 Variant 变量时，不必在数据类型之间进行转换，Visual Basic 会自动完成各种必要的转换。

变量被声明后，这些变量有了数据类型，但它们的值是多少呢？在变量没有被赋值之前，根据不同的数据类型，系统会为变量赋予不同的初值。数值型变量的初值为 0，字符型变量的初值为空字符串 ""，逻辑型变量的初值为 False，日期型变量的初值为 00:00:00。

另外，在 Visual Basic 中，可以使用一种"后缀类型声明符"的方法对变量进行类型声明，变量的后缀类型声明符参见表 2-3 第 3 列。例如，num% 是一个整型变量，longnum& 是一个长整型变量，str$ 是一个字符串变量，singnum! 是一个单精度变量，dunum# 是一个双精度型变量等。一个数值型变量如果不是显式声明，且不带后缀类型声明符，那么默认为一个单精度变量，也就是说单精度变量的后缀类型声明符可以省略。

### 2. 隐式声明变量

Visual Basic 与其他语言有一点不同，就是它不要求变量在使用前必须声明。当变量未声明而直接使用时称为隐式声明。所有隐式声明的变量都是 Variant 类型的，相当于显式声明中的 Dim 语句。

因此在使用一个变量之前可以不必先声明这个变量。例如：

```
Pivate Sub Command_Click()
  TempVal=1
  Print TempVal*2
End Sub
```

程序代码中的变量 TempVal 不必在使用之前先声明它，可以直接使用。程序运行时 Visual Basic 用 TempVal 这个名字创建一个变量，使用这个变量时，可以认为它就是显式声明的。

虽然这种方法很方便，但是如果把变量名拼错了，就会导致一个很难以查找的错误发生。假定事件过程如下：

```
Pivate Sub Command_Click()
  TempVal=1
```

```
    Print TemVal*2
End Sub
```

这两段程序代码看起来好像是一样的。但是运行上面的程序段的显示结果是 2，而运行下面的程序段的显示结果却是 0，导致这种错误结果的原因是在下面程序段中，"Print TemVal * 2"一行中把变量名"TempVal"错写为"TemVal"，Visual Basic 认为变量 TemVal 是一个隐式声明的一个新变量，所以运行结果总是 0。事实上是用户把一个已有的变量名写错了，而这个变量名是隐式声明的。

### 3. 强制声明变量

上述程序段尽管运行结果是错的，但程序本身并没有语法错误，为了便于调试程序，避免这种由于隐式声明变量引发的错误，最好在使用变量前都加以声明。

Visual Basic 提供了强制声明变量语句，其方法是在窗体的通用声明部分加上这样一条语句：

```
Option Explicit
```

这样就可以强制要求用户必须进行变量声明，否则出现编译错误"变量未定义"。有两种方式可以添加强制声明变量语句：一种是用手动的方法向已建立的模块中添加 Option Explicit 语句，如图 2-1 所示。另外一种是选择"工具"→"选项"命令，弹出"选项"对话框，如图 2-2 所示，在对话框中选择"编辑器"选项卡，再选中"要求变量声明"复选框。这样选定之后，在任何新模块中就会自动插入 Option Explicit 语句（但不会在已经建立起来的模块中自动插入）。

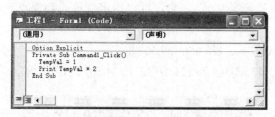

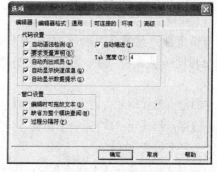

图 2-1　通用声明部分加 Option Explicit 语句　　　　图 2-2　"选项"对话框

仍以上面的例子为例，如果在命令按钮的 Click 事件前执行 Option Explicit 语句，那么 Visual Basic 将会确认 TempVal 和 TemVal 都是未经声明的变量，并将它们都给出"变量未定义"的错误信息。在程序代码中应以显式声明方式定义 TempVal。

```
Pivate Sub Command_Click()
  Dim TempVal As Integer
  TempVal=1
  Print TemVal*2
End Sub
```

这样，由于用户将变量"TempVal"误写为"TemVal"，Visual Basic 发现后将对拼错了的变量 TemVal 显示错误信息"变量未定义"，使用户能够立刻发现变量的拼写错误。由于 Option Explicit 语句有助于抓住这种类型的错误，所以最好在所有程序代码中都使用它。

### 2.1.3　变量的数据类型

#### 1. 数值型变量（Numeric）

数值型变量有 6 种：整型、长整型、单精度型、双精度型、字节型和货币型。

（1）整型变量（Integer）

整型变量用于保存整数。它占用两个字节的存储空间，取值范围为-32 768～32 767，后缀类型声明符为"%"，如 abc%。如果某变量总是存放整数（如 16）而不是带小数点的数字（如 3.45），就应当将它声明为 Integer 类型或 Long 类型。整型数的运算速度快，占据的内存要比其他数据类型少。

（2）长整型变量（Long）

长整型变量用于保存相对来说较大的整数。它占用 4 字节的存储空间，取值范围为-2 147 483 648～2 147 483 647，后缀类型声明符为"&"。例如，abc&、mynumber&、等均表示长整型变量。

（3）单精度型变量（Single）

单精度型变量用于存放实数。它占用 4 字节的存储空间，取值范围与同类型常量相同（见表 2-1），最多可表示 7 位有效数字。它的后缀类型声明符是"!"。它可以用两种形式来表示：定点形式和浮点形式。

① 单精度型定点形式是指小数点的位置固定。例如：3.1415、0.0000012!、12340000.0 等。

② 单精度的浮点形式是用指数形式来表示的实数。它用科学计数法，以 10 的整数次幂表示数。以"E"来表示底数 10，例如：$3.123\,4 \times 10^{3}$、$-1\,234 \times 10^{-3}$、$0.001\,234 \times 10^{4}$ 分别表示为 3.123 4E+3、-1 234E-3、0.001 234E+4。

（4）双精度型变量（Double）

双精度浮点型最多可表示 15 位有效数字。它占用 8 字节的存储空间，取值范围与同类型常量相同（见表 2-1）。它的后缀类型声明符是"#"。它也可以用定点形式和浮点形式来表示。

它的定点形式例如：12.34 #、0.000 000 001 2 #、123 456 789.567 8 等。

它的浮点形式用"D"来表示底数。例如，12.34D+3、-1234D-3、1.234 567 89D-18 等。

（5）字节型变量（Byte）

字节型变量用来存储无符号整数，它占用 1 字节的存储空间，取值范围为 0～255。

所有可对整数进行操作的运算符均可操作字节型数据类型。因为字节型变量是从 0～255 的无符号类型，所以不能表示负数。因此，在进行减法运算时，Visual Basic 首先将 Byte 转换为符号整数。

（6）货币型变量（Currency）

货币型变量主要用来存储货币数据。它占用 8 字节的存储空间。取值范围与同类型常量相同（见表 2-1）。它的后缀类型声明符是"@"。货币型支持小数点右面 4 位和小数点左面 15 位，它是一个精确的定点数据类型，适用于货币计算。

以上是 6 种数值类型变量。所有的数值变量都可相互赋值，也可对 Variant 类型的变量赋值。

#### 2. 字符型变量（String）

如果变量中存放字符串，就可将其声明为 String 类型。字符串变量的长度由字符串变量中字符的个数来确定，每个字符占用 1 个字节，它的后缀类型声明符是"$"。字符串以一对英文双引号（""）作为分隔符，字符可以是英文字母、数字、汉字、标点符号、空格、制表符号等。例如，"abcd"、"1234"、"VB 程序设计"、"12+6"等。

字符数据类型包括变长字符串和定长字符串。

（1）变长字符串

变长字符串指字符串的长度不固定。可用以下语法来声明一个变长字符串：

```
Dim 变量名 As String
```

（2）定长字符串

定长字符串是指声明字符串具有固定长度。可用以下语法声明一个定长字符串：

```
Dim 变量名 As String*size
```

例如，为了声明一个长度为 8 字符的字符串，可用下列语句：

```
Dim  Bookname  As String*8
Bookname = "计算机科技发展史"
```

如果赋予字符串的字符少于 8 个，则用空格将 Bookname 的不足部分填满；如果赋予字符串的长度超过了 8 个，Visual Basic 会直接删除超出部分的字符。

### 3. 日期型变量（Date）

日期型变量用来保存日期和时间。它占用 8 个字节的存储空间，类型分隔符是"#"，赋值时用两个"#"将日期和时间前后括起来。例如：

```
Dim Ti As Date
Ti=#2008-8-18#
Ti=#July 24,2004 10:09:36#
Ti=#3:15:23pm#等。
```

### 4. 逻辑型变量（Boolean）

若变量的值只是"True/False"、"Yes/No"、"On/Off"等状态的信息，都可将它声明为 Boolean 类型变量。它占用 2 字节的存储空间。逻辑型变量的默认值为 False。

### 5. 变体变量（Variant）

变体数据类型是一种通用的、可变的数据类型，它可以表示前述任何一种数据类型。变体变量占用 16 个字节的存储空间。

它能够存储所有系统定义类型的数据。定义方式有两种。

第一种为显式定义：

```
Dim 变量名  As Variant
Dim 变量名
```

第二种为隐式定义，即不定义就使用的变量都是 Variant 变量。

假设定义 x 为变体变量：

```
Dim x As Variant
```

在变量 x 中可以存放任何类型的数据，如：

```
x=3.1415                   '可存放一个实数
x="I am a student! "       '可存放一个字符串
x="8-18-2008"              '可存放一个日期型数据
```

　　按照赋予变量 x 的值的类型不同，变量 x 的类型也在不断地变化，这就是称之为变体类型的由来。当一个变量未定义类型时，Visual Basic 自动将该变量定义为 Variant 类型。不同类型的数据在 Varian 变量中是按其实际类型存放的（例如，将一个整数赋给 x，在内存区中按整型数方式存放），用户不必作任何转换，转换的工作由 Visual Basic 自动完成。

　　Visual Basic 还提供了一种 VarType()函数，用来测定一个 Variant 变量的实际数据类型。VarType()函数的值是一个数值，其含义如表 2-4 所示。

表 2-4　VarType()函数测定一个 Variant 变量的值

| VarType 函数值 | 数 值 类 型 | VarType 函数值 | 数 值 类 型 |
| --- | --- | --- | --- |
| 0 | 空 | 5 | 双精度型 |
| 1 | Null | 6 | 货币型 |
| 2 | 整型 | 7 | 日期型 |
| 3 | 长整型 | 8 | 字符串型 |
| 4 | 单精度型 | | |

　　例如：

```
Dim Var1 As Variant
Int1=123:Long1=186&:Single1=12.6!:Double1=34.5#
Str1="abed":Cur1=8886@:Da1 = #10/12/2008#
Print VarType(Var1),VarType(Int1),VarType(Long1),VarType(Single1)Print
VarType(Str1),VarType(Cur1),VarType(Double1),VarTyPe(Da1)
```

程序开头，Var1 被定义为 Variant 型变量，程序中未对它赋值，其他各变量均未声明为何种类型的，按照 Variant 型对待。分别对 7 个 Variant 型变量赋值。然后用 VarType()函数测试这 8 个变量的实际类型，可以从输出结果中看到它们的实际数据类型。

　　运行此段程序，输出结果如下：

0（未赋值）　　　　2（整型）　　　　3（长整型）　　　　4（单精度型）
8（字符串型）　　　6（货币型）　　　5（双精度型）　　　7（日期型）

### 6. 用户自定义类型

　　在程序中仅有以上变量的数据类型是不够的。常会遇到如下情况：一个对象有多种属性，这些属性的数据类型又各不相同。例如，描述一个学生对象的属性有学号、姓名、性别、出生日期和各科成绩。比较适合各属性的数据类型是：学号和姓名为字符串型，性别为逻辑型，出生日期为日期型，各科成绩为数值型。处理这种类型的数据，最好使用 Visual Basic 提供的用户自定义数据类型。用户自定义数据类型需要先定义，再做变量声明，然后才能使用。

　　（1）用户自定义数据类型的定义

　　Visual Basic 提供了 Type 语句让用户自己定义这种数据类型。它的一般形式为：

```
[ Private| Public] Type <用户自定义类型名>
    <数据项1>  As 类型
    <数据项2>  As 类型
    <数据项3>  As 类型
    ...
End Type
```

其中：

Private Public——声明为模块级和全局类型用户自定义数据类型。

Type、End Type——表示用户自定义数据类型的开始和结束。

用户自定义数据类型名——其命名规则与变量命名规则相同。

数据项——用户自定义数据类型中所包含的数据名称，其命名规则与变量命名相同。

类型——声明各数据项的数据类型。

**注意**：这个语句必须放在模块的声明部分，而不能放在过程内部。

例如定义某班大学生的用户自定义数据类型，这个数据类型中的数据项包括学生的学号、姓名、性别、出生日期和考试成绩，则用户自定义数据类型的定义语句应写为：

```
Private Type Student        '自定义数据类型名为 Student
  Num AS String*7          '学号为定长字符串
  Name AS String*6         '姓名为定长字符串
  Sex As Boolean           '性别为逻辑型
  Birthday As Date         '出生日期为日期时间型
  Score As Integer         '考试成绩为整型
End Type
```

（2）用户自定义数据类型变量的声明

上面定义了一个名为 Student 的用户自定义数据类型，下面介绍一下它的使用。

在用户自定义数据类型之后，还必须将一个变量声明于该类型之后才能通过变量使用。例如上例可通过下面的语句对名为 Student 的用户自定义数据类型进行变量声明。

```
Dim Stud1 As Student
```

（3）用户自定义数据类型变量的使用

一个变量如被声明为用户自定义数据类型变量，就可以在程序中使用该变量及该变量中任一数据项中的数据了。其使用格式如下：

```
<用户自定义数据类型变量名>.<数据项>
```

例如，Stud1.Num ="0802123"、Stud1.Name = "李小平"。

下面通过一个完整的例子熟悉一下用户自定义数据类型变量的使用。

【操作实例 2-1】定义一个用于存放学生学号、姓名、性别、出生日期及考试成绩的用户自定义数据类型，并声明其变量和录入有关学生数据。程序如下：

```
Private Type Student              '自定义数据类型名为 Student
Num AS String*7                  '学号为定长字符串
Name AS String*6                 '姓名为定长字符串
Sex As Boolean                   '性别为逻辑型
Birthday As Date                 '出生日期为日期时间型
Score As Integer                 '考试成绩为整型
End Type

Private Sub Form_Activate()       '窗体窗口活动事件
Dim Stud1 As Student             '声明用户自定义类型变量为 Stud1
Dim i As Integer, j As  Integer
Stud1.Num=InputBox("输入学号:")    '输入学生的学号
Stud1.Name=InputBox("输入姓名:")   '输入学生的姓名
Stud1.Sex=InputBox ("输入性别:")   '输入学生的性别
```

```
Stud1.Birthday=InputBox("输入出生日期:")          '输入学生的出生日期
Stud1.Score=InputBOx（"输入考试成绩:"）           '输入学生的考试成绩
Rem   下面是显示刚输入的学生数据
Print Stud1.Num,Stud1.Name,Stud1.Sex,Stud1.Birthday,Stud1.Score
End Sub
```

用户自定义类型变量为 Stud1 有 5 个成员：学号（Num）、姓名（Name）、性别（Sex）、出生日期（Brithday）及考试成绩（Score）。

### 2.1.4　变量的作用域

变量被定义之后并不是在任何地方都能被引用的，每一个变量都有自己的有效范围，变量的有效范围就是变量的作用域，在这个有效范围内变量能被识别和使用。变量的作用域可以是一个过程范围，也可以是整个模块范围，甚至还可以是整个应用程序范围，这要取决于声明变量时所采用的方式。由于变量的有效范围不同，也就有了不同级别的变量之分。表 2-5 列出了不同级别变量的作用域及其声明方式。

表 2-5　变量的作用域及其声明方式

| 变量作用域 | 过程级变量 | 模块级变量 | 工程级变量 |
| --- | --- | --- | --- |
| 声明方式 | Dim, Static | Dim, Private | Public |
| 变量的生命位置 | 过程中 | 模块的声明段中 | 模块的声明段中 |
| 能否被本模块中的其他过程访问 | 否 | 能 | 能 |
| 能否被其他模块访问 | 否 | 否 | 能 |

为了更好地声明变量的作用域，应该了解一个应用程序即一个工程文件包括哪些部分。一般应用程序通常包括窗体文件（.frm 文件）、模块文件（.bas 文件）、类模块文件（.cls 文件），还有用户定义控件文件（.ctl 文件）、属性页文件（.pag 文件）等。

一个窗体文件可以包括事件过程（例如一个命令按钮的单击事件过程 Command1_Click）、通用过程（例如一个 Function 过程）以及变量声明部分。这些部分连同窗体一并存入窗体文件（.frm）中。模块、类模块、用户定义控件等文件包括通用过程和变量声明部分。一个 Visual Basic 应用程序模块中的变量声明部分如表 2-6 所示。

表 2-6　应用程序模块中的变量声明部分组成

| 窗 体 文 件 | 模 块 文 件 | 类模块等文件 |
| --- | --- | --- |
| 声明部分 | 全局声明部分 | 模块层声明部分 |
| 事件过程 | 模块层声明部分 | 通用过程 |
| 通用过程 | 通用过程 | |

下面介绍变量在不同范围中有效的声明方法。

#### 1. 局部变量

过程级变量只能在声明它们的过程内部使用，它们被称为局部变量。用 Dim、Static 等关键字来声明它们。例如：

```
Dim  Val1 As Integer
```

或：

```
Static Skm1 As  Integer
```

局部变量只能在定义它的过程内使用，但一个窗体可能有多个过程，所以在不同过程中定义的变量可以有相同的名字，因为它们是互相独立、互不干扰的。

用 Static 声明的变量，称为静态变量（在此为静态局部变量），在过程结束后，静态局部变量还保留着自己的值，而用 Dim 声明的局部变量（称为动态局部变量），一旦离开其声明的过程，它的值就被清除了。

#### 2. 窗体和模块级变量

如果一个窗体中的不同过程要使用同一个变量，这就需要在该窗体或模块内的过程外定义一个变量，它在整个窗体或模块中有效，即其作用域为整个窗体或模块，本窗体或模块内的所有过程都能访问它，这就是窗体或模块级变量。

窗体和模块级变量的有效作用范围是该窗体和该模块中所有的过程。所谓模块，是指与一个窗体有关的全部事件过程。窗体和模块级变量在模块顶部的声明部分用 Private、Dim 等关键字声明，它的一般格式为：

```
Private 变量名 As 数据类型
```

或：

```
Dim 变量名 As 数据类型
```

例如：

```
Private x1 As Single,Dim n1 As Integer
```

对窗体或模块级变量声明要先进入程序代码窗口，单击左侧下拉列表框右端的下三角按钮，并选择"通用"命令，再单击右侧下拉列表框右端的下三角按钮，选择"声明"命令，如图 2-3 所示。

现在就可以声明变量了。在窗体中声明的所有变量都属于这类变量。这一级的变量只在本窗体或本模块中有效，在其他窗体或模块中不能以该变量名来访问它。如果在窗体中以 Private 或 Dim 声明变量，则其他窗体和模块不能引用这个变量，如果以 Public 声明这个变量，则允许在其他窗体和模块中引用它，但必须指出其所在的对象。例如，在窗体 Form1 中有如下变量声明：

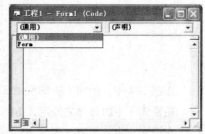

图 2-3　对窗体或模块级变量声明

```
Public a As Integer
```

在另一窗体和模块中可以引用此变量，但必须用 Form1.a 而不能直接用 a。注意不能把 a 误认为是全局变量（一个全局变量名在程序中全程有效，如果 a 是一个全局变量，那么在其他窗体和模块中引用它时只需写变量名 a，而无须写 Form1.a）。

前面已经强调：窗体和模块级变量是在模块顶部的声明段用 Private、Dim 等关键字声明的，而且只能在本模块中被引用。

### 3．全局变量

全局变量可以被程序中任何一个模块和窗体访问。在窗体中不能定义全局变量，全局变量要在模块文件（.bas）顶部的声明部分用 Global 或 Public 关键字声明。它的一般格式为：

Global 变量名 As 数据类型

或：

Public 变量名 As 数据类型

例如：Global Width As Single

　　　　Public Area As Integer

要建立一个新的模块，可以有如下两种方法。

（1）选择"工程"→"添加模块"命令。

（2）在"工程"面板中右击，选择"添加"→"添加模块"命令，然后在声明部分用 Public 进行变量声明。

下面用图示来说明局部变量、窗体和模块级变量、全局变量的作用范围，如图 2-4 所示。

图 2-4　各种变量的作用范围

在图 2-4 中，模块 1 中的变量 a 被定义为全局变量，它在整个程序范围内有效。

在窗体 1 中的过程之外定义 b1 为窗体级变量，它的作用域为窗体 1。

在模块 2 中，用 Dim 定义 b2 为模块级变量，它的作用域为模块 2。

根据上述有关变量的作用范围，从图中可以看出，过程 1 可以访问变量 x、b1 和 a，过程 2 可以访问变量 y、b1 和 a；过程 3 可以访问变量 sum、b2 和 a；过程 4 可以访问变量 x、b2 和 a。

通过上面的介绍，可以知道：

① 在过程中只能定义局部变量（如 x、y）。

② 在窗体中的声明部分可以定义窗体级变量（如 b1）。

③ 在模块中的声明部分可以用 Private 或 Dim 定义模块级变量（如 b2）。

④ 在模块中的声明部分可以用 Global 或 Public 定义全局变量（如 a）。

## 2.2　运算符与表达式

Visual Basic 中具有丰富的运算符，按类型可分为 5 类：算术运算符、字符串运算符、关系运算符、逻辑运算符和日期运算符。表达式是指由运算符连接的常量、变量、函数等的式子，而表达式的数据类型是通过数据和运算符共同决定的。

有什么类型的运算符就有相应类型的表达式。下面分别介绍这 5 类运算符和表达式：算术运算符和算术表达式、字符串运算符和字符串表达式、关系运算符和关系表达式、逻辑运算符和逻辑表达式、日期运算符和日期表达式。

### 2.2.1　算术运算符和算术表达式

#### 1. 算术运算符

Visual Basic 中有 7 个算术运算符，如表 2-7 所示。其中，加（＋）、减（－）、乘（＊）、除（/）、乘方（＾）这 5 个运算符与数学中的含义基本相同。

表 2-7　算术运算符

| 运　算　符 | 运　　算 | 优　先　级 | 范　　例 | 范例运算结果 |
|---|---|---|---|---|
| ＾ | 乘方 | 1 | 3.2＾3 | 32.768 |
| － | 取负 | 2 | －a（a＝5） | －5 |
| ＊ | 乘法 | 3 | 3＊5 | 15 |
| / | 除法 | 3 | 5/3 | 1.666 666 666 666 67 |
| \ | 整除 | 4 | 10\3.4 | 3 |
| Mod | 取模 | 5 | 22 Mod 3 | 1 |
| ＋ | 加法 | 6 | 3.2＋4 | 7.2 |
| － | 减法 | 6 | 10－5 | 5 |

（1）表中的“－”运算符有两种含义，求两数之差或表示算术表达式的负值。当用来求两数之差时是双目运算符，而取负“－”是单目运算符，即在一个操作数前加“－”。取负“－”是算术运算符中唯一的一个单目运算符。

（2）“\”整除运算符，当运算符左右为整数时，结果为去掉小数部分的整数；当运算符左右为实数时，先将实数四舍五入成整数，再进行整除。例如：

$170\backslash60 = 2$，$12.1\backslash3.3 = 4$（等价于 $12\backslash3 = 4$）

（3）“Mod”取模运算符，当运算符左右为整数时，结果为整除后的余数；当运算符左右为实数时，先将实数四舍五入成整数，再求余数。例如：

170 Mod 60 = 50，16 Mod 20 = 16，16 Mod 8 = 0

18.7 Mod 6.3 = 1（等价于 19 Mod 6 = 1）

#### 2. 算术运算符的优先级

表 2-7 在“优先级”一栏由高到低列出了 8 个运算符的运算优先级。其中“－”作为取负的单目运算符和作为减法的双目运算符的优先级不同；乘法、除法的优先级相同，加法、减法的优先级相同。

如果有括号，则括号的优先级最高。表达式按照优先级由高到低、从左到右的顺序计算出结果。

### 3. 算术表达式的书写规则

（1）乘号"$*$"不能省略。不能将 $3*X$ 写成 3X，除单目运算符"$-$"外，任何两个操作数之间都必须用运算符连接。

（2）所有符号都必须并排写在一行上，没有上标、下标之分。例如：$X_1$ 写成 x1，$x^2$ 写成 x^2。

（3）根据常量、变量的命名规则，只能出现英文字母和数字等符号，不能将数学符号写在表达式中。例如，$\pi r^2$ 要写成 pi*r*r 或 pi*r^2。

（4）表达式中不论有几重括号，一律用圆括号（），且数量必须匹配，即左圆括号"（"的个数等于右圆括号"）"的个数。

## 2.2.2　字符串运算符和字符串表达式

字符串表达式是指用字符串运算符连接起来的式子，其值是一个字符串。字符串表达式包括函数值为字符串型的函数、字符串常量、字符串变量及字符串运算符等。

字符串运算符有两个："&"和"+"，其作用都是将两个字符串连接成一个字符串。因此也叫做连接运算符。例如：

"3"&"+"&"5"，其结果为 3+5。

"Visual"&"Basic"，其结果为 VisualBasic。

连接运算符"&"和"+"的作用基本相同，但二者也有区别。

如果"+"两边都是字符串型，则它作为字符串连接符进行字符串连接；如果"+"两边都是数值型，则它作为加法运算符；如果"+"两边一个是数值型，另一个是只包含数字的字符串型，则自动将字符串转换成数值再进行加法运算；如果"+"两边一个是数值型，另一个不是只包含数字的字符串型，则出现错误警告。例如：

"12"+ "3"，其结果为字符串"123"。

12+3，其结果为数值 15。

12+"3"，先将"3"转换成数值 3，再进行加法运算，其结果为数值 15。

12+"3w"，其结果为实时错误"13"，即"类型不匹配"。

如果"&"两边都是字符串型，当然进行字符串连接操作，如果有一个或两个操作数不是字符串，系统也自动将其转换成字符串而不会出现错误警告。例如：

"12"&"3"，其结果为字符串"123"。

12 & 3，先将 12 转换成"12"，3 转换成"3"，再进行字符串连接其结果为"123"。

12&"3"，先将 12 转换成"12"，再进行字符串连接，其结果为"123"。

12&"3w"，先将 12 转换成"12"，再进行字符串连接，其结果为"123w"。

由此可以看出，为了避免与算术运算符的加法符号相混淆，字符串连接符最好用"&"。

## 2.2.3　关系运算符和关系表达式

### 1. 关系运算符

关系运算符也称为比较运算符，它包括大于"＞"、小于"＜"、大于等于"＞="、小于等于"＜="、等于"="、不等于"＜＞"6 种。这 6 个运算符的优先级相同。

**2．关系表达式**

关系表达式是指用关系运算符连接两个表达式的式子，格式：

表达式 1 <关系运算符> 表达式 2

其中的表达式可以是数值型、字符型及日期型等。

关系表达式是对两个表达式值的大小进行比较。当表达式中既有关系运算符又有算术运算符时，算术运算符的优先级高于关系运算符。关系表达式的结果是逻辑型，即只有真（True）或假（False）这两个值中的一个。

**3．数值型数据比较大小**

数值型数据的大小关系与数学中数值的大小关系保持一致，例如：3<12 结果为真，5+5=10 结果为真，8<=1 结果为假，3+3<>8 结果为真等。

**4．字符型数据比较大小**

（1）单个字符比较大小

单个字符是按照它的 ASCII 值的大小进行比较的。常见的字符按 ASCII 从小到大排序如下：

空格<"0"<"9"<"A"<"Z"<"a"<"Z"< 汉字

其中，汉字按照国标 GB 2312——1980 中的区位码大小排列。

（2）字符串比较大小

从两个字符串左边的第一个字符开始比较。如果不同，则第一个字符的大小关系就是整个字符串的大小关系；如果相同，则逐一向右比较后面的字符，最先发现不一样的字符的大小关系就是字符串的大小关系。例如：

"China">"Canada"，"DAY"<"day"，"123"<"a"，"x">"ABCD"，"123"<"12345"等。

（3）日期型数据比较大小

将日期看成"yyyymmdd"8 位整数进行比较，即按年代排序。例如：

```
#2005-5-28# > #2002-10-25#
#2005-3-15# < #2005-5-18#
```

## 2.2.4　逻辑运算符和逻辑表达式

**1．逻辑运算符**

逻辑运算符有 6 个，Not（非）、And（与）、Or（或）、Xor（异或）、Eqv（等价）、Imp（蕴含）。结果是逻辑型。假设 a、b 是两个逻辑型数据，逻辑值"True"用 1 来表示，逻辑值"False"用 0 来表示，那么 6 个逻辑运算符的运行结果如表 2-8 所示。

表 2-8　逻辑运算符

| a | b | Not a | Not b | a And b | a Or b | a Xor b | a Eqv b | a Imp b |
|---|---|-------|-------|---------|--------|---------|---------|---------|
| 1 | 1 | 0 | 0 | 1 | 1 | 0 | 1 | 1 |
| 1 | 0 | 0 | 1 | 0 | 1 | 1 | 0 | 0 |
| 0 | 1 | 1 | 0 | 0 | 1 | 1 | 0 | 1 |
| 0 | 0 | 1 | 1 | 0 | 0 | 0 | 1 | 1 |

从表中可以看出：

（1）Not 是逻辑运算中唯一的单目运算符，由真变假，由假变真。

（2）And 只有两个条件全为真结果才为真，否则为假，可以用口诀"全真才真"帮助记忆。

（3）Or 只有两个条件全为假结果才为假，否则为真，可以用口诀"全假才假"帮助记忆。

（4）Xor 如果两个条件不相同，即一真一假则结果为真，否则为假。

（5）Eqv 如果两个条件相同，即同时为真或同时为假则结果为真，否则为假。

（6）Imp 只有第一个条件为真第二个条件为假结果才为假，否则为真。

由于 And 和 Or 是最常使用的，可以用口诀"全真才真"（And）、"全假才假"（Or）帮助记忆运算结果。

6 个逻辑运算符的优先级是不相同的，按照从高到低排列是 Not、And、Or、Xor、Eqv、Imp。

### 2. 逻辑表达式

逻辑表达式是指用逻辑运算符连接两个关系表达式的式子。它的格式为：

关系表达式 1 <逻辑运算符> 关系表达式 2

当表达式中既有关系运算符又有逻辑运算符时，关系运算符的优先级高于逻辑运算符。表达式的结果是逻辑型，即只有真（True）和假（False）两个值中的一个。例如：

3 + 2 = 5 And 3 < 5，其结果为 True。

3 + 2 = 5 Or 3 > 5，其结果为 True。

2 = 2 + 3 Or　Not True，其结果为 False。

一般情况下，两个逻辑运算符之间必须有操作数。但由于 Not 是单目运算符，所以允许 And Not 和 Or Not 形式存在。除此以外，任何两个逻辑运算符不允许相连。

## 2.2.5　日期运算符和日期表达式

日期运算符只有两个"+"和"-"，它们的含义与算术运算符中的加、减号相同。

日期表达式是由"+"或"-"连接的包含日期文字、可看作日期的数字、可看作日期的字符串以及从函数返回的日期或时间等表达式的式子。日期表达式只限于数字或字符串，可表示从 100 年 1 月 1 日到 9999 年 12 月 31 日的日期。

（1）日期表达式与日期表达式相减，结果为数值型。含义是两个日期相差的天数。例如：

Print #2008-5-28#-#2008-4-28#，其结果为 30。

Print #2008-3-20#-#2008-4-28#，其结果为-39。

（2）日期表达式与数值表达式相加减，结果为日期型。含义是向后（前）推算日期。例如：

Print #2008-3-20#+20，其结果为 2008-4-9

Print #2008-3-20#-20，其结果为 2008-2-28

（3）日期表达式与日期表达式相加，结果为日期型。它是将第二个日期表达式转换成数值常量，求出第一个日期表达式向后推算的日期。例如：

Print #2008-5-18#+#2008-4-18#，其结果为 2116-9-5。

## 2.2.6　运算符的优先级

每种表达式的运算符都有自己的优先级。当一个表达式中有多种类型的运算符时，它们的优先级按照如图 2-5 所示从高到低排列次序。

高　括号
　　　（　）
　　算术运算符、字符运算符
　　　高 ← - / ← \ ← Mod ← + ← - ← & 低
　　关系运算符
　　　高　>= ← = ← <> ← < ← <= 低
　　逻辑运算符
低　　高　Not ← And ← Or ← Xor ← Eqv ← Imp　低

图 2-5　运算符的优先级

算术运算符与字符运算符的优先级相同。同一优先级的运算符按照从左到右的顺序执行，如果需要改变运算顺序，则应使用括号。括号的优先级最高。

## 2.3　常用的内部函数

Visual Basic 中有两类函数：标准函数和用户自定义函数，标准函数是由系统提供的。用户自定义函数是指由用户自己根据需要定义的函数。这两类函数的调用格式基本上相同：

　　函数名(自变量 1[,自变量 2])

Visual Basic 中提供了丰富的内部函数，只将其中最常用的一部分函数进行简单的介绍，希望更多了解函数内容的读者可参阅诸如 Visual Basic 6.0 参考手册等资料。所谓内部函数是指用户可以在程序中不必声明就可直接调用的函数。函数都有自己的名字和返回值，按照其功能和返回值的类型可分为数学函数、字符串函数、颜色函数、日期时间函数、测试函数、输入输出函数及其他函数等。

### 2.3.1　常用的数学函数

数学函数的用法比较简单，常用的数学函数如表 2-9 所示。

表 2-9　常用的数学函数

| 函　数　名 | 函数功能 | 说　　明 | 范　　例 |
|---|---|---|---|
| 正弦函数 Sin(x) | 返回 x 的正弦值 | x 为弧度值 | Sin(1.5) 其值为 0.997 494 98 |
| 余弦函数 Cos(x) | 返回 x 的余弦值 | x 为弧度值 | Cos(1.3) 其值为 0.267 498 8 |
| 正切函数 Tan(x) | 返回 x 的正切值 | x 为弧度值 | Tan(-1.5) 其值为 -14.101 42 |
| 平方根函数 Sqr(x) | 返回 x 的平方根 | $x \geq 0$ | Sqr(16) 其值为 4 |
| 绝对值函数 Abs(x) | 返回 x 的绝对值 | | Abs(-4.5) 其值为 4.5 |
| 对数函数 Log(x) | 返回以 e 为底的自然对数 | $x>0$ | Log(26) 其值为 1.414 973 348 |
| 指数函数 Exp(x) | 返回 e 的指定次幂 | | Exp(-1.8) 其值为 0.165 298 88 |
| 取整函数 Int(x) | 返回不大于 x 的最大整数 | | Int(-3.4) 其值为 -4 |
| 符号函数 Sgn(x) | x<0 时，返回 -1 <br> x=0 时，返回 0 <br> x>0 时，返回 1 | | Sgn(-23) 其值为 -1 <br> Sgn(0) 其值为 0 <br> Sgn(23) 其值为 1 |
| 随机函数 Rnd[(x)] | 返回一个 (0,1) 之间的随机数 | | Rnd() 其值为一个随机数 |

### 2.3.2　日期时间函数

日期时间函数可以表示从 100 年 1 月 1 日到 9999 年 12 月 31 日之间的任何日期。系统用一个双精度来表示日期和时间，小数点的左边表示日期、右边表示时间。日期时间函数如表 2-10 所示。

表 2-10　日期时间函数

| 函　数　名 | 函　数　功　能 | 说　　　明 |
|---|---|---|
| 系统日期时间函数 Now | 求系统当前日期和时间 | 函数无参数，其返回值的类型为 Date |
| 系统日期函数 Date | 求系统当前日期 | |
| 系统时间函数 Time | 求系统当前时间 | |
| 日函数<br>Day(<日期时间表达式>) | 求日期时间表达式的日数 | 函数返回值的类型为 Integer，取值范围为 1～31 之间的整数 |
| 月份函数<br>Month(<日期时间表达式>) | 求日期时间表达式的月份 | 函数返回值的类型为 Integer，取值范围为 1～12 之间的整数 |
| 年份函数<br>Year(<日期时间表达式>) | 求日期时间表达式的年份 | 函数返回值的类型为 Integer |

### 2.3.3　字符串函数

利用字符串函数可以对字符串进行各种处理。下面介绍 Visual Basic 的常用字符串函数的功能和用法。常用的字符串函数如表 2-11 所示。

表 2-11　常用的字符串函数

| 函　数　名 | 函　数　功　能 | 说　　　明 |
|---|---|---|
| ASCII 函数<br>ASC(<字符串表达式>) | 求字符串表达式第一个字符的编码 | 函数返回值的类型为 Integer，例如 Print Asc("Apple")，显示结果为 65 |
| 字符函数<br>Chr(<数值表达式>) | 返回以数值表达式值编码的字符 | 函数返回值的类型为 String，其数值表达式的取值范围为 0～255<br>例如：Print Chr(65)，其结果显示为 A |
| 字符串函数<br>Sir(<数值表达式>) | 将数值表达式的值转换为数字字符串 | 函数返回值的类型为 String，例如：Print Str(123.5)，其结果显示为 123.5 |
| 数值函数<br>Val(<字符串表达式>) | 将字符串表达式中的数字字符转换为数值型 | 函数返回值的类型为 Double，例如：Print Val(123.5)，其结果显示为 123.5 |
| 测字符串长度函数<br>Len(<字符串表达式>) | 测试字符串表达式中包含的字符个数 | 函数返回值的类型为 Long，例如：Print Len(北京 ABCD)，其结果显示为 6 |
| 空格函数<br>Space(<数值表达式>) | 产生一个空格字符串，其长度由数值表达式值确定 | 函数返回值的类型为 String，例如：Space(6)，其结果是生成含有 6 个空格的字符串 |
| 字符串左截函数<br>Left(<字符串表达式>,<长度>) | 从左边截取字符串表达式中指定长度的字符串 | 函数返回值的类型为 String，例如：print left("北京 ABCD",2)，其结果显示为 "北京" |
| 字符串右截函数<br>Right(<字符串表达式>,<长度>) | 从右边截取字符串表达式中指定长度的字符串 | 函数返回值的类型为 String，例如 print right("北京 ABCD",2)，其结果显示为 CD |

| 函　数　名 | 函　数　功　能 | 说　　明 |
|---|---|---|
| 字符串中间截取函数 Mid(<字符串表达式>,<起始位置>,[<长度>]) | 从指定的起始位置开始，截取字符串表达式中指定长度的字符串 | 函数返回值的类型为 String，例如：print mid ("北京 ABCD",2,2)，其结果显示为"京 A" |
| 删除字符串前导空格函数 LTrim(<字符串表达式>) | 删除字符串表达式中的前导空格 | 函数返回值的类型为 String，例如：LTrim("ABC")，其结果为 ABC |
| 删除字符串尾部空格函数 Rtrim(<字符串表达式>) | 删除字符串表达式中的尾部空格 | 函数返回值的类型为 String，例如：RTrim(" ABC ")，其结果为 ABC |
| 删除字符串空格函数 Trim(<字符串表达式>) | 删除字符串表达式中的前导和尾部空格 | 函数返回值的类型为 String，例如：RTrim(" ABC ")，其结果为 ABC |

# 2.4　程序代码编写规则

和其他高级语言一样，Visual Basic 编写程序代码也有自己的一些书写规则。下面简单介绍一下，更重要的还在于用户平时在计算机上多做多练，才能熟练地掌握这些书写规则。

## 2.4.1　语句输入规则

Visual Basic 中的一条代码称为一条语句。Visual Basic 语句中的字母是不区分大小写的，一行语句输入完按【Enter】键后，系统会按照规格化程序去规范用户输入的内容。

（1）对关键字的第一个字母自动变成大写，其余字母变成小写。

（2）若关键字由多个单词组成，则每个单词的第一个字母自动变成大写。

（3）用户自定义变量、符号常量等非关键字的书写，以第一次定义的为准，以后输入的则不必再考虑大小写。

（4）"="、"+"、"-"、"*"、"/"等运算符左右自动加空格。

## 2.4.2　行输入规则

（1）一行可写多条语句，语句之间要用冒号隔开。例如：

```
Myname="Liu_yang":Common1=2000:c100=300.345
```

（2）当一条语句太长时，为了便于阅读最好写成多行。在需要换行的地方加一个空格及续行符"_"。例如：

```
strnsg=MsgBox("存盘吗?",vbYesNoCancel+vbExclamation+ _
        vbDefaultButton2,"保存")
```

## 2.4.3　保留 QBASIC 中的部分内容

如果学过 QBASIC 语言，就会发现它的一些语句内容在 Visual Basic 中有所保留，但已变得可有可无。它们既被 Visual Basic 兼容，又很少被没有学过 QBASIC 语言的用户使用。例如，保留行号、行标号、Stop 语句等。

# 2.5　Visual Basic 基本语句简述

## 2.5.1　赋值语句

赋值语句的一般格式：

变量名=表达式

它的作用是先将表达式的值计算出来，把这个结果赋给左端的变量。

在 Visual Basic 中经常可以用到如下几种赋值语句。

### 1. 给变量赋值

例如：

```
Dim n As Integer, x As Integer
Dim book As String*15
n=n+1
x=10
book="I am a student. "
```

整型变量 n 的值加 1，把数值 10 赋给整型变量 x，把字符串"I am a student."赋给字符串变量 book。1、10 与"I am a student."都为常量，常量是表达式最简单的形式。可以将一个表达式的值赋给一个变量，所以下面的赋值语句是合法的。

```
Dim sum1 As Double
Dim pnce1 As single, pnce2 As single
pnce1=123.566
pnce2=1386.26 * 0.6
sum1=pnce1*15.6 + pnce2*23.4
```

### 2. 给对象的属性赋值

在 Visual Basic 中可以通过赋值语句给某对象的某属性设置属性值（有的属性则必须如此）。它的一般格式：

对象名.属性=属性值

例如，为命令按钮 CmdDisplay 的 Caption 属性设置值。

```
CmdDisplay.Caption="运行程序"
```

为文本框 txtDisplay 的 FontName 属性及 FontSize 属性设置值。

```
txtDisplay.FontName="Times New Roman"
txtDisplay.FontSize=24
```

### 3. 为用户自定义类型声明的变量的各元素赋值

为用户自定义类型声明的变量的各成员赋值，它的一般格式：

变量名.成员名=表达式

例如：

```
Type book
  name As smug*30
  auther As string*12
  price As Single
  publisher  As String*40
```

```
End Type
Dim bookMessage  As book
  BookMessage.name="Visual Basic 程序设计实用教程"
  BookMessage.auther="李小平"
  BookMessage.price=25.80
  BookMessape.publisher="中国铁道出版社"
```

## 2.5.2　条件语句

在 Visual Basic 中，条件分支结构的模块一般用条件语句来控制，条件语句测试条件时，根据测试的结果去执行不同的操作。常见的条件分支结构有 If…Then、If…Then…Else 和 Select Case 等几种。

### 1. If…Then 语句

（1）If <条件表达式> Then
　　　<语句>
　　End If

如果条件为真，则执行 Then 后面的语句，否则不执行 Then 后面的语句而执行 End If 后面的后继语句。

例如：

```
If(temperature<=0)   Then
   Print  "水结冰"
End if
```

（2）If <条件 1> Then
　　　<语句块 1>
　　Else If <条件 2> Then
　　　<语句块 2>
　　Else If <条件 3> Then
　　　<语句块 3>
　　　…
　　Else
　　　<语句块 n>
　　End If

这种结构称为块 If 结构。块 If 结构是这样执行的：

先测试<条件 1>，如果<条件 1>为 True（成立），则执行 Then 后面的<语句块 1>；否则继续测试<条件 2>；如果<条件 2>为 True（成立），则执行 Then 后面的<语句块 2>；……如此测试下去，如果所有条件都不成立，则执行 Else 后面的<语句块 n>。

例如：

```
score=Val(Text.Text)
If score<60 Then
   Print  "成绩为不及格"
Else If score>=60 and score<=75 Then
   Print  "成绩为一般"
Else If Score>76 and Score<=85 Then
   Print  "成绩为良好"
Else If score>=86 and score<=100 Then
```

```
      Print "成绩为优秀"
Else
      Print "成绩输入错！"
End If
```

### 2. Select Case 语句

Select Case 语句的一般格式有两种。

（1）不带 Case Else 子句

```
Select Case <测试条件>
  Case <值1>
    <语句1>
  Case <值2>
    <语句2>
      …
  Case <值n>
    <语句n>
End Select
```

Select Case 语句用来实现多分支选择，Select Case 中的<测试条件> 称为 Case 的测试条件，它可以是一个表达式，通常使用一个变量或常量来表达，可以是数值型，也可以是字符串型。在每个 Case 子句中指定一个值，当 Case 测试条件的值符合某个 Case 子句指定的值条件时，就执行该 Case 子句中的语句，执行完后跳到 End Select，从 End Select 退出整个 Select Case 语句。这里的<语句i>（i=1，2，…，n）可以是一个语句，也可以是一组语句。

例如：

```
Private Sub Commandl_Click()
  S$=Textl.Text
  Select Case S$
  Case "dot"
    Pset(1000,2500),QBColor(12)
  Case "line"
    Line(850,1200)-(2300,100),QBColor(13)
  Case "box"
    Line(800,800)-(2500,2500),QBColor(14),B
  Case "circle"
    Circle(1900,1500),800,QBColor(3)
  End Select
End Sub
```

执行此过程，根据用户在文本框 Text1 中输入的内容，当 S$分别取值为"dot"、"line"、"box"、"circle" 时，程序在窗体上分别画出一个点、一条直线、一个矩形、一个圆等图形，每画完一个图形后从 End Select 退出。

（2）带 Case Else 子句

```
Select Case <测试条件>
  Case <值1>
    <语句1>
  Case <值2>
    <语句2>
      …
```

```
    Case <值 n-1>
      <语句 n-1>
    Case Else
      <语句 n>
End Select
```

如果测试条件的值与任何一个 Case 子句都不匹配，就执行 Case Else 子句后面的<语句 n>，然后从 End Select 退出。

例如，将上面的例题加一个 Case Else 子句：

```
Private Sub Commandl_Click()
    S$=Textl.Text
    Select Case S$
      Case "dot"
          Pset(1000,2500),QBColor(12)
      Case "line"
          Line(850,1200)-(2300,100),QBColor(13)
      Case "box"
          Line(800,800)-(2500,2500),QBColor(14),B
      Case "circle"
          Circle(1900,1500),800,QBColor(3)
      Case Else
          Print "不绘制任何图形！"
    End Select
End Sub
```

如果 Case 测试条件 S$的值与任意一个 Case 子句的值都不匹配，就转去执行 Case Else 子句中的 Print 语句，在窗体上显示出字符串"不绘制任何图形！"。

## 2.5.3  循环语句

用户在使用计算机处理问题时，常常需要重复执行一组操作，这时可以使用循环语句。Visual Basic 提供了 3 种不同的循环控制结构：For...Next 循环、While...Wend 循环和 Do...Loop 循环。

### 1. For...Next 循环

For 循环语句称为"步长型"循环，它的一般格式为：

```
For <循环变量>=<循环变量初值> To <循环变量终值> [Step 增量]
   [循环体]
Next <循环变量>
```

例如：

```
For n=1 to 5 Step 1
  Print n ,"This is a For-Next loop"
Next n
```

其中，For 语句的作用是确定循环变量的值如何变化，用来控制循环的次数。例题中循环变量 n 的值在循环过程中是不断变化的，它的初始值被指定为 1，终止值被指定为 5，每执行完一次循环体后，自动增值（步长）1。如果变量的增量为 1，Step 子句可以省略。循环体只有一个 Print 语句。当执行第一次循环时，n 的值为 1，第一次循环执行完毕，n 的值增加 1 个步长值变为 2，以后各次循环中 n 的值依次变为 3、4、5。当 n 的值变为 6 时，超过了 For 语句中指定的<循环变

量终值>，循环过程结束。运行以上程序，结果如下：

```
n=1 时显示: 1 This is a For-Next Loop
n=2 时显示: 2 This is a For-Next Loop
n=3 时显示: 3 This is a For-Next Loop
n=4 时显示: 4 This is a For-Next Loop
n=5 时显示: 5 This is a For-Next Loop
n=6 时,退出 For 循环语句
```

Exit For 语句的作用是停止执行循环跳出循环体，流程转到 Next 语句的后继语句。例如，可以修改以上程序。

```
For n=1 to 5 Step 1
  Print n,"This is a For-Next loop"
  If n=3 Then Exit For
Next n
```

执行此程序，运行结果如下：

```
n=1 时显示: 1 This is a For-Next Loop
n=2 时显示: 2 This is a For-Next Loop
n=3 时显示: 3 This is a For-Next Loop
```

当变量 n 变化到 3 时满足 If 语句中指定的条件，因而不再执行循环，跳到 Next n 下面的语句，所以只执行了 3 次 Print 语句。

## 2. While…Wend 循环

在自然界，当温度降到 0℃以下时，水就变成了冰；当水的温度上升到 100℃以上时，水就变成了水蒸气，在 Visual Basic 中，描述这类问题使用的是 While 循环语句，它的一般格式是：

```
While <循环条件>
    [循环体]
Wend
```

While 循环语句的执行过程是：如果循环条件成立（为 True），则执行循环体；当遇到 Wend 语句时，返回到 While 语句并对循环条件进行测试，如果循环条件仍然成立，则重复上述循环过程；如果循环条件不成立（为 False），则不执行循环体，退出循环，执行 Wend 语句的后继语句。

例如：

```
While x>3
  y=x*3
  Print "x=","y="; y
Wend
```

执行上述程序，如果 x 变量中的值为-1，由于不满足条件"x>3"，则 While-Wend 什么也不做，如果 x 变量中的值为 5，满足条件"x>3"，则运算结果为 y=15。即：

x = -1 时，没有显示；

x = 5 时，显示 x = 5　y = 15。

## 3. Do…Loop 循环

Do…Loop 循环按照循环条件成立与否来决定是否结束循环。它的一般格式有如下两种。

格式 1：

```
Do [ While | Until 循环条件]
```

```
    [循环体]
Loop
```

格式 2:

```
Do
    [循环体]
Loop [ While | Until 循环条件]
```

Do…Loop 循环语句的作用是:如果 While 指定的循环条件成立（为 True）或直到（Until）指定的循环条件变为 True 之前,重复执行一次循环体。

当格式中只有关键字 Do 和 Loop 时,格式就简化为:

（1）
```
Do
    循环体
Loop
```

这是最简单的 Do 循环格式,这种结构没有任何条件限制,循环将无限制地进行下去,除非循环体内包括控制语句（如 Exit Do 语句或 Goto 语句等）将循环终止。

例如:

```
Sum=0
Do
  Va1=InputBox "Input a Value", "INPUTBOX"）
  Sum=Sum+Va1
  Label1.Caption=Str$(Sum)
Loop
```

运行程序,每次从输入对话框接收一个值并赋给变量 Va1,然后对输入的值进行累加,结果放入变量 Sum 中;再将 Sum 中的值用转换函数 Str$转换成字符串,赋给名为 Label1 的标签的 Caption 属性。程序中没有设置终止条件,循环会无限地进行下去,直到人工干预（如按【Ctrl+Break】键）终止。为了让循环自行结束,可以在循环中使用 Exit Do 语句,使流程转到 Loop 语句的后继语句。修改程序如下:

```
Sum=0
Do
  Va1=InputBox "Input a Value","INPUTBOX")
  If Val=0 Then
    Exit Do
  End If
  Sum=Sum+Va1
  Label1.Caption=Str$(Sum)
Loop
```

在循环体中加了一个块 If 结构,当从输入对话框接收到的值为 0 时,满足块 If 结构中指定的条件,要执行语句 Exit Do,使循环结束。

在上述格式 1 中取关键字 While 时,Do 循环结构就成为如下形式。

（2）
```
Do While 循环条件
    循环体
Loop
```

这种格式是在 Do 后面加了一个 While 子句。其功能是当循环条件成立（为真）时执行循环体,当循环条件不成立（为假）时终止循环。例如:

```
Sum=0
Val=1
Do While Val>=0
  Va1=InputBox "Input a Value","INPUTBOX")
  Sum= Sum+Va1
  Label1.Caption=Str$(Sum)
Loop
```

执行程序，首先判断循环条件是否成立，由于在进入循环之前，变量 Va1 已被赋值为 1，所以条件成立，执行一次循环体；从输入对话框中得到用户的输入值，例如输入"68"，将它累加到变量 Sum 中；并将此值赋给 Label1 的 Caption 属性。从 Loop 再返回 Do 语句，再对变量 Val 测试，这时变量 Va1 的值是 68，条件仍成立，继续从输入对话框中接收用户的输入，这次输入"-15"，将-15 与 Sum 进行累加，再把累加结果 Sum 赋给 Caption 属性，再次对 Va1 测试；由于此时 Va1 为-15，循环条件"Va1>＝0"不成立，循环将终止。

在上述格式 1 中取关键字 Until 时，Do 循环结构就成为如下形式。

（3）Do Until 循环条件

    循环体
  Loop

格式中 Until 子句的功能是当循环条件为真时终止循环。例如：

```
Sum=0
Val=1
Do Until Val<=0
  Va1=InputBox "Input a Value","INPUTBOX")
  Sum=Sum+Va1
  Label1.Caption=Str$(Sum)
Loop
```

执行程序，首先对循环条件进行测试，变量 Va1 的初始值为 1，循环条件"Val<= 0"不成立，所以执行一次循环体；当 Va1 的值为 0 时，循环条件成立（为真），将终止循环。

以上两种形式的循环结构的共同特点是"先判断、后执行"。假若将上述格式 2 中取关键字 While，Do 循环结构就成为如下形式。

（4）Do

    循环体
  Loop While 循环条件

在（4）中将 While 移到了 Loop 的后面，它与（2）的不同之处是执行循环体一次后再进行循环条件的测试，也就是说第一次进入循环体是无条件的；无论如何都要执行循环体一次，一直到循环条件不成立时终止循环。例如：

```
Sum=0
Val=1
Do
 Sum=Sum+Va1
 Va1=InputBox "Input a Value","INPUTBOX")
 Label1.Caption=Str$(Sum)
Loop While Val<=0
```

执行程序，不论变量 Val 的初值是多少，进入循环后，都要将它的值累加到 Sum 变量中。然后才用对话框中用户输入的值来决定循环是否终止。

同样，将上述格式 2 中取关键字 Until，Do 循环结构就成为如下形式。

（5）DO

　　　循环体

　　Loop Until 循环条件

它与（3）相比是将 Until 子句移到了 Loop 的后面，它的执行情况与（4）相似：先进入循环体，后进行循环条件的测试。循环体至少被执行一次。

以上两种形式（4）、（5）的循环结构的共同特点是"先执行、后判断"。

为了便于记忆，把 Do…Loop 循环结构中的（2）～（5）这 4 种形式整理为图 2-6 所示。

如图 2-6 所示，水平方向将 Do…Loop 循环结构的执行循环体模式分为两种：上为"先判断，后执行"模式，下为"先执行，后判断"模式。而垂直方向将 Do…Loop 循环结构的条件判断模式分为

|  | 条件：T—循环<br>F—退出 | 条件：T—退出<br>F—循环 |
|---|---|---|
| 先判断<br>后执行 | Do While 条件<br>循环体<br>Loop | Do Until 条件<br>循环体<br>Loop |
| 先执行<br>后判断 | Do<br>循环体<br>Loop While 条件 | Do<br>循环体<br>Loop Until 条件 |

图 2-6　Do…Loop 循环结构

左右两种：左为条件成立执行循环，条件不成立终止循环；右为条件成立退出循环，条件不成立执行循环。

# 2.6　数　　组

在实际应用中，常常需要处理同一类型的数据，把一组属性、类型相同的数据放在一起并用一个统一的名字来标识，这就是数组。数组中的每一个数据用数组名和该数据在数组中的序号来标识，序号称作下标。一个数据就称为一个数组元素，也叫作下标变量。例如，有 100 个学生某门课程的考试成绩，可以用一个数组 Score 来表示这 100 个成绩：Score（1）代表第 1 个学生的成绩，Score（2）代表第 2 个学生的成绩，……，Score（100）代表第 100 个学生的成绩，这里的 Score（1），Score（2），…，Score（100）就是下标变量。在 Visual Basic 中如果没有特别说明，下标变量的下标都是从 0 开始的。

如果只用一个下标就能确定一个下标变量在数组中的位置，则称为一维数组，而有两个或多个下标的下标变量所组成的数组称为二维数组或多维数组。

## 1．一维数组的一般格式

Dim 数组名（[ 下界 to] 上界)[ As 数据类型 ]

例如：Dim A(5)As String

定义了类型为字符型的一维数组 A，共有 6 个下标变量：A(0)，A(1)，A(2)，A(3)，A(4)，A(5)。

例如：Dim B(-1 To 2)As Ineger

定义了类型为整型的一维数组 B，共有 4 个元素：B(-1)，B(0)，B(1)，B(2)。

## 2．二维数组的一般格式

Dim 数组名（[ 下界 to]上界,[ 下界 to]上界)[ As 数据类型 ]

例如：Dim C(2,3) As String

定义了类型为字符型的二维数组 C 共有 12 个下标变量：

C(0,0)，C(0,1)，C(0,2)

C(1,0)，C(1,1)，C(1,2)

C(2,0)，C(2,1)，C(2,2)

C(3,0)，C(3,1)，C(3,2)

例如：Dim D（2，3 To 5）As Integer

定义了一个整型的二维数组 D，共有 9 个元素：

D(0,3)，D(0,4)，D(0,5)

D(1,3)，D(1,4)，D(1,5)

D(2,3)，D(2,4)，D(2,5)。

数组元素可以单独使用，作用和一般变量（简单变量）一样。

例如：

```
Dim E(5) As  Integer,
Dim x As  Integer
x=3
E(4)=4
x=x*E(3)
```

### 3. 数组的基本操作实例

下面举一些数组的基本操作的小例子。

（1）数组的输入（给数组元素赋值）。

若给字符型数组 S(10)的元素赋值"成绩已登录"，则程序代码如下：

```
Dim S(10) As String
For i=1 To 10
  S(i)="成绩已登录"    '这里的 i 是下标
Next i
```

若给数组 R(1 to 10)的元素赋值，要求是两位的整数，从而产生 10 个随机数，则程序代码如下：

```
Dim R(1 To 10) As Integer
Randomize
For i=1 To 10
 R(i)=Int(Rnd*90) + 10
  Print R(i)
Next i
```

数组的输入也可以通过 InputBox()函数输入，还可以通过文本框输入来实现，读者可参阅 4.3 节和 5.1 节的相关内容。

（2）数组的输出。

若将上面 S(10)数组中的数组元素值（即"成绩已登录"字符串）及下标号输出，则程序代码如下：

```
For i=1 To 10
  Print S(i), i
Next i
```

若将数组 R(1 to 10)中的 10 个随机数输出，则程序代码如下：

```
For i=1 To 10
```

```
 Print R(i)
Next i
```

对于数组中全部或部分元素来说，一般使用循环（主要是 For 循环）语句成批输出。可以在窗体中用 Print 方法直接输出，也可以用文本框或列表框输出。

#### 4. 数组的应用实例

下面再举一个数组应用的简单例子。

在 P(10)数组中用随机函数生成 10 个 1～100 以内的整数，将它们依次打印出来，然后将它们按逆序存放在数组 Q(10)中，再把 Q(10)中的内容顺序打印出来。程序代码如下：

```
Private Sub Command1_Click()
 Dim P(10),Q(10) As Integer
 Randomize
 For i=1 To 10
   P(i)=Int(Rnd*100)
   Q(11-i)=P(i)
   Print P(i);
 Next i
 Print
 For i=1 To 10
   Print Q(i);
 Next i
 Print
End Sub
```

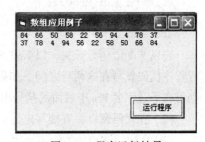

程序运行的结果如图 2-7 所示。

图 2-7　程序运行结果

## 2.7　过　　程

在前面所举的实例中，所编写的代码都放在系统提供的事件过程中，所调用的函数全部是系统提供的内部函数，也就是标准函数。在实际编程中，有的程序代码是相对独立的，在整个运行过程中它们被多次重复调用，调用时根据不同的参数得到不同的结果。把这样的程序代码称为通用过程。在程序中使用通用过程，不但可以精简程序代码，还可以使程序结构清晰、易于阅读。

### 2.7.1　概念

通用过程分为两类：一类是 Sub 子过程（也称子程序），一类是 Function 过程（也称函数）。它们都是一个独立的过程，可以带参数，其过程名和参数表由用户定义。

两种类型的过程被调用的方式相同，其示意图如图 2-8 所示。

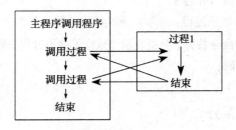

图 2-8　过程的调用方式

程序的执行顺序是：先执行主程序，当遇到过程时，转去执行过程的代码，过程执行完后，再返回到主程序中调用本次过程的语句的下一条语句继续执行。

### 2.7.2　Sub 子过程

**1. Sub 子过程的定义**

Sub 子过程的定义有如下两种操作方式。

（1）在代码窗口，选择"工具"→"添加过程"命令，弹出"添加过程"对话框，如图 2-9 所示。在"名称"文本框中输入过程名称，在"类型"选项组中选中"子程序"单选按钮，单击"确定"按钮，则返回到代码窗口。

此时代码窗口中已经出现如下两行代码：

```
Private Sub Prog1()

End Sub
```

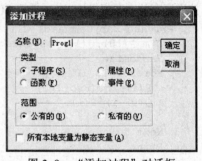

图 2-9　"添加过程"对话框

它以 Sub 语句行开头，以 End Sub 语句行结束，子过程程序代码就写在这两行之间，如果 Sub 子过程带参数，则可在子过程名 Prog1 后面的括号内定义。

（2）在代码窗口，直接写定义。其格式为：

```
[Public | Private] Sub 子过程名([[形式参数表列])
    <语句>
End Sub
```

例如：

```
Private Sub Prog2(n As Integer x As Single)
```

当按【Enter】键后，系统会自动添加 End Sub 语句行，与此同时，在代码窗口顶部左端的"对象"下拉列表框显示"通用"，右端的"过程"下拉列表框显示用户定义的过程名"Prog2"。

**2. Sub 子过程的调用**

Sub 子过程的调用也有两种格式。

（1）使用 Call 语句调用。格式为：

```
Call  过程名([实际参数表列])
```

（2）直接使用过程名调用。格式为：

```
过程名 [实际参数 [,实际参数] ... ]
```

例如：Call Prog2（8）或 Prog2 8。

【操作实例 2-2】用无参数子过程、带参数子过程分别显示有 N 个"*"的字符串。

在用户界面上设置两个命令按钮，分别表示"运行无参子过程"和"运行含参子过程"，打开代码窗口，填写如下程序代码：

```
Private Sub Start1()                     '无参子过程
  Print
  Print Tab(5);String(10, "*")
End Sub
```

```
Private Sub Start2(n As Integer)          '含参子过程
  Print
  Print Tab(5); String(n,"*")
End Sub
```

然后设置调用子过程的事件过程：在 Private Sub Command1_Click()中调用无参子过程 Start1，在 Private Sub Command2_Click()中调用含参子过程 Start2，编写程序代码如下：

```
Private Sub Command1_Click()
  Call Start1                             '调用无参子过程，也可直接写 Start1
End Sub

Private Sub Command2_Click()
  Dim n As Integer
  n=Val(InputBox("请输入 n 的值: ","输入参数值"))
  Call Start2(n)                          '调用含参子过程
End Sub
```

运行程序，在无参子过程 Start1 中设置了长度为 10 的字符串，所以运行 Command1_Click()的结果是在窗体中显示由 10 个"*"组成的固定长度的字符串；运行 Command2_Click()，调用含参子过程 Star2，参数表示输出字符串的长度，其值通过输入对话框在运行现场给定，如图 2-10 所示，整个程序运行的结果如图 2-11 所示。

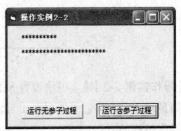

图 2-10　通过输入对话框给出参数值　　　图 2-11　【操作实例 2-2】运行结果

### 3．用 Exit Sub 退出子过程

在子过程中可以对给出的条件进行测试，并根据测试结果确定是否退出子过程，如果要退出子过程，则使用 Exit Sub 语句。例如，可以修改含参子过程 Start2 的程序代码如下：

```
Private Sub Start2(n As Integer)          '含参子过程
  If n=0 Then                             '如果 n=0，则退出子过程
    Exit Sub
  End If
  Print
  Print Tab(5); String(n,"*")
End Sub
```

进入子过程后，首先测试用户输入的参数 n 是否等于 0；如果 n 的值为 0，则表明要显示的字符串是一个字符也没有的"空串"，立即退出 Start2 子过程。

## 2.7.3　Sub Main 过程

如果一个应用程序只包含一个窗体，则程序从执行窗体的 Form_Load 事件过程开始。如果有多个窗体，则系统默认从设计阶段建立的第一个窗体开始执行。有时，用户希望在运行窗体程序

之前先执行一些操作，那么，可以将这些操作写在 Sub Main 过程中。

　　Sub Main 是在模块中定义的，如果一个程序中包含多个模块，则只能允许有一个 Sub Main 过程。Sub Main 过程中可以包含若干个语句，但它与其他语言中的主程序不同，程序启动时不会自动执行。人们可以指定程序从哪一个窗体或是 Sub Main 开始执行。方法如下：

　　选择 Visual Basic 主窗口中的"工程"→"工程1属性"命令，弹出"工程1-工程属性"对话框，选择"通用"选项卡，单击其中"启动对象"下拉列表框右端的下三角按钮，如图 2-12 所示，显示出当前工程中各窗体的名字和 Sub Main，可以定义启动工程时先启动的窗体或 Sub Main。如果选择了 Sub Main，则程序运行时从模块的 Sub Main 过程开始。

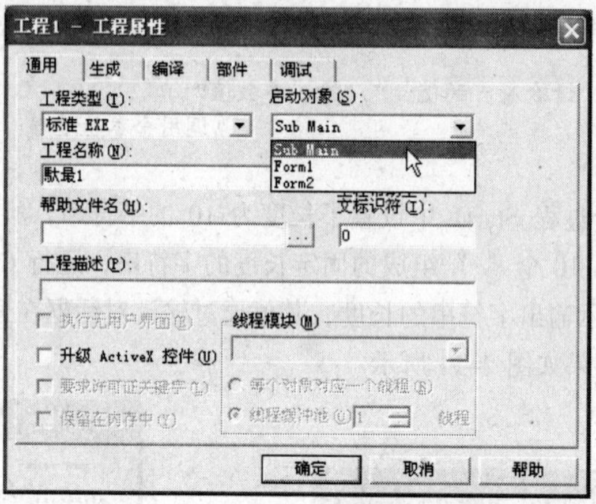

图 2-12　"工程1-工程属性"对话框

　　【操作实例 2-3】建立模块设置 Sub Main 过程，作用是调用日期函数 date$，如果其年份是 2008 年，则显示 1 号窗体；否则显示 2 号窗体。同时要求在窗体上输出当前日期。

　　操作过程如下：

　　在主窗口选择"工程"→"添加模块"命令，在"新建"选项卡中选择"模块"，单击"打开"按钮，在随后打开的"Module"代码窗口中，输入以下代码：

```
Public d As String    'Date
Sub main()
 d=Date$
 If Left$(d, 4)="2008" Then
   Form1.Show
   Form1.Print d
 Else
   Form2.Show
   Form2.Print d
 End If
End Sub
```

　　选择"工程"→"添加窗体"命令，依次建立 1 号窗体和 2 号窗体。此时"工程"面板如图 2-13 所示。

　　最后运行程序，根据日期函数的值来确定显示 1 号窗体或 2 号窗体，如日期为 2008-06-29，则显示 1 号窗体，结果如图 2-14 所示。

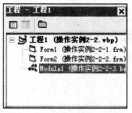

图 2-13　"工程"面板

图 2-14　程序运行结果

### 2.7.4　Function 过程

前面已提到，Function 过程也称为函数，它与 Sub 子过程相似，也是用来完成特定功能的独立程序代码。它由若干满足 Visual Basic 语法的语句行组成。

#### 1．Function 过程的定义

Function 过程的定义方式与 Sub 子过程相似，也有两种方式。

（1）进入代码窗口后，在窗口顶部左侧的"对象"下拉列表框中选择"通用"选项，在右侧的"过程"下拉列表框中选择"声明"选项，然后输入 Function 和函数名。

（2）进入代码窗口后，选择"工具"→"添加过程"命令，在对话框中选定"函数"类型即可。

具体格式是：

```
[Publicl | Private]Function 函数名([形式参数表列]) [As <类型>]
    语句组
    函数名=<表达式>
End Function
```

与 Sub 子过程相似，Function 过程是以 Function 语句开头，End Function 语句结束的一段独立的程序代码。

Function 过程与 Sub 子过程的区别有以下两点。

（1）Function 过程要返回一个函数值，而且这个函数值是有数据类型的，因此在 Function 语句中有 As <类型>子句。如省略，则表示函数值是变体型的。

（2）Function 过程通过赋值语句"函数名=<表达式>"返回函数值，这个语句是定义函数过程中必不可少的，否则函数名返回 0（数值型）或空字符串（字符型）等值。

**注意**：赋值语句"函数名=<表达式>"中，赋值号左边只是函数名，它后面不带括号和参数，否则编译时会发生错误。

#### 2．Function 过程的调用

Function 过程的调用与内部函数的调用完全一样。只需写出函数名和相应的参数即可。下面举一个简单的实例，看看 Function 过程是如何定义和调用的。

【操作实例 2-4】计算 1！+3！+5！，在窗体上显示计算结果。

基本思路是：通过调用 3 次 Function 过程，分别求出阶乘 1！、3！及 5！的值，再利用一个窗体 Form_Load()事件过程编写代码调用 Function 过程，求出最后的计算结果。

具体操作步骤如下：

建立用户界面（窗体），打开代码窗口，在窗口顶部左侧的"对象"下拉列表框中选择"通用"选项，在右侧的"过程"下拉列表框中选择"声明"选项，输入如下代码：

```
Private Function Fact(n As Integer) As Long        '求 n!
    Dim i As Integer
    Dim p As Long
    p=1
    For i=1 To n
      p=p*i
    Next i
    Fact=p                                          '给函数名赋值
End Function
```

在窗口顶部左侧的"对象"下拉列表框中选择"Form1"选项，在右侧的"过程"下拉列表框中选择"Load"选项，输入如下代码：

```
Private Sub Form_Load()
  Dim i As Integer
  Dim Sum As Long
  Show
  Print
  For i=1 To 5 Step 2
    Sum=Sum+Fact(i)                                 '调用函数 Fact()
    If i<>5 Then Print i;"!+";Else Print i;"!=";Sum
  Next i
End Sub
```

**注意**：Function Fact()中"Fact = p"语句行是必不可少的。程序运行结果如图 2-15 所示。

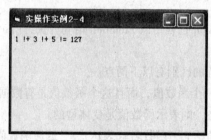

图 2-15　程序运行结果

### 3. 用 Exit Function 语句退出 Function 过程

使用 Exit Function 语句可以从当前调用的 Function 过程中直接退出。例如修改以上 Fact()函数如下：

```
Private Function Fact(n As Integer) As Long        '求 n!
    Dim i As Integer
    Dim p As Long
    p=1
    If n<=0 Then                                    '如果 n≤0，则退出 Fact()函数
      Exit Function
    End If
    For i=1 To n
      p=p*i
    Next i
```

```
Fact=p                                    '给函数名赋值
End Function
```

如果传递过来的参数值 n≤0，则不作 n! 运算，直接退出 Function 过程。

# 2.8 文 件 操 作

在应用程序中，常常需要把一些经过计算机运行处理的程序或数据保存起来，给它们起一个名字把这些程序和数据存储在磁盘上。有时还需要把已经保存的数据送入计算机进行处理加工，让系统按照用户指定的名字到磁盘上寻找，找到后把它们调入内存。在 Visual Basic 中，这种频繁的数据传输是以"文件"的形式进行的。

所谓"文件"是指存放在外部介质上的数据的集合。每一个文件有一个文件名作为标识。可以从不同的角度对文件进行分类。如果从文件的内容上区分，可分为程序文件和数据文件两大类；如果从文件存储信息的形式上区分，可分成 ASCII 文件和二进制文件两大类；如果从文件的组织形式上区分，可分成顺序文件和随机文件两大类；如果按存储介质区分，又可分为光盘文件、磁盘文件等。

在程序文件和数据文件两类文件中，用户直接处理的主要是数据文件，下面讨论关于对数据文件的操作。

## 2.8.1 顺序文件

### 1. 概念

顺序文件就是顺序存取的文件。文件中各条记录的写入顺序、存放顺序和从文件中读出的顺序三者保持一致。也就是先写入的记录放在最前面，也最早被读出。像日常生活中的排队购物，先来先购，计算机术语称为"先进先出"。

从顺序文件中读取记录，每次必须从第一个记录开始读起，这就是说，假若要读取第 1 000 条记录的内容，那么必须先把它前面的 999 条记录一一读过，才能读取到第 1 000 条记录。

### 2. 顺序文件的打开和关闭

在对顺序文件进行操作之前，必须用 Open 语句打开要操作的文件。在对一个文件的操作完成之后，要用 Close 语句把它关闭。

Open 语句的一般格式如下：

```
Open <文件名> [ For 打开方式] As [ # ] <文件号>
```

其中，文件名指要打开的文件的名字。

For 是一个关键字，For 引导的短语指明了文件的打开方式。打开方式包括以下 3 种方式。

（1）Input——向计算机输入数据，即从所打开的文件中读取数据到内存。

（2）Output——向文件写数据，即从内存向已打开的文件写数据。如果该文件中原来已有数据，则新写上的数据将已有的数据覆盖。

（3）Append——向文件添加数据，即从计算机向已打开的文件写数据。不同于 Output 方式的是：Append 方式把新的数据添加到文件尾部原有数据的后边，文件中的原有数据保留。

As 是一个关键字，As 引导的短语为打开的文件指定一个文件号（也称为文件通道号）。# 号是可选项。文件号是一个 1～511 的整数，文件号用来代表所打开的文件。

下面是一些打开文件的例子：

```
Open "Price.dat" For Output As #1
```

建立并打开一个新的数据文件（文件中一条记录也没有），使记录可以写到该文件中。

```
Open "Price.dat" For Output As #1
```

如果文件"Price.dat"已经存在，那么该语句将打开已存在的数据文件，新写入的数据将覆盖原来的数据。

```
Open "Price.dat" For Append As #1
```

打开已存在的数据文件，新写入的记录附加到文件的后面，原来的数据仍在文件中。如果给定的文件名不存在，则 Append 方式可以建立一个新文件。

```
Open "Price.dat" For Input As #1
```

打开已存在的数据文件，以便从文件中读出记录。

以上例子中打开的文件都是按顺序方式读写的，而且前三个打开语句是以写记录的形式打开的，第四个打开语句是以读记录的形式打开的。

Close 语句的一般格式如下：

```
Close [文件号表列]
```

其中，文件号与 Open 语句中的文件号相对应。

Close 语句用来关闭文件，它是在打开文件之后进行的操作。例如：

```
Close #2
```

关闭文件号为 2 的文件。

```
Close #8,#12,#15
```

关闭文件号为 8、12、15 的 3 个文件。

```
Close
```

关闭所有打开的文件。

Close 语句中的"文件号"是可选的。如果指定了文件号，则把指定的文件关闭；如果不指定文件号，则把所有打开的文件全部关闭。

**3．顺序文件的写操作**

顺序文件的写操作分为 3 个步骤：打开文件、写入文件和关闭文件。其中打开文件和关闭文件分别由 Open 语句和 Close 语句来实现，写入文件，也就是向新文件写入记录的操作，则是由 Print# 或 Write# 语句来完成的。

（1）Print# 语句

Print# 语句的一般格式如下：

```
Print#<文件号> [,输出表列]
```

Print# 语句的功能是把数据写入文件中。前面用过的 Print 方法与 Print# 语句的功能是类似的，Print 方法所"写"的对象是窗体、控件或打印机，而 Print# 语句所写的对象则是文件。

在上面的格式中，文件号是在 Open 语句中指定的。输出表列是准备写入文件中的数据，它们可以是变量名，也可以是常量数据，数据之间可以用逗号或分号隔开。例如：

```
Open "a:\temp\File1.dat" For Output As #1
```

```
Print #1,a,b,c
Close #1
```

执行此程序后，把变量 a、b、c 的值写到文件号为 1 的文件中。

在 Print# 语句中，各数据之间可以用分号，也可以用逗号隔开。如果用分号，则每个数值数据前有符号，后有一个空格。但对于字符串在用分号分隔时，各字符串之间的数据是没有空格的，例如：

```
Print #1, "Visual";"Basic";"Programming"
```

执行后，写入文件中的信息为"VisualBasicProgramming"，为了使写入文件的各字符串之间有空格，在 Print # 语句中各字符串之间用逗号分隔，即：

```
Print #1, "Visual","Basic","Programming"
```

这样，写入文件中的数据就是：

```
"Visual        Basic         Programming"
```

每一个字符串数据占据一个输出区，一个输出区的长度为 14 个字符长。

下面看一个完整的例子：

```
Private Sub Form_Click()
  Dim Tpname As String, Tptel As String, Tpadd As String
  Dim i As Integer
  Open "A:\tel.dat" For Output As #1
  For i=1 To 3
    Tpname=InputBox$("请输入姓名: ", "数据输入")
    Tptel=InputBox$("请输入电话号码: ", "数据输入")
    Tpadd=InputBox$("请输入地址: ", "数据输入")
    Print #1,Tpname,Tptel,Tpadd
  Next i
  Close #1
End Sub
```

上述事件过程中首先在 A 盘下打开一个名为"tel.dat"的文件，文件号为 1。然后在 3 个输入对话框中分别输入姓名、电话号码、地址，程序用 Print # 语句把用户输入的数据写入文件"tel.dat"中。最后用 Close 语句关闭文件。

（2）Write # 语句

用此语句向文件写入数据时，与 Print # 语句不同的是：Write # 语句能自动地在各数据项之间插入逗号，并给字符串加上双引号。

Write # 语句的一般格式如下：

```
Write #<文件号> [,输出表列]
```

在上面的格式中，文件号是在 Open 语句中所指定的文件号。输出表列是要写入文件中的数据，它们可以是常量，也可以是变量名，输出项之间可以用逗号、空格或分号隔开。下面的程序段，是一个建立电话号码文件、存放单位名称和单位电话号码的例子：

```
Private Sub Form_Click()
  Dim Unit As String , Tel As String
  Open "a:\tel.dat" For Output As #1
    Unit=InputBox$("输入单位名称:")
    While Ucase(unit$)<>"DONE"
```

```
        Tel=InputBox$("电话号码:")
        Write #1,unit$,tel$
        Unit=InputBox$(" 输入单位名称:")
    Wend
  Close #1
End Sub
```

上述程序在建立了一个新文件之后，就反复地从键盘上输入单位名称和电话号码，并用 Write # 语句把这些数据写到磁盘文件 "tel.dat" 中，直到输入 "DONE" 为止。

（3）添加数据

在上述电话号码文件的例子中，如果需要向文件中添加新的电话号码，则需要把写记录方式由 Output 改为 Append，即把 Open 语句改写为：

```
Open "a:\tel.dat" For Append As #1
```

这样，原有的数据将被保留；新的数据将添加在文件的尾部。

### 4．顺序文件的读操作

顺序文件的读操作，就是从已建好的顺序文件中读数据到计算机中去，也分为 3 个步骤进行，即打开文件、读数据文件和关闭文件。其中打开文件和关闭文件的操作如前所述，读数据的操作由 Input # 语句和 Line Input # 语句来实现。

（1）Input # 语句

Input # 语句的一般格式如下：

```
Input #<文件号>,<变量表列>
```

Input # 语句的功能是从一个顺序文件中读出数据项，并把这些数据项赋给程序变量表列中的变量。变量表列中的变量用逗号分开，并且变量的个数和类型应该与从磁盘文件读取的记录中所存储的数据状况一致。例如：

```
Input #1, A ,B , C
```

从文件中读出 3 个数据项，分别把它们赋给 A、B、C 这 3 个变量。

例如，将上述电话号码文件中前 4 家单位的名称、电话号码的数据读到内存，并在窗体上显示出来，程序如下：

```
Private Sub Form_Click()
  Dim Unit As String , Tel As String
  Dim n As Integer
    Print tab(5); "单位名称",tab(30); "电话号码"
    Open "a:\tel.dat" For Input As #1
    For n=1 to 4
      Input #1, Unit, Tel
      Print tab(5), Unit, tab(30);Tel
    Next n
    Close #1
End Sub
```

（2）Line Input # 语句

Line Input # 语句是从打开的顺序文件中读取一个记录，即一行信息，并把它送给字符串变量。它的一般格式如下：

```
Line Input #<文件号>,<字符串变量>
```

其中，"文件号"含义同前；"字符串变量"是一个字符串的简单变量名，也可以是一个字符串数组元素名，用来接收从顺序文件中读出的字符行数据。

例如，有数据文件 Data1.dat，内容如下：

```
"This is a Visual Basic Programming"          '第一个记录
100,101,260,500,999                           '第二个记录
```

用 Line Input # 语句将数据读出，并且把它显示在文本框中。

```
Private Sub Command1_Click()
  Dim s1 As String,s2 As String
   Open "a:\temp\Data1.dat" For Input As #3
     Line Input #3,s1
     Line Input #3,s2
     Text1.Text = s1+s2
   Close #3
End Sub
```

执行以上过程，在文本框中显示的内容如下：

```
"This is a Visual Basic Programming" 100，101，260，500，999
```

文件中第一个记录被读入 s1，第二个记录被读入 s2，注意在第二个记录中包括 4 个逗号。如果不用 Line Input # 语句而用 Input # 语句读文件 "Data1.dat" 的数据，情况就不同了，如下所示：

```
Private Sub Command1_Click()
   Open " a:\temp\Data1.dat" For Input As #3
     Input #3,s1$
     Input #3,s2$
     Input #3,s3$
     Input #3,s4$
     Text1.Text=s1$+s2$+s3$+s4$
   Close #3
End Sub
```

执行以上过程后在文本框中显示出以下内容：

```
This is a Visual Basic Programming 100,101,260
```

可以看到 500 和 999 没有被读入，这是因为用 Input # 语句进行读操作，当遇到逗号、空白或行尾时，就认为一个字符串结束，除非字符串用双引号括起来。因此，将第一行双引号中的内容读入 s1，将 100 读入 s2，101 读入 s3，260 读入 s4，在输出时不输出逗号。而 Line Input # 语句读数据时不受空格和逗号的限制，它将一行中【Enter】键之前的信息作为一个记录一次读入。

（3）Input()函数

用 Input()函数可以从文件中读取指定字数的字符。Input()函数的一般格式如下：

```
Input(整数,[#<文件号>])
```

其中，整数为要读取的字符个数。例如，有以下语句。

```
Open "a:\Data1.dat" for Input As #1
  Mystr$=Input(17,#1)
  Text1.Text=Mystr$
```

假设数据文件 Data1.dat 的内容如下：

```
"Visual Basic Programming."
```

以上语句执行的结果是：在文本框中显示下面 17 个字符。

```
"Visual Basic Prog"
```
因为 Input()函数只读入 17 个字符。

## 2.8.2    随机文件

### 1．概念

随机文件是指随时可以存取和操作的文件。一个随机文件中的每个记录的长度是固定的。整个文件如同一个二维表格一样，记录中所包括的各数据项的长度也是固定的，即各记录中相应的数据项的长度是一样的。

随机文件中每一个记录都有一个记录号，在读写数据时，只要指出记录号，就可以直接对该记录进行读写。因此随机文件又称为"直接存取文件"。

举一个顺序存取和随机存取文件差别的例子。假设已经创建了一个学生成绩的数据文件，共有 1 000 条记录，要读取第 998 条记录，如果以顺序方式访问该文件，就需先读取前 997 条记录，然后才能读取第 998 条记录。但如果以随机方式访问该文件，那么就可以直接读取第 998 条记录，而不需要读取前面的 997 条记录。

向文件写入数据时也一样，假若要修改第 900 条记录，若以顺序形式访问，就需要读取全部 1 000 条记录，然后修改第 900 条记录。而以随机访问方式，就可以直接修改第 900 条记录，而不涉及其他 999 条记录。

随机文件的存取无论从空间还是时间的角度，都比顺序文件有较高的效率。

### 2．随机文件的打开和关闭

同顺序文件一样，在对一个随机文件操作之前，也必须用 Open 语句打开文件，在对一个随机文件的操作完成之后，也要用 Close 语句将它关闭。

（1）随机文件的 Open 语句的一般格式如下：

```
Open <文件名>  For Random As #<文件号> Len = <记录长度>
```

其中：

文件名——指需要打开的文件的名字。

For Random——表示打开一个随机文件。随机文件的打开方式是 Random。

Len——用来指定记录的长度。

例如：

```
Open "Price.dat" For Random As #1
```

按随机方式打开或建立一个文件，然后读出或写入定长记录。

```
Open "C:\abc\abcfile.dat" For Random As #1 Len=256
```

用随机方式打开 C 盘上 abc 目录下的文件 abcfile.dat，记录长度为 256 个字节。

（2）随机文件的 Close 语句与顺序文件的 Close 语句相同，不再赘述。

### 3．随机文件的写操作

Visual Basic 提供了 Put # 语句进行随机文件的写操作，Put # 语句的一般格式如下：

```
Put  #<文件号>,<记录号>,<变量>
```

例如：

```
Put #1,15,x1
```

表示将变量 x1 中的内容送到 1 号文件中的第 15 号记录。

【操作实例 2-5】建立一个随机文件，文件包含学生的通讯录信息。首先用 Type / EndType 语句定义一个学生记录类型：

```
Type Students
    Tname  As String*10
    TelNo  As String*8
    Address  As String*30
End TyPe
```

在这个结构中包含 3 个成员：学生姓名（Tname）、学生电话号码（TelNo）和学生住址（Address）。下面按照这种数据结构建立随机文件。

```
Pivate Sub CmdPut_Click()
  Dim Stud As Students
  Dim k As Integer
  Open  "A:\temp\addrssbook.dat" For  Random  As #1 Len =Len(Stud)
    Title$="写记录到随机文件"
    Str1$="请输入学生姓名"
    Str2$="请输入学生电话号码"
    Str3$ ="请输入学生通信地址"
    For k=1 to 3
      Stud.Tname=InputBox(Str1$,Title$)
      Stud.TelNo=InputBox(Str2$,Title$)
      Stud.Address=InputBox(Str3$,Title$)
      Put #1,I,Stud
    Next k
  Close #1
End Sub
```

在程序中声明了一个 Students 类型的变量 Stud，Stud 变量包含 3 个成员。在 Open 语句中的函数 Len（Stud）的值是变量 Stud 的长度（总字节数）。

执行以上过程，先后将以下 3 行信息通过输入对话框输入。每执行一次 InputBox() 函数输入一项，如将"吴明霞"输入给 Stud .Tname，将"68451234"输入给 Stud .TelNo，将"北京海淀区中关村大街 200 号"输入给 Stud.Address。然后用 Put # 语句将上述 3 项作为一个记录输出到 1 号文件，作为第一个记录（因为此时 k 的值为正）。继续执行程序，输入另外两名学生的信息。程序执行完毕后，随机文件中有如下 3 条记录。

吴明霞　　　68451234　　　　北京海淀区中关村大街 200 号
徐建英　　　89561458　　　　北京东城区雅宝胡同 12 号
王　洪　　　68457264　　　　北京宣武区阳光路 14 号

#### 4. 随机文件的读操作

通过以上操作，用户已建立了一个随机文件，内含有若干个记录。如果要从随机文件中读取数据，它的操作与写操作类似，只是把写操作中的 Put # 语句用 Get # 语句来代替就可以了，Get # 语句的格式如下：

```
Get #<文件号>,<记录号>,<变量>
```

例如，Get #2，23，x1，表示将#2 文件中的第 23 个记录读出，并存放到变量 x1 中。

下面编写一个过程，将上面 CmdPut_Click()过程中建立的随机文件"addressbook.dat"中的记录读出，并显示在文本框内。过程代码如下：

```
Private Sub CmdGet_Click()
  Dim Stud As Students
  Open "A:\temp\addressbook.dat" For Random As #1 Len=Len(Stud)
    Get #1,1, Stud
    Text1.Text=Stud.Tname+Stud.TelNo+" "+Stud.Address
    Get #1,2, Stud
    Text1.Text=Stud.Tname+Stud.TelNo+" "+Stud.Address
    Get #1,3, Stud
    Text1.Text=Stud.Tname+Stud.TelNo+" "+Stud.Address
  Close #1
End Sub
```

程序开始运行后，单击 CmdGet 命令按钮，则打开 A 盘 temp 子目录下的 addressbook.dat 文件，作为 1 号文件。第一个 Get 语句的作用是从 1 号文件中读出 1 号记录中的数据，并把它们放入 Stud 变量中。Stud 变量已定义为 Students 类型，因此每一个 Stud 变量中包含 Tname（学生姓名）、TelNo（学生电话号码）和 Address（学生通讯地址）3 个成员。这 3 个字符串连接成一个字符串，赋给文本框 Text1 的 Text 属性。也就是在文本框 1 中显示出第一个学生的数据。与此类似，第二个 Get 语句读出第二个记录，在文本框 1 中显示第二个学生的数据。共处理 3 条记录。

## 2.9 习　题

1. 设计下列程序，在窗体上设置两个文本框，分别显示当前时间和问候语，用块 If 语句来完成：0 时～12 时之间问候语为"早上好！"，12 时～18 时之间问候语为"下午好！"，18～0 时之间问候语为"晚上好！"，运行效果如图 2-16 所示。提示：使用 Hour()及 Time()函数控制时间。

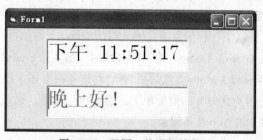

图 2-16　习题 1 的运行效果

2. 设计下列程序，在窗体上设置两个列表框，一个文本框和一个命令按钮，在文本框中输入百分制的学生成绩后，当单击"评判等级"按钮后，在一个标签框中可以显示出该成绩的所在等级，其中：60 分以下为"不及格"，60～75 分为"及格"，76～85 分为"良好"，86～100 分为"优秀"，输入其他内容为"输入成绩错！"，要求使用 Select Case…EndSelect 语句来完成。程序运行效果如图 2-17 所示。

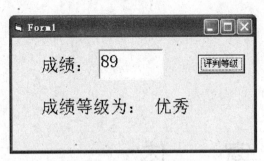

图 2-17　习题 2 的运行效果

3. 利用 For…Next 循环语句、Print 方法直接在窗体上显示 10～100 间能够被 3 整除的整数。

4. 利用 Do While…Loop 循环语句求 S = 12 + 22 + … + 1002。

5. 试利用 For…Next 循环语句求解下列问题：输入任意两个正整数，求出它们的最大公约数和最小公倍数，运行效果如图 2-18 所示。

图 2-18　习题 5 的运行效果

6. 设计程序，利用数组和循环语句求下列问题：任意给出 10 名学生的考试成绩（百分制），将这些成绩从高到低依次排序，要求在窗体上显示排序前和排序后的成绩。

7. 在第 6 题的基础上，求出排序后第一名成绩在排序前所存放的位置。

8. 在窗体内显示两个数，试用 Sub 子过程编写交换两个数的过程 Swap()，将交换后的结果在窗体上输出。

9. 用 Function 过程求 S = 1 + 2 + 3 + … + n（n≥1），将计算结果显示在窗体中。

10. 建立一个顺序文件 Studscor.dat，将 20 个学生成绩（自定义）用 Write # 语句写入文件中，然后关闭文件。再次以 Append 方式打开文件后，追加 10 个学生成绩写入文件中，关闭文件。

# 第**3**章　窗　体

本章讨论在程序设计中涉及的窗体的一些基本操作以及相应的上机操作练习，通过具体的操作，逐步了解窗体在可视化程序设计中的作用，同时对对象、事件、属性等概念有一个直接的、初步的了解。

## 3.1　窗体的结构

在第 1 章中，曾经把窗体比喻为一个"画板"，启动 Visual Basic 之后，在集成环境下可以使用工具箱中的控件在这块画板上"画"出应用程序的界面；也可以使用窗体的属性来"描绘"出窗体的外观、色彩、尺寸大小以及给它装入事先准备好的图片等。

窗体的结构如图 3-1 所示。窗体的左上方是窗体的控制按钮和窗体标题，右上方有 3 个按钮，自左向右依次为窗体的"最小化"按钮、"最大化"按钮和"关闭"按钮。

单击窗体的控制按钮，弹出下拉式窗体控制菜单，如图 3-2 所示。这些菜单命令用于操作和控制窗体，由于其中的"最小化"、"最大化"、"还原"以及"关闭"命令是经常使用的，为方便用户操作，所以把它们以命令按钮的形式放在了窗体的右上方。

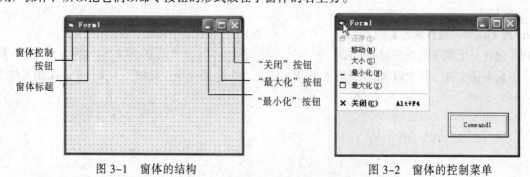

图 3-1　窗体的结构　　　　　　　图 3-2　窗体的控制菜单

如果单击窗体右上方的"最小化"按钮，则可以看到窗体在屏幕上缩小为一个按钮，显示在桌面底部的任务栏上，表示它不是当前打开的窗体。单击此按钮可以恢复窗体，使之成为当前的窗体。单击窗体的"最大化"按钮，可使窗体充满屏幕，此时的"最大化"按钮变成两个重叠的小方块，成为"还原"按钮，单击它恢复原来的窗体。单击"关闭"窗体按钮可关闭窗体。

## 3.2　窗体应用的操作实例

先做几个操作实例来体会窗体的应用。

【操作实例 3-1】设计一个窗体，在窗体上"画"两个命令按钮，程序进入运行状态后，当单击窗体时，窗体就变小，单击"窗体变大"按钮时，窗体变大，单击"退出"按钮时，则退出程序运行。

**第一步：**设计用户界面

利用工具箱中的控件，"画"出用户界面，这个实例的界面很简单，只需给窗体加入两个命令按钮即可。此时，可以通过以下两种方法在窗体上添加命令按钮。

（1）单击工具箱中的命令按钮图标（被单击的命令按钮改变为灰白色），放开鼠标左键时将光标移到窗体上，此时光标由箭头变成"十"字。将"十"字移到窗体中预定的位置，按住鼠标左键拖拉成想要的尺寸，然后释放鼠标，一个命令按钮就被添加到窗体上。

（2）在工具箱中双击命令按钮图标，就有一个命令按钮的图形将自动显示在窗体的中心位置，并在命令按钮上依次显示 Command1、Command2、…（多个命令按钮叠放在一起），如果要将此命令按钮移动到所需的位置上，只要将鼠标移到命令按钮中，按住鼠标左键不放，将命令按钮拖到所需位置，然后放开鼠标左键即可。

用上述方法将两个命令按钮添加到窗体中，如图 3-3 所示。

在进行操作时，用鼠标拖拉出一个命令按钮后，在其四周有 8 个蓝色控制点，如图 3-3 中的 Command2 命令按钮所示。这表明该命令按钮为当前操作的控件，也称为此时该对象被"激活"。假若想改变该按钮外部尺寸的大小，则可以将光标移到这 8 个小方块中的一个方块上，按住鼠标进行拖动，则命令按钮的大小随之改变。如果选中的是其矩形框水平线中点处的控制点，则可做上下运动，拖动时就会改变矩形的高度；如果选中矩形两侧垂直边中点的控制点，则可做左右运动，拖拉时会改变矩形框的宽度；如果选中 4 个角的控制点之一，则可作斜线运动，拖拉时同时改变矩形框的宽度与高度。

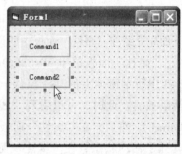

图 3-3　将命令按钮添加到窗体中

现在已经设计好了用户界面。这个界面由标题为 Form1 的窗体和标题为 Command1、Command2 的两个命令按钮组成。Form1、Command1 和 Command2 都是系统自动赋予窗体和命令按钮的默认标题。

下面就会看到，"标题"（Caption）是窗体和命令按钮的一个属性。如果不想使用系统提供的默认标题，用户可以为标题重命名。

**第二步：**为窗体中的控件设置属性

在 Visual Basic 中，每个对象都有若干属性。例如，窗体有名称、标题、加载等属性，命令按钮有名称、标题及按钮的尺寸属性等。不同的对象属性的类型和个数是不同的。例如，窗体和命令按钮所能使用的属性类型和个数不是完全相同的。通常，在一个程序中，用户并不需要用到一个对象的全部属性，而只需从属性中选用设置一部分属性值即可（其余属性取系统给定的默认值）。

现在，对用户界面上的 3 个对象（一个窗体和两个命令按钮）的属性进行设置，将窗体的 Caption（标题）属性值设置为"操作实例 3-1"，名称的属性值暂时用默认名 Form1。设置窗体中显示的字体为黑体、字体大小为 14。1 号命令按钮的 Caption（标题）属性值设置为"窗体变大"，名称属性值暂时用默认名 Command1，2 号命令按钮的 Caption（标题）属性值设置为"退出"，名称属性值暂时用默认名 Command2。（对各个对象的"名称"属性值暂时使用系统所提供的默认值，当用户操作熟练以后，再使用用户自己给这些对象"名称"设置的属性值）。设置的各属性值如表 3-1 所示。

表 3-1　设置各对象属性值

| 对　　象 | 属　　性 | 属性值的设置 |
| --- | --- | --- |
| 窗体 | Caption（标题） | 操作实例 3-1 |
| | （名称） | Form1 |
| | FontSize（字体大小） | 14 |
| | FontName（字体） | 黑体 |
| 命令按钮 1 | Caption（标题） | 窗体变大 |
| | （名称） | Command1 |
| 命令按钮 2 | Caption（标题） | 退出 |
| | （名称） | Command2 |

以上设置的这些属性值，既可以在"属性"面板中设置，也可以在程序中通过代码来设置。下面先介绍在"属性"面板中的设置方法。

"属性"面板位于 Visual Basic 集成环境窗口的右下方，如图 3-4 所示。首先，单击图 3-3 中所示窗体上的某一控件，此时该控件的四角四边出现 8 个控制点，表明其已成为当前活动控件。此时，可以看到"属性"面板上部的"对象框"中出现了该对象的名字（图中是 Form1）。然后，在"属性"面板中找到需要设置的属性，再指定属性值。例如，单击窗体使其处于活动状态，在"属性"面板中找到属性 Caption（标题），可以看到系统为窗体设置的默认值为 Form1。单击 Caption 行右边的文本框，将其中的 Form1 改为"操作实例 3-1"，这时在窗体的标题栏上同步显示"操作实例 3-1"；同样，在"属性"面板单击"字体"右边标有"宋体"的框，在框的右端出现一个标有 3 个小黑点的按钮，单击此按钮，弹出"字体"对话框，如图 3-5 所示，在"字体"列表框中选择"黑体"选项，在"大小"列表框中选择"14"选项。

设置完窗口属性之后，再设置 Command1 和 Command2 命令按钮的属性。单击 Command1 命令按钮，使之激活，此时可以看到"属性"面板中的对象框中已自动变成 Command1，现在开始对 Command1 命令按钮设置属性值，在"属性"面板中找到属性 Caption，在其右面的表框里，将原来的内容 Command1 改为"窗口变大"，可以看到用户界面上的 1 号命令按钮，也同时将 Command1 变为"窗口变大"，如图 3-6 所示。同理，将 Command2 命令按钮的 Caption 属性值设置为"退出"。

图 3-4 Visual Basic 的"属性"面板

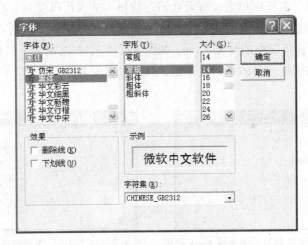

图 3-5 "字体"对话框

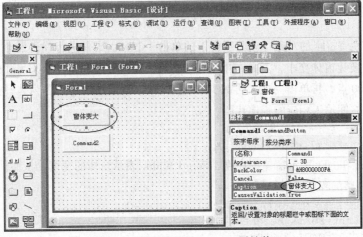

图 3-6 设置按钮的 Caption 属性值

初学者常常不清楚 Caption（标题）和"名称"这两个属性的区别是什么，通俗一点讲，标题是为用户识别不同的对象而起的名字。标题一般显示在对象上，用户可以在屏幕上看到它。而名称是在程序代码中为区分不同对象而给这些对象起的名字，名称一般不显示在对象上，它只是用来给程序识别的。例如，本操作实例中 1 号命令按钮的 Caption 属性值是"窗体变大"，它显示在窗体中的 1 号命令按钮上。命令按钮的"名称"属性值，暂时只取它的系统默认名 Command1（见表 3-1，以后也会给它起一个新名字），它在屏幕上是看不到的，只用于程序代码中识别这个 1 号命令按钮。

第三步：为各个对象编写事件过程代码

属性设置完毕后，就可以给各个对象编写有关事件的过程代码。过程代码是针对某个对象的事件编写的，操作实例要求单击窗体后，窗体就变小，单击 1、2 号命令按钮后，分别实现窗体变大和结束程序运行。也就是说，要对窗体、命令按钮这些对象的单击事件编写一段程序，来指定用户单击窗体、命令按钮时要执行的操作。

编写程序代码是在代码窗口中进行的。选择"视图"→"代码窗口"命令（也可以直接双击窗体或在"工程"面板中单击"查看代码"按钮）进入代码窗口，在代码窗口的上端，左面是"对象"列表框，右面是"过程"列表框，单击"对象"下拉列表框右侧的下三角按钮，展开对象列表，选择其中的对象 Form，如图 3-7 所示，"对象"下拉列表框中出现 Form。单击"过程"下拉列表框右侧的下三角按钮，展开过程（事件）列表，选择其中的"Click"事件，如图 3-8 所示。

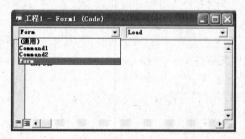
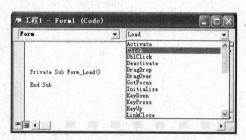

图 3-7　在"对象"下拉列表框中选择 Form 选项　图 3-8　在"过程"下拉列表框中选择 Click 事件

```
Private Sub Form_Click()

End Sub
```

表示对名字为 Form 的对象（就是窗体）的单击（Click）事件进行代码设计。根据题目的要求，单击窗体，要让窗体变小，就是在单击窗体之后，窗体的高和宽在原来尺寸的基础上减少了一些，如减少 300 点，再单击一次，再减少 300 点……，随着不断地单击窗体，窗体越来越小。在上述两行命令之间输入相应的程序代码：

```
Form1.Height=Form1.Height-300
Form1.Width=Form1.Width-300
```

其中，Form1.Height 表示窗体的高度，Form1.Width 表示窗体的宽度，从而使"窗体_单击"这个对象_事件完整的程序代码如下：

```
Private Sub Form_Click()
  Form1.Height=Form1.Height-300
  Form1.Width=Form1.Width-300
End Sub
```

与操作窗体完全类似，在代码窗口的"对象"下拉列表框中选择 Command1 选项，在"过程"下拉列表框中选择 Click 选项，生成"命令按钮_单击"的 Command1_Click() 对象_过程事件，完整的程序代码如下：

```
Private Sub Command1_Click()
  Form1.Height=Form1.Height+300
  Form1.Width=Form1.Width+300
End Sub
```

与窗体变小的程序相反，在程序执行过程中，如果单击"窗体变大"命令按钮，就触发了 Command1_Click() 对象_过程事件，每次单击"窗体变大"命令按钮，窗体的高和宽就增加 300 点，不断单击，就不断增加。

同样，在代码窗口的"对象"下拉列表框中选择 Command2 选项，在"过程"下拉列表框中选择 Click 选项，生成"命令按钮_单击"的 Command2_Click()对象_过程事件，完整的程序代码如下：

```
Private Sub Command2_Click()
  End
End Sub
```

代码中的 End 命令表示将结束程序的运行。

本操作实例完整的用户界面如图 3-9 所示。

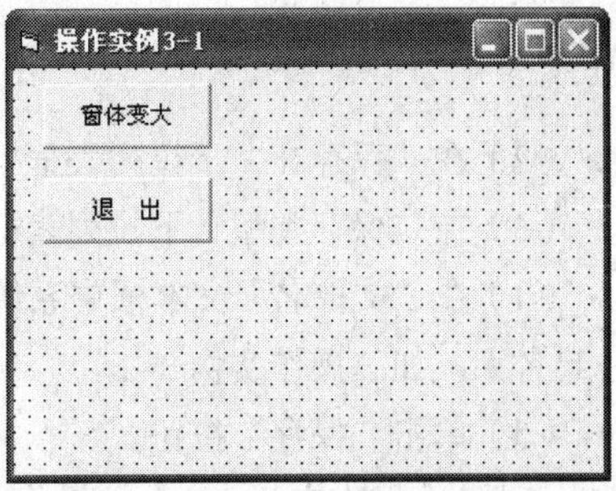

**第四步**：运行程序和保存文件

选择"运行"→"启动"命令（也可以直接单击工具栏中的"运行"按钮或按【F5】键），运行程序。单击窗体，窗体会变小，多次单击窗体，窗体会越来越小。单击"窗体变大"按钮，窗体会变大，多次单击该按钮，窗体会越来越大。单击"退出"按钮，程序将结束运行。

一个 Visual Basic 程序称为一个"工程"，一个工程中

图 3-9 【操作实例 3-1】的用户界面

包含多种不同类型的文件，前面已经讲过，主要有窗体文件、标准模块文件和类文件等，这些文件需要分别保存。

保存一个窗体文件的操作步骤如下：

（1）选择"文件"→"Form1 另存为"命令，弹出"文件另存为"对话框，如图 3-10 所示。

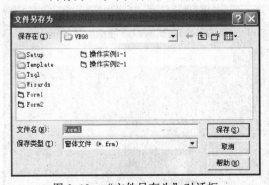

图 3-10 "文件另存为"对话框

（2）在"保存在"下拉列表框中确认窗体文件所保存的位置。

（3）在"保存类型"下拉列表框中确认是窗体文件（*.frm）。

（4）在"文件名"文本框中系统提供了一个默认名 Form1，如果用户不想使用这个名字，则可以输入文件名，比如"操作实例 3-1"。

（5）单击"保存"按钮。

一个 Visual Basic 的工程可以包含多个窗体文件，按照上述操作，可以保存多个窗体文件，另外，在保存好这些窗体文件之后，还需要保存一个工程文件，保存工程文件的操作步骤如下：

（1）选择"文件"→"工程另存为"命令，弹出"工程另存为"对话框，如图 3-11 所示。

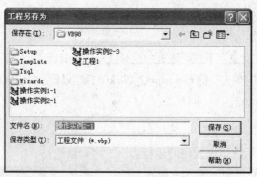

图 3-11　"工程另存为"对话框

（2）在"保存在"下拉列表框中确认工程文件所保存的位置。

（3）在"保存类型"下拉列表框中确认是工程文件(*.vbp)。

（4）在"文件名"文本框中系统给出一个默认文件名"工程 1"，如果用户不愿使用，可以自己起名字，如"操作实例 3-1"。

（5）单击"保存"按钮。

至此，【操作实例 3-1】的操作全部完成。

【操作实例 3-2】设计一个窗体，在窗体上装入一幅图片，再设置一个文本框、一个命令按钮，程序运行后，首先在窗体上显示图片的画面，单击文本框，框内显示"这是一个窗体的操作实例！"字样，字体为楷体，字号为 14，单击"结束"按钮，结束程序运行，如图 3-12所示。

图 3-12　【操作实例 3-2】的运行结果

（1）设计用户界面，如图 3-13 所示，将文本框、命令按钮放在适当的位置。

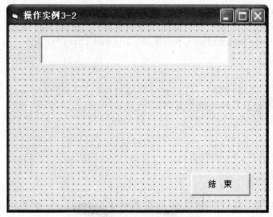

图 3-13 设计用户界面

（2）设置各对象的属性值。表 3-2 所列是通过"属性"面板来设置的属性值；也可以通过编写程序代码的方法来实现。

表 3-2 设置各对象的属性值

| 对 象 | 属 性 | 属性值的设置 |
|---|---|---|
| 窗体 | Caption（标题） | 操作实例 3-2 |
| | （名称） | Form1 |
| 文本框 | Text（文本） | 空白 |
| | （名称） | Text1 |
| | FontSize（字体大小） | 14 |
| | FontName（字体） | 楷体_GB2312 |
| 命令按钮 1 | Caption（标题） | 结束 |
| | （名称） | Command1 |

与表 3-2 设置完全等价的、写成程序代码的语句命令行如下：

```
Form1.Caption="操作实例 3-2"      '设置窗体的标题为"操作实例 3-2"
Text1.Text=""                    '设置文本框的"Text"属性为空白
Text1.FontSize=14                '设置文本框的字体大小为 14
Text1.FontName="楷体_GB2312"     '设置文本框的字体为楷体
Command1.Caption="结束"          '设置命令按钮的标题为"结束"
```

在语句命令行右端的符号"'"及其后面的文字说明称为"注释"，其作用是解释行左端语句命令行的功能或作用。在程序运行时，系统是"不理睬"这些"注释"内容的，换句话说，它们只是为用户阅读程序代码提供便利，与程序运行无关。

**注意**：不是所有的属性在设置属性值时，既可以通过"属性"面板设置，也可以通过程序代码设置。有些控件的属性值只能通过"属性"面板设置，而另外一些属性只能通过程序代码实现。

（3）编写程序代码，按照本操作实例的要求，编写的程序如下：

```
Private Sub Form_Load()
  Form1.Picture=LoadPicture("C:\Documents and Settings\All Users\Documents\ _
                My Pictures\示例图片\sunset.jpg")
End Sub

Private Sub Text1_Click()
  Text1.Text="这是一个窗体的操作实例！"
End Sub

Private Sub Command1_Click()
  End
End Sub
```

程序中描述了 3 个"对象_事件"：窗体的加载事件 Form_Load()、文本框的单击事件 Text1_Click() 以及命令按钮的单击事件 Command1_Click()。每个"对象_事件"的第一行表明此模块过程是一个 Private（私有的）过程，当窗体 Form 发生 Load 事件，也就是当窗体被加载到内存中时发生的事件，此时下面的程序或命令行就会被执行，该程序段只有一行程序行，就是通过 LoadPicture() 函数为窗体 Form1 的 Picture 属性加载一个图片文件。这个事件过程通常用来做程序的初始化工作，如对控件的属性和程序中的变量进行初始化。

下面讨论一下这个程序行，程序代码如下：

```
Form1.Picture=LoadPicture("C:\Documents and Settings\All Users\Documents\ _
My Pictures\示例图片\sunset.jpg")
```

LoadPicture() 是一个函数，它的功能是向一个窗体、图片框或图像框加载图片。括号里英文双引号中的内容是带路径的图形文件名（本操作实例中的图形文件名是 sunset.jpg）。

LoadPicture() 函数的一般格式如下：

```
[对象.]Picture=LoadPicture("文件名")
```

对象可以是窗体、图片框、图像框，默认时为窗体。当 LoadPicture() 函数的参数为空时，可以将窗体、图片框或图像框中已有的图片清除。

LoadPicture("C:\Documents and Settings\All Users\Documents\My Pictures\示例图片\sunset.jpg") 的作用是将 C 盘中在路径\Documents and Settings\All Users\Documents\My Pictures\示例图片\下的图形文件 sunset.jpg 调入内存，并将它的值赋予 Picture 属性。在 Form1 后面的 Picture 是一个属性。

在文本框的单击事件 Text1_Click() 的命令行 "Text1.Text = "这是一个窗体的操作实例！""中，Text1 后面的 Text 也是一个属性，它的主要功能是设置将在文本框中显示的内容，这一命令行实现把"这是一个窗体的操作实例！"送入文本框中，并显示出来。

在程序中引用一个属性时，一般要在这个属性前面加上对象名，其一般格式如下：

对象名.属性 = 属性值

例如前面提到的都是这样的。如果不指定对象名，则默认为当前窗体。

对象名.属性=属性值

```
Form1.Caption=" 操作实例 3-2"
Text1.FontSize=14
Command1.Caption=" 结束 "
```

# 3.3　设置多窗体

在实际应用中，仅使用一个窗体只能解决一些比较简单的应用问题，当问题比较复杂时，常常需要使用多个窗体，Visual Basic 中提供了多窗体（Multi-Form）的程序设计，下面通过具体问题来了解多窗体程序设计的诸多功能。

## 3.3.1　建立多窗体

通过一个操作实例来看看 Visual Basic 是如何建立多窗体的。

【操作实例 3-3】设计一个程序，程序中有两个窗体，第一个窗体中显示 Blue Hill 画面，并设置一个"结束运行"命令按钮，第二个窗体内显示 Sunset 画面。程序运行后的结果界面分别如图 3-14（a）和图 3-14（b）所示。首先显示第一个窗体，单击第一个窗体后，显示第二个窗体，单击第二个窗体时，返回第一个窗体。

（a）"Blue Hill" 画面

（b）"Sunset" 画面

图 3-14　两个窗体

在【操作实例 3-1】和【操作实例 3-2】中，只用了一个窗体，在本操作实例中，学习如何添加其他窗体。学会在一个程序中使用两个窗体，那么在需要建立更多的窗体解决实际问题时就没有困难了。

建立两个窗体的操作步骤如下：

（1）新建一个工程后，把系统自动建立的一个窗体作为 1 号窗体。在这个窗体上添加一个命令按钮控件。

（2）选择"工程"→"添加窗体"命令（也可以右击"工程"面板（见图 1-11）弹出快捷菜单，选择"添加"→"添加窗体"命令，在弹出的对话框中选择"新建"选项卡，选择"窗体"图标，单击"打开"按钮），一个新的窗体 Form2 就建立起来了。

各窗体中控件的属性值按照表 3-3 的值来设置。

表 3-3　设置各对象属性值

| 对　象 | 属　性 | 属性值的设置 |
| --- | --- | --- |
| 1 号窗体 | Caption（标题） | 1 号窗体 |
| | （名称） | Form1 |
| 命令按钮 | Caption（标题） | 结束运行 |
| | （名称） | Command1 |
| 2 号窗体 | Caption（标题） | 2 号窗体 |
| | （名称） | Form2 |

下面来编写两个窗体中各自的程序代码。

使 1 号窗体成为当前窗体，双击 1 号窗体，打开代码窗口，要使窗体装载一个图片，Form1 的装载（Load）事件过程 Form_Load()程序代码如下：

```
Private Sub Form_Load()
  Form1.Height=9550
  Form1.Width=12150
  Form1.Picture=LoadPicture("C:\Documents and Settings\All Users\ _
              Documents\My Pictures\示例图片\blue hills.jpg")
End Sub
```

同样，要使 2 号窗体装载一个图片，Form2 的装载（Load）事件过程 Form_Load() 程序代码如下：

```
Private Sub Form_Load()
Form2.Height=9550
Form2.Width=12150
Form2.Picture=LoadPicture("C:\Documents and Settings\All Users\ _
            Documents\My Pictures\示例图片\sunset.jpg")
End Sub
```

可以看到，窗体的高度（Height）和宽度（Width）的设置，是通过程序代码来实现的。

按照本操作实例中的要求：单击第一个窗体后，显示第二个窗体，单击第二个窗体时，返回第一个窗体。还需要为两个窗体的单击（Click）事件编写程序代码，用户单击 1 号窗体，触发 Form1 的 Form_Click()事件过程，在执行过程中实现将 1 号窗体隐藏，将 2 号窗体显示。程序代码如下：

```
Private Sub Form_Click()
    Form1.Hide          '隐藏1号窗体
    Form2.Show          '显示2号窗体
End Sub
```

同样，用户单击 2 号窗体，触发 Form2 的 Form1_Click()事件过程，在执行过程中实现将 2 号窗体隐藏，将 1 号窗体显示。程序代码如下：

```
Private Sub Form_Click()
    Form2.Hide          '隐藏2号窗体
    Form1.Show          '显示1号窗体
End Sub
```

这两段代码很容易读懂。前一段是单击 Form1 后，使 Form1 隐藏( Hide )，使 Form2 显示( Show )，后一段是单击 Form2 后，使 Form2 隐藏( Hide )，使 Form1 显示( Show )，Hide 与 Show 在 Visual Basic 程序设计中称为"方法"，它们的一般格式为：

```
[窗体名.] Hide
[窗体名.] Show
```

如果省略窗体名，则表示隐藏或显示当前窗体。

对象的方法是对象执行的动作。

通过单击 1 号窗体中"结束运行"命令按钮触发 Command1 的 Command1_Click()事件，从而结束程序的运行。程序代码为：

```
Private Sub Command1_Click()
    End
End Sub
```

最后一步操作是保存多窗体的工程文件。应用程序中如果有两个以上的窗体，就要分别保存，每个窗体模块对应一个窗体文件，本操作实例中需要保存 3 个文件：两个窗体文件，一个工程文件。具体操作步骤如下：

（1）选择"文件"→"Form1 另存为"命令，弹出"文件另存为"对话框。

（2）在对话框中将文件名 Form1 改为"1号窗口"，然后单击"保存"按钮，如图 3-15（a）中椭圆处所示。

（3）选择"文件"→"Form2 另存为"命令，弹出"文件另存为"对话框。

（4）在对话框中将文件名 Form2 改为"2号窗口"，然后单击"保存"按钮，如图 3-15（b）中椭圆处所示。

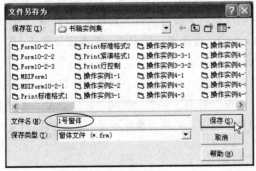

（a）保存"1号窗体"　　　　　　　　　　　　（b）保存"2号窗体"

（5）选择"文件"→"工程另存为"命令，弹出"工程另存为"对话框。

（6）将对话框中文件名"工程 1"改为"操作实例 3-3"，然后单击"保存"按钮，如图 3-15（c）所示。

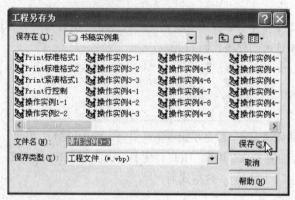

（c）保存"工程文件"

图 3-15　保存多窗体的工程文件

这 3 个文件一并保存完毕后，3 个文件名即显示在"工程"面板中，如图 3-16 所示。

程序开始运行时，首先执行第一个窗体的 Form ＿ Load() 事件过程；1 号窗体装入并显示出"Blue Hill"的画面，单击 1 号窗体，Form1 隐藏，执行 Form2.Show，这时将 Form2 装入内存，从而触发 2 号窗体的 Form ＿ Load() 事件过程，装入并显示"Sunset"画面。运行结果如图 3-14（a）和图 3-14（b）所示。

图 3-16　"工程"面板显示的内容

【操作实例 3-3】的操作内容到此全部结束。

### 3.3.2　设置启动窗体

在多窗体情况下，当应用程序开始运行时，运行的第一个窗体称为启动窗体。如果没有特别设定，应用程序一般都以 Form1 为启动窗体，如果要改变系统默认的启动窗口，可以选择"工程"→"工程 1 属性"命令，在弹出的"工程 1-工程属性"对话框中选择"通用"选项卡，如图 3-17 所示，在"启动对象"下拉列表框中选中新的"启动对象"，单击"确定"按钮后就确认新的窗体为启动窗体了。例如，在【操作实例 3-3】中，一开始，系统默认"Form1"是启动窗体，如果在图 3-17 所示的"工程 1-工程属性"对话框的"启动对象"下拉列表框中选择了"Form2"，那么运行【操作实例 3-3】时，开始显示的窗体画面是 Form2，也就是 2 号窗体，单击 2 号窗体，2 号窗体隐藏，1 号窗体显示，它与系统的默认情况正好相反。

最后介绍一下窗体网格的设置，在设计用户界面并打开一个窗体时，窗体的窗口中总是布满了一些排列规则的"小点"（见图 1-10），由这些"小点"形成了一个个的网格。这是为了用户更方便地设置界面，系统提供的辅助设计工具——网格（Grid）工具，窗体中是否显示网格以及网格的大小都可由用户来设定。具体操作步骤如下。

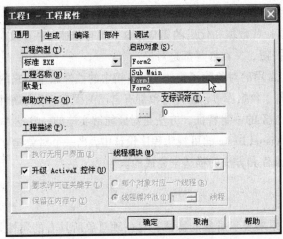

图 3-17　"工程 1-工程属性"对话框

打开窗体，选择主窗口的"工具"→"选项"命令，弹出"选项"对话框，如图 3-18 所示，在对话框中选择"通用"选项卡，在其左侧的"窗体网格设置"区域，选中"显示网格"复选框，此时小方框中显示"√"，表示窗体中显示"小点"，也就是显示网格，然后在"宽度"、"高度"文本框中填入网格的大小，图中显示的"120"的长度单位是 twip，也称为"微点"，1twip =1/1 440in，其中，in 表示英寸（1 英寸 ≈2.54cm）。如果选中"对齐控件到网格"复选框，则在窗体上拖拉控件时，系统自动将控件对齐到网格上，不会出现只拖拉到半个网格长度的情况。尽管拖拉控件是随机的，但当用户设置结束后，它们的值是一直有效的，也就是说，即使下次进入窗体，上次的设置仍然有效，除非是用户再次拖拉控件做出改动。

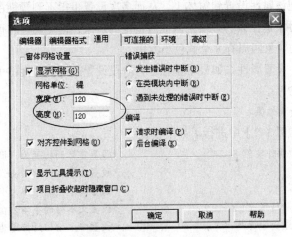

图 3-18　"选项"对话框

## 3.4　对象的属性、事件和方法

在前面的一些操作过程中，通过窗体这个最基本的对象，初步接触到了 Visual Basic 中对象的属性、事件和方法这些概念，可以看到，在解决实际问题的每一个程序设计中，几乎都要用到它们，现在对这些概念作一个简单的整理和归纳总结。

前面已多次提及对象这个概念，并用现实生活中的人和事做了比喻，现在给它作一个简单的定义。对象（Object）是一些数据和代码的集合，这个集合描述了一个实体。这个定义比较抽象。已经用到的窗体、命令按钮、文本框等都是对象。

在 Visual Basic 中，常用的对象除了窗体、工具箱中的控件派生出来的按钮、文本框、图片框等，还有应用程序的部件、数据库等。这些对象都有自己的固有特征（属性）和行为方式（方法）。也就是说，属性描述了对象的一组特征，方法是对象能够实施的一些动作，对象的动作常常要触发一些事件的发生。在 Visual Basic 的可视化程序设计中，当一个对象建立以后，对其操作是通过与该对象有关的属性、事件和方法的描述来完成的。

### 3.4.1　对象的属性

属性（Properties）用来表示对象的特征，每一种对象所具有的属性是不同的。比如窗体有 Caption 属性，而文本框没有；窗体有 Picture 属性，而命令按钮没有等。在 Visual Basic 中只有"名称"属性是每个对象都具有的。有些属性是只读的，它只有几个值供选择。如窗体的 BorderStyle 属性（边框风格属性），系统只提供了 4 个值（0、1、2、3）供用户选用。有些属性是可读可写的，如名称属性、标题属性等，用户既可以选用它的默认值，也可以选用自己定义的值。

对属性值的设置可以有两种方法。

（1）在设计阶段，从"属性"面板设置，一般用于属性的初始化设置。

通过前面几个例子，这种属性设置方法如下：选中一个对象，从窗体右端的"属性"面板中找到所需要的属性，然后输入要设置的属性值。初学者常常最容易出错的地方是：想为命令按钮设置属性，却不注意把该属性设置到窗体上，从而多次设置也得不到预期的结果。所以一定要注意：当前设置属性的对象是什么，必须先激活所指定的对象，使"属性"面板所显示的是当前激活对象的属性。激活的对象四周有 8 个蓝色小方块。

（2）在程序代码中设置属性。如果希望在运行阶段设置或改变属性的值，就需要通过程序代码来设置。其一般形式为：

[对象名.] 属性名=属性值

例如，在【操作实例 3-2】中进行了如下设置：

```
Form1.Caption="操作实例 3-2"          '设置窗体的标题为"操作实例 3-2"
Text1.Text=""                        '设置文本框的"Text"属性为空白
Text1.FontSize=14                    '设置文本框的字体大小为 14
Text1.FontName="楷体_GB2312"         '设置文本框的字体为楷体
Command1.Caption="结束"              '设置命令按钮的标题为"结束"
```

在实际操作过程中，用户不需要对一个对象的所有属性一一设定，大多数属性可以采用系统提供的默认值，只有属性的默认设置不能满足用户的要求时，才由用户自己去指定所需要的属性值。

### 3.4.2　对象的事件

前面几个操作实例已经接触到"事件"（Event）这个概念了，如【操作实例 3-3】。

```
Private Sub Form_Click()
  Form1.Hide                          '隐藏1号窗体
  Form2.Show                          '显示2号窗体
End Sub
```

单击（Click）1号窗体就是一个事件。这个事件触发一段程序代码（事件过程），使1号窗体隐藏、2号窗体显示。

对象的事件就是对象上所发生的事情。就像在现实生活中，上课铃响了，这个事件触发了一个"学生涌入教室，教师开始上课"事件的发生一样。

Visual Basic程序与传统的计算机高级程序设计语言不同。传统的高级程序设计语言的程序代码是由一个主程序和若干子程序组成的。程序运行时总是从主程序开始，由主程序调用各子程序。用户必须事先将整个程序的执行顺序十分精确地设计好，程序运行时是完全按照用户设计的指定过程执行的。因此，这种程序成为面向过程的语言。

但在Visual Basic程序中却没有主程序，只有若干个规模较小的"事件过程"，每个事件过程由一个相应的事件触发（驱动），而不是由主程序调用。各个事件过程是互相独立的。所以用户需要做的只是针对每一个"具体"事件编写相应的事件过程。一个对象在某应用程序中可以有多个事件。例如，在【操作实例3-3】中，窗体既有Load事件，也有Click事件。当窗体的Load事件发生时，触发装载图片的事情发生（一段程序代码被执行）。

当窗体的Click事件发生时，触发另一个窗体的加载，并显示事情发生（另一段程序代码被执行）。如果用户不单击1号窗体，1号窗体的Click事件不会发生，其对应的程序代码段也就不会被执行。Visual Basic中程序采取"事件驱动"的方式，如图3-19所示。

Visual Basic中所指的事件是由系统事先设定的，能够被对象识别和响应。每一种对象能识别的事件是不同的。例如窗体能识别单击和双击事件，但命令按钮能识别单击，却不能识别双击事件。每一种对象识别的事件可以从代码窗口中查找。具体操作步骤是：打开代码窗口，在窗口左上角的"对象"下拉列表框中选择对象，如选择Form选项，再单击代码窗口右上角的"过程"下拉列表框，则列表框中显示的是Form对象所能识别的事件，如图3-20所示。

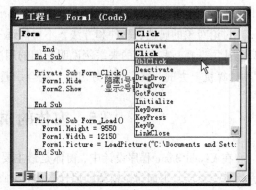

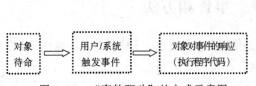

图3-19 "事件驱动"的方式示意图    图3-20 代码窗口"过程"下拉列表框中的事件名

### 3.4.3 对象的方法

对象的方法（Method）是指对象执行的动作，也就是对象本身含有的函数和过程。所谓"方法"，实际上是Visual Basic提供的针对某一对象的一种专门的子程序（可能是函数，也可能是过程），用于完成特定的一些操作。例如，【操作实例 3-1】中的 Print 是窗体的方法，是用来在窗体上输出"Visual Basic 欢迎您"信息的专用子程序；在【操作实例 3-3】中，Show 和 Hide 也是窗体的方法，是显示或者隐藏窗体本身的专用子程序。每个方法在完成这些动作时，只要用户确认该方法后，都是由系统来直接完成的，其实步骤和细节用户既看不到也不能修改，也就是说，方法的具体实施用户是无法干预的。

调用"方法"的一般形式是：

```
[对象名.] 方法名 参数1,参数2,…
```

如果省略某对象名，则同样指当前窗体。也就是说，只有当前窗体的对象名是可以省略的。在使用方法前，一定要先考查一下该方法是否适用某对象。

对象的属性、事件和方法是对象最重要的 3 个概念，在正确理解的基础上，读者要仔细区分它们含义和用法。

事件是由系统事先设定的，是能为对象识别和响应的动作，所以在选用之前一定要对该事件的作用和响应的动作了解清楚，例如窗体的 Load 事件是当窗体被加载时由系统自行加载的，而窗体的 Click 事件是只有通过用户的操作（单击）后，才触发系统做出响应。

属性和方法的用法在形式上相似，例如：

```
Form1.Caption="操作实例 3-2"
对象名.属性名
Form1.Hide
对象名.方法名
```

但是，"对象名.方法名"可以单独成为一个语句行，由于 Form1.Hide 是一个过程调用，所以它是一个完整的语句。但"对象名.属性名"只是引用了一个对象的属性，Form1.Caption 不是一个完整的语句，需要给属性 Caption 赋予属性值"操作实例 3-2"，"Form1.Caption = "操作实例 3-2""才是一个完整的语句行。

属性名一般是名词，如 Caption、Text、Font、Width、Height 等；方法名一般是动词，如 Print、Hide、Show 等；事件名也是动词，如 Click、Load 等。但事件名不能出现在程序语句中，它只能出现在事件过程的名字中，如 Form_Click、Form _Load 等。

讨论对象的属性、事件和方法，不可能逐一介绍每一种属性、事件和方法的特性及其应用，只能从中选择一些常用的来举例说明它们的用法。读者应该学会举一反三，学会动手操作、养成"到计算机上去试一试"的良好习惯，就会一通百通。

## 3.5   窗体的属性、事件和方法

在 Visual Basic 程序设计中，窗体是最主要也是使用最多的对象，了解了对象的属性、事件和方法概念之后，下面讨论窗体的属性、事件和方法。

### 3.5.1   窗体的属性

在第 1 章和本章的操作实例中，已经接触到了窗体的名称、Caption、Picture 等属性，由于窗体是所有控件的容器（在窗体上可以设置其他控件），所以窗体的属性几乎是最多的，窗体对象的常用属性如表 3-4 所示。

表 3-4 窗体对象的常用属性

| 属 性 | 说 明 |
|---|---|
| Appearance | 窗体在执行时是否以立体效果显示。其中 0——平面，1——立体（默认值） |
| AutoRedraw | 是否自动重绘窗体。当窗体被其他对象遮盖又取消其他对象后，用此属性决定是否自动重绘窗体上的内容。其中：True（自动重绘），False（不重绘，默认值） |
| BackColor | 设置窗体的背景色 |
| BorderStyle | 设置窗体的边框风格（样式）。设置的结果只有在程序运行时才能看到。它有以下 4 个设置值：0——表示窗体没有框线。1——窗体边框固定，即在运行时无法改变窗体的大小。2——窗体有两条细的边线，在运行程序时能改变窗体的大小（默认值）。3——窗体有两条边线，在运行程序时无法改变窗体的大小 |
| Caption | 设置窗体的标题，默认标题是 Form1 |
| ClipControls | 设置窗体的绘图方式，是否在 Paint 事件中重绘整个窗体内容，其中：True（重绘默认值），False（只重绘窗体中消失的内容） |
| ControlBox | 设置窗体左上角显示控制菜单框，同时右上角显示“关闭”按钮，True（显示，默认值），False（不显示） |
| DrawMode | 设置绘图模式。它有下面 16 种设置值：<br>1——用黑色画线<br>2——用屏幕颜色与画笔颜色进行或（Or）逻辑运算后的相反颜色画线<br>3——用屏幕颜色与画笔的反色进行与（And）逻辑运算后的颜色画线<br>4——用画笔的反色画线（相当于 13 的反色）<br>5——用屏幕前景色的反色与画笔颜色所组合的颜色画线<br>6——用屏幕前景色的反色画线<br>7——用显示颜色与画笔颜色进行异或（Xor）逻辑运算后的颜色画线<br>8——用颜色 9 的反颜色画线<br>9——用屏幕前景颜色与画笔颜色进行与（And）逻辑运算后的颜色画线<br>10——用颜色 7 的反颜色画线<br>11——无画线颜色，即不画线<br>12——用屏幕前景颜色与画笔的反色所组合的颜色画线<br>13——用屏幕前景颜色画线（默认值）<br>14——用屏幕前景颜色的反色与画笔颜色所组合的颜色画线<br>15——用屏幕前景颜色与画笔颜色所组合的颜色画线<br>16——用白颜色画线 |
| DrawStyle | 设置绘图的直线样式。它有以下 7 种设置值：<br>0——实线（默认值）　　1——虚线　　　　2——点线<br>3——点划线　　　　　　4——双点划线　　5——透明线<br>6——内部实线 |
| DrawWidth | 设置绘图的直线宽度，默认宽度为 1 |
| Enabled | 设置窗体是否对事件产生响应。其中：True——响应（默认值），False——不响应 |
| FillColor | 设置图形内部的填充颜色 |
| FillStyle | 设置图形的填充方式。它有以下 8 种设置值：<br>0——实心　　　　　1——透明（默认值）　　2——水平线<br>3——垂直线　　　　4——左斜对角线　　　　5——右斜对角线<br>6——十字线　　　　7——对角交叉线 |

| 属　　　性 | 说　　　明 |
| --- | --- |
| FontBold | 设置字体是否粗体显示。其中：True（粗体），False（标准字体） |
| FontItalic | 设置字体是否斜体显示。其中：True（斜体），False（标准字体） |
| FontName | 设置显示字体名称，默认值是宋体 |
| Left | 设置窗体左上角的横坐标 |
| FontSize | 设置字体的大小，默认值是 9 |
| FontStrikethru | 设置字体中间是否加删除线。其中：True（加），False（不加） |
| FontUnderline | 设置字体中间是否加下画线。其中：True（加），False（不加） |
| Height | 设置窗体的高度 |
| Icon | 设置程序在执行时，窗体最小化后所呈现的图标 |
| KeyPreview | 设置窗体上控件对于键盘的反应次序：<br>True（先处理键盘事件，再处理控件事件）<br>False（控件先取得控制权（默认值）） |
| MaxButton | 设置窗体右上角显示"最大化"按钮。其中：True（显示，默认值），False（不显示） |
| MinButton | 设置窗体右上角显示"最小化"按钮。True（显示，默认值），False（不显示） |
| MDIChild | 设置窗体是否含有另一个 MDI 子窗体，True（有），False（没有，默认值） |
| MousePointer | 设置鼠标指针的形状，默认值是 0 |
| Moveable | 设置在程序执行过程中是否可以移动窗体，True（可以，默认值），False（不可以） |
| Name（名称） | 设置窗体的名称，默认值是 Form1 |
| Picture | 设置窗体在执行时所要显示的图片，默认值为没有图片 |
| ScaleHeight | 设置窗体数据区的高度，不包括窗体的外框 |
| ScaleLeft | 设置窗体数据区左上角的横坐标，默认值是 0 |
| ScaleMode | 设置窗体的度量单位。它有以下 8 种度量单位：<br>0——自定义　　　1——twip　　　2——磅　　　3——像素<br>4——字符　　　　5——英寸　　　6——毫米　　　7——厘米<br>（说明：一个 Twip 单位相当于 1/1 440 英寸，一磅等于 1/72 英寸。） |
| ScaleTop | 设置窗体数据区左上角的纵坐标，默认值是 0 |
| ScaleWidth | 设置窗体数据区的宽度 |
| Top | 设置窗体左上角的纵坐标 |
| Visible | 设置窗体在执行时是否可见。True（可见），False（不可见） |
| Width | 设置窗体的宽度 |
| WindowState | 设置窗体在执行时的状态，有如下 3 个设置值：<br>0——以一般方式显示（默认值）<br>1——以最小化方式显示<br>2——以整屏方式显示 |

## 3.5.2 窗体的事件

在前面的操作中，接触了窗体的 Click、Load 事件，窗体的常用事件如下：

### 1. 加载（卸载）事件

（1）Load 事件：窗体被载入内存时，触发 Form_ Load 事件，系统自动运行此子程序。该事件常用于对对象属性或程序变量的初始化，即设定一些初值的操作。例如：

```
Private Sub Form_Load()
  Form1.Left=0
  Form1.Top=0
  Form1.Width=5000
  Form1.Height=4000
End Sub
```

这段程序的功能是把窗体移到屏幕左上角，并把窗体的宽度和高度分别设置为 5 000、4 000。这是在程序运行时通过程序代码设置属性值。

如果不写对象名（默认），那么指当前窗体。

（2）Unload 事件：运行程序后，关闭窗体时，触发 Unload 事件。例如，窗体 1 的 Unload 事件过程如下：

```
Private Sub Form_Unload(Cancel As Integer)
  Form2.Show
End Sub
```

这段程序的功能是如果关闭窗体 1，则触发 Unload 事件。

### 2. 窗体能识别的鼠标事件

我们已经知道，鼠标在窗体上单击时产生 Click 事件，除此之外，如果在窗体上移动鼠标（Mouse Move）、按下鼠标键（Mouse Down）、释放鼠标（Mouse Up）、双击（Double Click）鼠标等时，会触发相应的鼠标事件。

（1）Click 事件：单击窗体产生 Form_Click 事件，启动 Form_Click 事件程序代码运行。

（2）DblClick 事件：双击窗体产生 Form_ DblClick 事件，并启动 Form_ DblClick 事件程序代码运行。

（3）MouseDown 事件：在窗体上按下鼠标键时产生 Form_MouseDown 事件。例如：

```
Private Sub Form_MouseDown(Button As Integer, Shift As Integer, X As Single,
  Y As Single)
  Print "这是 MouseDown 事件"
  Print "用户按下鼠标键就会触发 MouseDown 事件"
  Print X,Y
End Sub
```

运行该程序，当用户在窗体内按下鼠标键时，在窗体内将输出如图 3-21 所示的内容。

图 3-21 窗体的 MouseDown 事件

（4）MouseUp 事件：在窗体上释放鼠标键时产生 Form_MouseUp 事件。例如：

```
Private Sub Form_MouseUp(Button As Integer, Shift As Integer, X As Single,
  Y As Single)
  Print "这是 MouseUp 事件"
  Print "用户释放鼠标键就会触发 MouseUp 事件"
  Print "当前鼠标的位置是: 水平"; X,"垂直";Y
End Sub
```

运行该程序，当用户在窗体内按下鼠标左键并释放，在窗体内将输出如图 3-22 所示的内容。

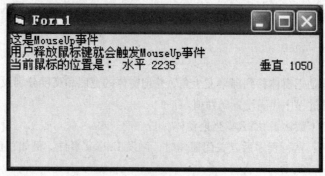

图 3-22    窗体的 MouseUp 事件

（5）MouseMove 事件：在窗体上移动鼠标时产生 Form_MouseMove 事件。例如：

```
Private Sub Form_MouseMove(Button As Integer, Shift As Integer, X As Single,
  Y As Single)
  Print "这是 MouseMove 事件"
  Print "用户移动鼠标就会触发 MouseMove 事件"
  Print X,Y
End Sub
```

运行该程序，只要用户将鼠标在窗体内移动（不要按鼠标的任意按键）时，则连续输出如图 3-23 所示的内容。

图 3-23    窗体的 MouseMove 事件

### 3. 键盘事件

在窗体上，涉及键盘的事件主要有 3 个。

（1）KeyDown 事件：按下键盘上某个键时产生 KeyDown 事件。例如：

```
Private Sub Form_KeyDown(KeyCode As Integer,Shift As Integer)
  Cls:Print
  Print " 这是 KeyDown 事件,用户按下键盘上某个键时就产生此事件——画一个圆"
```

```
    Circle (1400,1000),500
End Sub
```

运行该程序，用户在键盘上按下任意一个键，在窗体中输出如图 3-24 所示的内容。

图 3-24　键盘 KeyDown 事件

（2）KeyUp 事件：按下键盘上某个键并释放时产生 KeyUp 事件。例如：

```
Private Sub Form_KeyUp(KeyCode As Integer, Shift As Integer)
    Cls : Print
    Print " 这是 KeyUp 事件，用户按下键盘上某个键后在释放时就产生此事件"
    Print " ——画一个三角形"
    Line (1400,1000)-(1400,2500)
    Line-(2800,2500)
    Line-(1400,1000)
End Sub
```

运行该程序，用户在键盘上按下任意一个键后再释放该键时，窗体中输出如图 3-25 所示的内容。

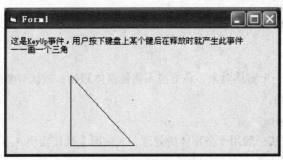

图 3-25　键盘 KeyUp 事件

（3）KeyPress 事件：按下键盘上某个字符键时产生 KeyPress 事件（此事件先于 KeyUp 事件而后于 KeyDown 事件发生）。例如：

```
Private Sub Form_KeyPress(KeyAscii As Integer)
    Print "这是 KeyPress 事件，用户敲击键盘上某字符键触发此事件——"
    Print KeyAscii, Chr$(KeyAscii)
End Sub
```

运行该程序，用户在键盘上按下任意键，在窗体中输出如图 3-26 所示的内容。

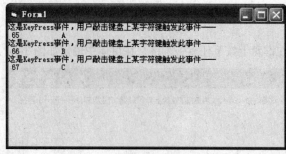

图 3-26　键盘 KeyPress 事件

### 3.5.3　窗体的方法

在前面的操作实例中用到的 Print 方法是 Visual Basic 提供的常用方法之一。在窗体中常用的还有下面这些方法。

#### 1．Cls 方法

Cls 方法用于清除窗体上的内容，即清除运行阶段由 Print 方法在窗体中输出的文本和作图方法在窗体中绘制的图形。默认对象是当前窗体。

它的一般格式是：

`[窗体对象名.] Cls`

在上面 KeyDown、KeyUp 事件的程序代码中就用到了 Cls 方法。

#### 2．Show 方法

该方法用于显示一个窗体对象。默认对象是与活动窗体模块关联的窗体。

它使用的一般格式是：

`[窗体对象名.] Show`

#### 3．Hide 方法

Hide 方法用于隐藏一个窗体对象，该方法不能使窗体卸载。默认对象是当前窗体。

它使用的一般格式是：

`[窗体对象名.] Hide`

Show 方法、Hide 方法一般用于多窗体的处理，在前面【操作实例 3-3】中已经用到了。

#### 4．Move 方法

Move 方法用于移动窗体，并可改变窗体的大小。默认对象是当前窗体。

它使用的一般格式是：

`[窗体对象名称.] Move left[,top[,width[,height]]]`

格式中只有 left 参数是必需的。但是，要指定任何其他的参数，则必须先指定出现在语法中该参数前面的全部参数。例如，如果不先指定 left 和 top 参数，则无法指定 width 参数。任何没有指定的尾部的参数则保持不变。例如：

`Form1.Move 100,200`

这个语句的作用是将 Form1 对象移到(100,200)坐标所在的位置，窗体大小不变。

　　本节介绍了窗体的属性、事件和方法的主要内容，目的是希望对窗体有个比较详细的了解和认识，在 Visual Basic 中，窗体是用户接触最多的一个最重要的对象，它是所有控件的"容器"，也就是说，用工具箱中的控件图标可以在窗体上设计界面。把窗体的属性、事件和方法的主要内容列出来，也为后面的学习和操作提供了方便，其他控件的属性、事件和方法的操作与窗体大同小异，通过对窗体的讨论，读者可以举一反三，对后面要学习的控件触类旁通，尽快掌握。

## 3.6　习　　题

1. 将【操作实例 3-1】上机操作一次。
2. 根据【操作实例 3-2】的操作过程，建立一个窗体作为用户界面，自己选一幅图片装入窗体中，再设置一个文本框、一个命令按钮，程序运行后，首先在窗体上显示图片的画面，单击文本框，框内显示"这是我的操作界面！"字样、字体、字号自选，单击"结束"命令按钮，结束程序运行。
3. 建立多窗体的步骤有哪些？
4. 什么是属性、事件、方法？
5. 窗体能识别的鼠标事件有哪些？窗体可以使用的方法主要有哪些？
6. 把鼠标事件（3）、（4）、（5）中的程序代码例子上机做一次。
7. 把键盘事件（1）、（2）、（3）中的程序代码例子上机做一次。

# 第 **4** 章 Visual Basic 基本控件

从本章开始接触 Visual Basic 关于面向对象程序设计的知识，主要学习 Visual Basic 的基本控件及其使用方法，并用它们来编制一些简单的应用程序。

以下主要讨论的控件有命令按钮、标签、文本框、单选按钮、复选框、图片框、图像框、框架、列表框、组合框、水平/垂直滚动条和定时器等。

## 4.1 命 令 按 钮

在第 1 章的工具箱介绍中，Visual Basic 基本控件如图 4-1 所示。

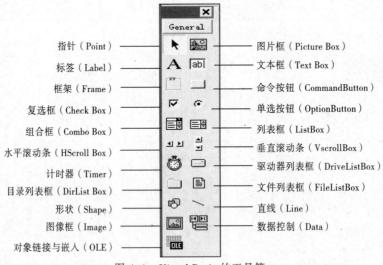

指针（Point）　　　　　　　　　　　　　图片框（Picture Box）
标签（Label）　　　　　　　　　　　　　文本框（Text Box）
框架（Frame）　　　　　　　　　　　　　命令按钮（CommandButton）
复选框（Check Box）　　　　　　　　　　单选按钮（OptionButton）
组合框（Combo Box）　　　　　　　　　　列表框（ListBox）
水平滚动条（HScroll Box）　　　　　　　垂直滚动条（VscrollBox）
计时器（Timer）　　　　　　　　　　　　驱动器列表框（DriveListBox）
目录列表框（DirList Box）　　　　　　　文件列表框（FileListBox）
形状（Shape）　　　　　　　　　　　　　直线（Line）
图像框（Image）　　　　　　　　　　　　数据控制（Data）
对象链接与嵌入（OLE）

图 4-1　Visual Basic 的工具箱

命令按钮是 Visual Basic 程序设计中最常使用的一种控件，它提供了用户与应用程序"交谈"最简便的方法，当用户单击或按【Enter】键时，便可触发命令按钮的 Click 事件，从而执行其事件过程，达到某个特定操作的目的。用户单击不同的按钮可完成不同的操作，程序运行变得既简单又形象。命令按钮的图标为 ⌐。

除了前面已经学过的属性 Caption 、名称、FontBold 、FontItalic 、FontName 、FontSize 、

FontUnderline、Height、Width 等之外，命令按钮的一些常用属性如表 4-1 所示。

表 4-1　命令按钮的一些常用属性

| 属　性　名 | 说　明 |
| --- | --- |
| Left | 设置对象左边的坐标值，默认单位是 twip，格式是：对象.Left[=坐标值] |
| Top | 设置对象顶边的坐标值，默认单位是 twip，格式是：对象.Top[=坐标值] |
| Default | 当值为 True 时，能响应【Enter】键。窗体中只能有一个按钮的该值为 True |
| Cancel | 当值为 True 时，能响应【Esc】键。窗体中只能有一个按钮的该值为 True |
| Value | 在运行状态下，值为 True 时，引发按钮的 Click 事件 |
| Visible | 设置按钮的可见性 |
| Enable | 设置按钮的可用性 |
| Font | 设置按钮上的字体名称、字形、风格、大小等 |
| Style | 指示控件的显示类型和行为。在运行时是只读的<br>　　　0——Standard（默认）：按钮上不能显示图形<br>　　　1——Graphical：按钮上可以显示图形，也可以显示文字 |
| Picture | 当 Style 属性值为 1 时，调用图形文件 |
| ToolTipText | 按钮工具提示信息显示 |
| TabIndex | 按【Tab】键时，焦点移动的先后顺序号（从 0 开始） |

通过以下几个操作实例，来学习和熟悉命令按钮属性的用法。

【操作实例 4-1】设计一个程序，在窗体上设置 1 个标签、4 个命令按钮，如图 4-2 所示，4 个按钮的功能分别是显示英文、显示中文、调用外部应用程序（计算器）及退出程序运行。

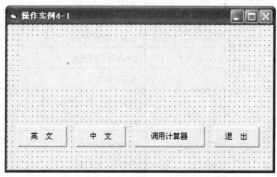

图 4-2　【操作实例 4-1】的用户界面

本操作实例将学习命令按钮 Caption、名称、Font、Value 属性的使用。

打开一个新建工程，在窗体上画 1 个标签（Label）、4 个命令按钮，它们的属性设置如表 4-2 所示。没有列出的属性用默认值。

表 4-2　【操作实例 4-1】的对象属性设置

| 对　　象 | 属　　性 | 设　　置 |
| --- | --- | --- |
| 窗体 | Caption | 操作实例 4-1 |
| 标签（Label1） | Caption | 空 |

续上表

| 对　象 | 属　性 | 设　置 |
|---|---|---|
| 命令按钮 1 | 名称 | CmdEnglish |
| | Caption | 英文 |
| 命令按钮 2 | 名称 | CmdChinese |
| | Caption | 中文 |
| 命令按钮 3 | 名称 | CmdCalc |
| | Caption | 调用计算器 |
| 命令按钮 4 | 名称 | CmdExit |
| | Caption | 退出 |

　　细心的读者会发现，在表 4-2 中各对象（控件）的"名称"属性值，由默认名换成了用户自己起的名字，例如命令按钮 1 由原来的 Command1 换成了 CmdEnglish，命令按钮 2 由原来的 Command2 换成了 CmdChinese，由于控件"名称"的属性值主要是供程序代码识别的，所以这样做的好处主要是增强了代码窗口中程序的易读性，属性值的设置最好是"见名知义"，通常前 3 个字符表示控件的英文名称略写，Visual Basic 建议对不同的对象采用不同的前缀，如 frm 表示窗体、Cmd 表示命令按钮、lbl 表示标签、pic 表示图片框等，把 Visual Basic 中常用的控件名称前缀列于表 4-3 中。

表4-3　对象（控件）名称前缀

| 对　象 | 前　缀 | 对　象 | 前　缀 |
|---|---|---|---|
| Form（窗体） | frm | Image（图像框） | img |
| CheckBox（选择框） | chk | Label（标签） | lbl |
| ComboBox（组合框） | cbo | Line（画线控件） | lin |
| CommandButton（命令按钮） | Cmd | ListBox（列表框） | lst |
| DirectoryListBox（目录列表框） | dir | Menu 菜单） | mnu |
| DriveListBox（驱动器列表框） | drv | OptionButton（单选按钮） | opt |
| FileLStBox（文件列表框） | fil | PictureBox（图片框） | Pic |
| Frm（框架） | fra | Shape（形状控件） | shp |
| HscrollBar（水平滚动条） | hsb | TextBox（文本框） | txt |
| VscrollBar（垂直滚动条） | vsb | Time（计时器） | tmr |
| OLEClient（OLE 客户控件） | ole | | |

　　当然，也可以不采用表 4-3 提供的前缀，而由用户自己确定控件的名称，但这样难以从名称的属性值（即对象的名称）判断该控件属于哪一种类型。

　　在表 4-2 中设置好这些名字后，在下面编写的程序代码中会用到它们。

　　按照表 4-2 的约定，分别将用户界面上的 6 个控件在它们各自的属性窗口中设置好名称及 Caption 属性值。

　　打开代码窗口，选定 CmdEnglish_Click 过程事件，命令按钮 CmdEnglish 的作用是在标签中显示英文信息"How do you do !"，为它编写 Click 事件代码如下：

```
Private Sub CmdEnglish_Click()
  Label1.Font.Size=16
  Label1.Caption="How do you do !"
End Sub
```

其中，Label1.Font.Size=16 是通过程序代码的方式设置了 Label1（标签）的字体 Font 属性的子属性"字体大小"Size 的值为 16。属性与子属性之间也用小数点分隔，也可以不写小数点。Label1.Caption="How do you do!"。表示当用户单击"英文"按钮时，触发了 CmdEnglish_Click 事件，在标签中显示文字"How do you do!"。

同理，命令按钮 CmdChinese 的作用是在标签中显示中文信息"您好!"，为它编写 CmdChinese_Click 事件程序代码为：

```
Private Sub CmdChinese_Click()
  Label1.FontSize=24
  Label1.Font.Name="黑体"
  Label1.Caption="您好! "
End Sub
```

其中，Label1.Font.Name = "黑体"，字体名称 Name 也是 Font 的子属性，但是这个子属性是默认子属性，可以省略。

字体名称是不能随意填写的，必须在按钮"属性"面板的 Font 属性中列有字体名称才可以使用。例如：不能写 Label1.Font ="楷体"，因为在字体名称列表中只有"楷体_GB2312"，若误写为"楷体"，则系统并不显示出错信息，而是不识别这个设置，仍然使用系统的默认字体"宋体"，这一点初学者要特别注意。

第 3 个按钮的作用是在 Visual Basic 环境下调用 Windows 下"附件"中的"计算器"，它的 CmdCalc_Click 事件的程序代码如下：

```
Private Sub CmdCalc_Click()
  Shell "C:\WINDOWS\System32\Calc.exe"
End Sub
```

其中，Shell 是一个系统函数，用来调用一个可执行文件，例如可以调用系统的记事本"notepad.exe"或计算器"calc.exe"。一般来说函数应有一个返回值，如果由于某些原因，调用可执行文件不成功，那么函数的返回值为 0。如果不需要返回值，则可以使用函数的命令形式，本实例的"Shell "C:\WINDOWS\System32\Calc.exe""就是命令形式。一般函数的调用应该包含括号以及括号内相应的参数值，但函数的命令形式没有括号，其自变量以参数形式出现。

当单击"调用计算器"按钮后，屏幕显示如图 4-3 所示的画面，此时在 Visual Basic 环境下，可以操作使用计算器。

图 4-3　在窗体中单击"调用计算器"按钮后的情形

如果在 CmdEnglish_Click()事件过程中再加一句 CmdCalc.Value = True，即：

```
Private Sub CmdEnglish_Click()
  CmdCalc.Value=True    '触发 CmdCalc_Click()事件
  Label1.Font.Size=16
  Label1.Caption="How do you do !"
End Sub
```

那么用户单击"英文"按钮时，不仅在窗体上显示英文"How do you do!"，还会触发 CmdCalc_Click()事件，打开计算器。命令按钮的 Value 属性在"属性"面板中是没有的。这个属性只能在运行阶段使用，即程序运行时，不需要用户单击按钮，由程序控制按钮自动执行 Click 事件过程。读者应仔细体会属性 Value 的功能和操作方法。

另外，如果将 CmdEnglish_Click 事件过程中的 CmdCalc.Value =True 换成 CmdCalc_Click，即：

```
Private Sub CmdEnglish_Click()
  CmdCalc_Click       '同样触发 CmdCalc_Click()事件
  Label1.Font.Size=16
  Label1.Caption="How do you do !"
End Sub
```

同样的事情也发生了，即用户单击"英文"按钮时，不仅在窗体上显示英文"How do you do!"，同时还触发了 CmdCalc_Click 事件。可见，可以在其他程序段中直接调用命令按钮的 Click 事件来触发它。

第 4 个按钮的作用主要是结束程序的运行，编写 CmdExit_Click()事件的程序代码如下：

```
Private Sub CmdExit_Click()
  End
End Sub
```

【操作实例 4-1】的讨论到此结束。

【操作实例 4-2】应用程序启动后，窗体上显示"查看今日的日期、时间:"，用户单击"确认"按钮后，窗体上显示今天的日期、时间及星期几，并且"确认"按钮变为不可用（按钮变为灰色的）。若用户单击"取消"按钮或按【Esc】键，则退出应用程序。

通过本例，将学习按钮的 Visible、Enable、Default、Cancel 等属性。用户界面开始运行前如图 4-4 所示，运行后单击"确认"按钮后的界面如图 4-5 所示。

图 4-4　【操作实例 4-2】用户界面

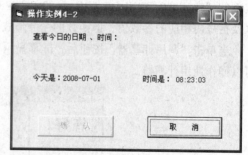

图 4-5　【操作实例 4-2】运行结果

操作步骤如下：

新建一个应用程序，在作为用户界面的窗体上设置 3 个标签、两个命令按钮，如图 4-6 所示。根据题目要求，将窗体、3 个标签以及两个命令按钮这 6 个对象的属性值按照表 4-4 中的内容设置。

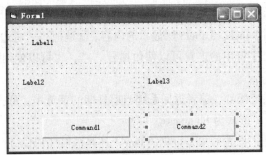

图 4-6　设置用户界面

表 4-4　【操作实例 4-2】中对象属性值的设置

| 对　　象 | 属　　性 | 设　　置 |
|---|---|---|
| 窗体 | Caption | 操作实例 4-2 |
| 标签 1 | Caption | 空 |
| 标签 2 | Caption | 空 |
| 标签 3 | Caption | 空 |
| 命令按钮 1 | 名称 | CmdOK |
|  | Caption | 确认 |
|  | Default | True |
| 命令按钮 2 | 名称 | CmdEsc |
|  | Caption | 取消 |
|  | Cancel | True |

将命令按钮 1 的 Default 属性值设置为 True，Default（默认）用于决定窗体中哪一个命令按钮是默认按钮。一个窗体上只能有一个默认按钮，当窗体中一个按钮的 Default 属性值设置为 True 时，其他按钮就自动设置为 False 了。现在命令按钮 1 被设置为默认按钮，那么在程序运行时，用户可以用鼠标单击、也可以直接按【Enter】键就可以选择命令按钮 1，从而触发命令按钮 1_Click 事件。

将命令按钮 2 的 Cancel 属性值设置为 True 的目的是确认命令按钮 2 为 Cancel（取消）按钮，也就是当程序运行时，在命令按钮 2 获得焦点（按钮上显示一个虚线方框）时，用户可以通过鼠标单击、直接按【Esc】键或按【Enter】键，就可以选择命令按钮 2，从而触发命令按钮 2_Click 事件。

设置好对象的属性值后，先为 CmdOK_Click 事件编写程序代码：

```
Private Sub CmdOK_Click()
  CmdOK.Enabled=False              '使"确认"按钮变为灰色（不可用）
  Label2.Caption="今天是: " + Date$
  Label3.Caption="时间是:  " + Time$
End Sub
```

运行程序，用户单击"确认"按钮，触发 CmdOK_Click 事件，程序代码的第一行 CmdOK.Enabled = False 的作用就是让"确认"按钮在执行本次操作后变为灰色（不可用），效果如图 4-6 所示，也就是说不能再响应用户的 Click 事件了。Enabled（可用）属性用来控制对象是否可用，当属性值为 True（-1）时，表示对象可用，为 False（0）时，表示对象不可用，即暂时失效。

接下来的两行是控制 Label2、Label3 所显示的内容，就是把"="右边的两个字符串连接起来，送到标签的标题中。两个字符串的连接可以使用加号"+"，也可以使用符号"&"。连接符前后都必须空一个以上字符。

Date$和 Time$都是系统函数，前者返回系统当前日期的字符串，形式为 yyyy-nn-dd；后者返回系统当前时间的字符串，形式为 hh:mm:ss。

Visible 属性的功能是：设置对象是可见（True）还是隐藏（False）。如果将 CmdOK_Click 事件过程中的 CmdOK.Enabled = False 改为 CmdOK.Visible = False，即：

```
Private Sub CmdOK_Click()
    CmdOK.Visible=False      '将"确认"按钮隐藏
    Label2.Caption="今天是: " + Date$
    Label3.Caption="时间是: " + Time$
End Sub
```

运行程序，鼠标单击"确认"按钮后触发 CmdOK_Click 事件，执行的结果是将"确认"按钮隐藏了，如图 4-7 所示。

可见 Visible 属性与 Enabled 属性是不同的。在程序运行期间，命令按钮的状态可通过程序代码对其进行控制。这样做是为了防止误操作，可以将暂时不允许用户操作的命令按钮失效或隐藏起来，这种方式在 Windows 应用程序中运用得十分广泛。

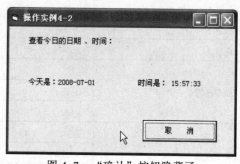

图 4-7  "确认"按钮隐藏了

最后为 CmdEsc_Click 事件编写程序代码如下：

```
Private Sub CmdEsc_Click()
    End
End Sub
```

【操作实例 4-2】的操作到此全部结束。

通过对【操作实例 4-1】和【操作实例 4-2】的操作和讨论，对命令按钮的一些常用的属性有了初步的认识和了解。

命令按钮的一般形式是长方形，有文字说明。为了使用户界面更加生动，可以使用带图案的命令按钮。具体操作步骤如下：

（1）添加一个按钮。

（2）设置该按钮的 Style 属性为 1（图形方式）。

（3）选择按钮的 Picture 属性，单击右端的"…"按钮，在弹出的"加载图片"对话框中选择一个图片文件，则将该图片放到命令按钮上。

Style 属性用来指定命令按钮控件的显示类型和操作，值为 0（默认）时表示命令按钮中只显示文本，值为 1 时为显示图形。在程序运行期间 Style 属性是只读的。

读者可以自己动手为按钮上的图形准备图形文件。例如可以将 Visual Basic 集成开发环境（主窗口）的整个屏幕复制下来，粘贴到 Windows 系统自带的画图应用程序中，再将其工具栏上的剪切、复制、粘贴 3 个图标分别选中，并分别通过"编辑"菜单→"剪切"命令、"复制"命令及"粘贴"命令，保存为 cut.bmp、copy.bmp 及 paste.bmp 3 个文件，假设要在 Visual Basic 中做一个"剪贴板"的用户界面，可以将这 3 个图形文件的画面贴到 3 个命令按钮上，用户界面如图 4-8 所示。

当然，注意必须先设置按钮的 Style 属性值为 1，Picture属性才能设置出图形，否则即使选择了图形文件，按钮上也不会出现图形。为了在命令按钮上只显示图形，还应把Caption 属性值（文字）删去。

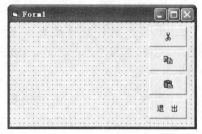

图 4-8　图形界面的命令按钮

# 4.2　标　　签

在程序运行中，数据的输入/输出是经常发生的，比如把用户发出的信息通过键盘输入给计算机，或把计算机处理的有关信息显示在屏幕上，在 Visual Basic 中，可以用标签和文本框实现接收信息和显示信息。下面先讨论标签控件。

标签（Label）控件是一个很简单的控件，标签的图标为 **A**。在解决具体问题时，窗体上如果只需要某显示信息而不需要输入信息，这时最好不要用其他控件而使用标签。因为标签只能在规定的位置显示信息。标签控件的主要属性如表 4-5 所示。

表 4-5　标签的一些常用属性

| 属　　性 | 说　　明 |
| --- | --- |
| Caption | 标签的标题，默认情况下标签控件中唯一可见的部分 |
| BorderStyle | 边框风格，0——不带边框，1——立体边框 |
| BackColor | 设置标签的背景色 |
| BackStyle | 背景风格，0——标签透明，1——标签不透明 |
| ForeColor | 设置 Caption 的颜色 |
| Font | 设置 Caption 的字体 |
| Alignment | Caption 的排列方式，0——左对齐，1——右对齐，2——居中对齐 |
| AntoSize | 　决定标签是否根据其内容而自动改变其尺寸。属性值设为 True，标签就会根据 Caption 的内容自动改变其大小 |
| WordWrap | 当 AutoSize 属性为 True 时，且 WordWrap 的值也为 True 时，标签中的内容可以换行 |

标签主要用来显示信息，系统提供了标签的一些属性值，主要是改变标签的外观，可以说，标签的属性几乎都是用来描述外观的。先熟悉一下标签的 BorderStyle（边框风格）属性和 BackStyle（背景风格）属性。

【操作实例 4-3】设计一个用户界面，如图 4-9 所示，窗体上有一个标签，两个命令按钮，命令按钮上分别有"无边框"、"不透明"字样。程序运行时，单击按钮交叉显示有边框/无边框、透明/不透明这 4 种状况，观察标签的变化。

在窗体中添加一个标签及 1、2、3、4 号 4 个大

图 4-9　【操作实例 4-3】用户界面

小相同的按钮，标签的内容为"这是一个标签的操作实例。"。4 个按钮的标题依次为"有边框"、
"无边框"、"透明"、"不透明"，把 2 号按钮叠放在 1 号按钮之上，把 4 号按钮叠放在 3 号按钮
之上，这样在程序运行时界面上只有两个按钮可见。加上窗体，共有 6 个对象，它们的属性如
表 4-6 所示。

**表 4-6　【操作实例 4-3】对象属性值的设置**

| 对　　象 | 属　　性 | 设　　置 |
|---|---|---|
| 窗体 | Caption | 操作实例 4-3 |
| | Picture | Blue hills.jpg |
| 标签 | Caption | 空 |
| | Font | 楷体，粗体，3 号字 |
| | BackColor | 灰色 |
| | ForeColor | 红色 |
| | Alignment | 2 |
| 命令按钮 1 | 名称 | CmdBorder1 |
| | Caption | 有边框 |
| 命令按钮 2 | 名称 | CmdBorder0 |
| | Caption | 无边框 |
| 命令按钮 3 | 名称 | CmdTans |
| | Caption | 透明 |
| 命令按钮 4 | 名称 | CmdOpaque |
| | Caption | 不透明 |

在表 4-6 中窗体采用 Picture 属性，设置了窗体的图形背景，具体操作步骤是：选定窗体，在
其"属性"面板中找到 Picture 属性，单击右端的"…"按钮，弹出"加载图片"对话框，选择一
个图片文件，本操作实例使用的是第 3 章中图 3–14（a）的图片文件 Blue hills.jpg，单击"打开"
按钮后，就将图片贴到窗体上了。标签的属性除 Caption 之外还设置了 4 个：Font（字体）、BackColor
（背景颜色）、ForeColor（前景即文字的颜色）、Alignment（标签内容的排列方式）。

程序启动时，窗体上的标签是凹下去的，当用户单击这两个按钮时，按钮上的标题发生变化，
图 4–10（a）～图 4–10（d）依次显示了"无边框/透明"、"无边框/不透明"、"有边框/不透明"和
"有边框/透明"的情形。

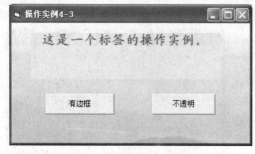

（a）"无边框/透明"情形　　　　　　　　　　　（b）"无边框/不透明"情形

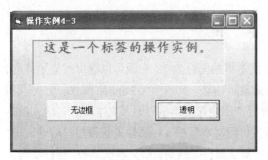 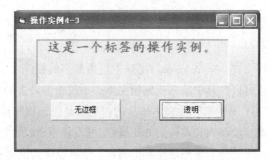

　（c）"有边框/不透明"情形　　　　　　　　　（d）"有边框/透明"情形

图 4-10　不同的按钮情形

对于这 4 个按钮的 Click 事件，编写程序代码如下：

```
Private Sub CmdBorder0_Click()
  Label1.Caption="这是一个标签的操作实例。"
  Label1.BorderStyle=0                    '标签无边框
  CmdBorder0.Visible=False                '2 号按钮不可见
  CmdBorder1.Visible=True                 '1 号按钮可见
End Sub

Private Sub CmdBorder1_Click()
  Label1.Caption="这是一个标签的操作实例。"
  Label1.BorderStyle=1                    '标签有边框
  CmdBorder1.Visible=False                '1 号按钮不可见
  CmdBorder0.Visible=True                 '2 号按钮可见
End Sub

Private Sub CmdOpaque_Click()
  Label1.Caption="这是一个标签的操作实例。"
  Label1.BackStyle=1                      '标签不透明
  CmdTrans.Visible=True                   '3 号按钮可见
  CmdOpaque.Visible=False                 '4 号按钮不可见
End Sub

Private Sub CmdTrans_Click()
  Label1.Caption="这是一个标签的操作实例。"
  Label1.BackStyle=0                      '标签透明
  CmdOpaque.Visible=True                  '4 号按钮不可见
  CmdTrans.Visible=False                  '3 号按钮可见
End Sub
```

程序看上去很长，实际上并不复杂，每行程序代码的后边，都加了注释文字，解释本行语句的功能，只要看懂一段代码，其余 3 段都是相同的。简单讨论一下"无边框"命令按钮的 CmdBorder0_Click()事件过程中的各程序行。第一行是为 Label1 的 Caption 属性赋值，把"这是一个标签的操作实例。"放入标签内。第二行设置标签框的边框风格属性 Label1 的值为 0（无边框）。第三、第四行分别把 2 号、1 号按钮的可见性属性 Visible 设置为 False（不可见）和 True（可见）。假设当前为"无边框"，单击了该按钮后，就立即令该按钮为不可见，且令"有边框"按钮可见。

标签能支持的事件有 Click（单击）、DblClick（双击）、Change（内容改变，下面介绍）以及鼠标事件（MouseDown、MouseUp、MouseMove）等。

# 4.3 文 本 框

文本框是 Visual Basic 中使用最多的控件之一，文本框的图标为 ⬚。它既可以输出或显示信息，也可以在其中输入或编辑文本，不过用得最多的还是显示信息。文本框无 Caption 属性。它是利用 Text 属性来存放文本信息的。也就是说，程序运行时，用户在文本框内输入文本信息，输入的信息自动存入文本框的 text 属性。编写程序时，可以通过访问文本框的 text 属性来获得用户的输入值。由于这是文本框最重要的属性，所以也作为文本框的默认属性。例如，给文本框 Text1 控件填写文本内容，可以写为 Text1.text ="I am a student. "，也可以写为 Text1 = " I am a student. " 。在文本框中可以指定输入或显示文本的字体、字号及颜色等，但只能显示同一种字体、字号及颜色。

文本框的属性很多，只把常用的一些属性列在表 4-7 中。

表 4-7　文本框控件的属性

| 属 性 名 | 说　　明 |
| --- | --- |
| Text | 文本框中包含的文本内容 |
| MultiLine | 该属性为 True 时，可以接收多行文本 |
| ScrollBar | 滚动条属性，MultiLine 为 True 时有效。0——没有滚动条，1——水平滚动条，2——垂直滚动条，3——同时有水平、垂直滚动条 |
| PassWordChar | 为文本框设置一个密码替代显示符，如 * 或 # |
| MaxLength | 指定显示在文本框中的最多字符数，超出部分不接收，且发出嘟嘟声 |
| Locked | 锁定属性，值为 True 时，文本框中的文本不可编辑 |
| TabStop | 值为 False 时，用户不能使用 Tab 使文本框获得焦点 |
| TabIndex | 返回或设置响应【Tab】键的顺序 |
| SelStart | 返回或设置所选择文本的起始点 |
| SelLength | 返回或设置所选择文本的字符数 |
| SelText | 返回或设置被选文本的内容 |

表中属性有些好理解，有些较难理解，通过操作实例来讨论这些较难懂的属性。文本框中显示的文本，一般情况下用户是可以编辑的，可以使用键盘上的【Insert】、【Delete】、【BackSpace】、【PageUp】、【PageDown】及上下左右光标键来操作。但如果将文本框的 Locked 属性设为 True 或 Enabled 属性设为 False，则其内的文本变为只读，就相当于一个标签控件的功能了。

下面通过操作实例讨论文本框属性的设置、数据的输入和接收，特别要学习和讨论焦点的设置 SetFocus 方法以及焦点转移的有关属性 TabIndex、TabStop 等。

【操作实例 4-4】在本书一开始讲了在窗体上做两数相乘的例子（见图 1-1）。现在做一个与此类似的例子，设计一个程序，用户从键盘输入两个数，令程序计算这两个数的和，并将结果显示出来。

根据题目的要求，设置用户界面如图 4-11 所示。用户界面使用了 4 个文本框、1 个标签和 3 个命令按钮，对其属性的设置如表 4-8 所示。

图 4-11　【操作实例 4-4】的用户界面

表 4-8　【操作实例 4-4】属性值设置

| 对　象 | 属　性 | 设　置 |
|---|---|---|
| 窗体 | Caption | 操作实例 4-4 |
| 文本框 1 | 名称 | TxtOp1 |
| | Text | 空 |
| | Alignment | 2 |
| 文本框 2 | 名称 | TxtOp2 |
| | Text | + |
| | TabStop | False |
| 文本框 3 | 名称 | TxtOp3 |
| | Text | 空 |
| | Alignment | 2 |
| 文本框 4 | 名称 | TxtResult |
| | Text | 空 |
| 标签 1 | Caption | = |
| 命令按钮 1 | 名称 | CmdAdd |
| | Caption | 运算 |
| 命令按钮 2 | 名称 | CmdClear |
| | Caption | 清除 |
| 命令按钮 3 | 名称 | CmdExit |
| | Caption | 退出 |

　　表 4-8 中将文本框 1、文本框 3 的 Alignment 属性设置为 2，表示在程序运行时，在文本框 1 中输入的"被加数"和在文本框 3 中输入的"加数"均为"居中显示"；而文本框 2 的 TabStop 属性取值为 False，表示当使用键盘上的【Tab】键依次确认"被加数"→"+"→"加数"的位置顺序时，"+"所在的位置（文本框 2）是被跳过的，也就是"轮空"，当值为 True 时表示"不轮空"。

　　由于问题简单，所以编写程序代码也很简单：

```
Private Sub CmdAdd_Click()
  num1=Val(TxtOp1.Text)          '将第一个数放入变量 num1 中
  num2=Val(TxtOp3.Text)          '将第二个数放入变量 num2 中
  sum=num1 + num2                '两数相加结果放入变量 sum 中
  TxtResult.Text=str$(sum)
End Sub

Private Sub CmdClear_Click()
  TxtOp1.Text=""
  TxtOp3.Text=""
  TxtResult.Text=""
End Sub
```

程序中设置了 3 个事件过程。

在"运算"按钮单击事件过程 CmdAdd_Click 中，由于文本框只能接收字符型数据，所以用户输入在 TxtOp1、TxtOp3 中的被加数与加数实际上是字符型的"数值"，首先要将这些字符串通过 Val()函数转换成数值型数据,（例如，将字符串"45"转换为数值 45）。转换的数值分别放在 num1、num2 变量中，两数相加后存放在 Sum 变量中，最后一行语句是将 Sum 中的数值型结果再由 Str$ () 函数转换为数值字符串（例如：将数值 101 转换为字符串"101"）后，送入 TxtResult 中，在界面上看到的就是两数相加后的结果了。单击"运算"按钮后，用户界面如图 4-12 所示。

在这一段程序代码中，使用了一对作用互逆的转换函数：Val()函数和 Str$()函数，Val()函数的作用是将数字字符串转换为数值。Str$ ()函数的作用正好相反，将数值转换为字符串。

"清除"按钮单击事件过程 CmdClear_Click 的作用是清除文本框 1、3 和 4（即 TxtOp1、TxtOp3 和 TxtResult）中原有的内容，使其还原为空。单击"清除"按钮后，用户界面如图 4-13 所示。

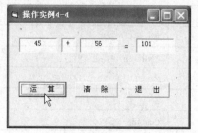

图 4-12　两数相加的"运算"过程

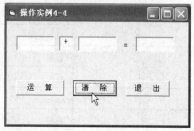

图 4-13　"清除"按钮事件过程

"退出"按钮单击事件过程 CmdExit_Click 与前面实例中的相同，不再赘述。

```
Private Sub CmdExit_Click()
  End
End Sub
```

【操作实例 4-5】在【操作实例 4-4】的基础上修改为对输入的两个数做加、减、乘、除运算，并显示运算结果。

具体操作如下：

对【操作实例 4-4】的用户界面基本不作改动，主要对属性的设置和程序代码作较大的修改，先设置属性，本操作实例各控件属性值如表 4-9 所示。

表 4-9　【操作实例 4-5】属性值设置

| 对　象 | 属　性 | 设　置 |
|---|---|---|
| 窗体 | Caption | 操作实例 4-5 |
| 文本框 1 | 名称 | TxtOp1 |
|  | Text | 空 |
|  | Alignment | 2 |
| 文本框 2 | 名称 | TxtOp2 |
|  | Text | 运算符 |
|  | TabStop | True |
| 文本框 3 | 名称 | TxtOp3 |
|  | Text | 空 |
|  | Alignment | 2 |

续上表

| 对　象 | 属　性 | 设　置 |
|---|---|---|
| 文本框 4 | 名称 | TxtResult |
| | Text | 空 |
| 标签 1 | Caption | = |
| 命令按钮 1 | 名称 | CmdOperate |
| | Caption | 运算 |
| 命令按钮 2 | 名称 | CmdClear |
| | Caption | 清除 |
| 命令按钮 3 | 名称 | CmdExit |
| | Caption | 退出 |

与表 4-8 相比，发现文本框 2 的 Text 属性由 "+" 变为 "运算符"，TabStop 属性由 False 变为 True，这使得程序代码具有了通用性，也就是说由原来只做加法变为可由用户通过键盘操作做两数的加、减、乘、除运算了。"运算" 按钮的名称由原来的 CmdAdd 改为 CmdOperate。此时的用户界面如图 4-14 所示。

图 4-14　【操作实例 4-5】用户界面

下面讨论一下程序运行时，单击 3 个按钮（清除、运算、退出）触发事件过程的程序编码问题。"清除" 按钮单击事件过程程序代码为：

```
Private Sub CmdClear_Click()
  TxtOp1.Text=""
  TxtOp2.Text=""
  TxtOp3.Text=""
  TxtResult.Text=""
  TxtOp1.SetFocus          '设置焦点
End Sub
```

在单击 "清除" 按钮 CmdClear_Click() 事件过程中，使用了 SetFocus 方法设置焦点：程序代码中最后一行 TxtOp1.SetFocus 的作用是对 TxtOp1（文本框 1）完成 "设置焦点" 的操作，执行此语句后可以看到光标在文本框 1 中闪烁。也就是在单击 "清除" 命令按钮后，除了将文本框 1、文本框 2 和文本框 3 中的内容清除之外；还自动将焦点设在文本框 1 中，如图 4-15 所示。这就是 SetFocus 的功能。此时用户可以直接向文本框 1 输入数据；而不需要先单击文本框 1 之后再输入。

图 4-15　焦点的设置

SetFocus 是 Visual Basic 提供的一种 "方法"，它的功能是将焦点移至指定的控件中。什么是焦点呢？简单地说，焦点是接收用户鼠标或键盘输入的能力。当一个对象具有焦点时就可以接收用户的输入。与焦点有关的属性有 TabIndex、TabStop 等，下面简单讨论一下。

（1）TabIndex 属性

TabIndex 属性的功能是设置控件的选取顺序。用 TabIndex 属性来控制用户按【Tab】键时焦点的转移顺序，可以进行如下操作。

被加数输入完毕后，按【Tab】键，使光标跳到文本框 3 内。文本框和命令按钮均有一个属性 TabIndex，它是按照窗体内各控件"生成"时的顺序自动确定值的。如果在窗体上"画"控件时的顺序为文本框 1 到 4，然后是标签，最后是命令按钮 1、2 和 3，那么，TabIndex 属性的值与各个控件的对应关系如表 4-10 所示。

**表 4-10　TabIndex 属性的值与各个控件的对应关系**

| 控　件　名 | TabIndex 的值 | 控　件　名 | TabIndex 的值 |
| --- | --- | --- | --- |
| 文本框 1 | 0 | 标签 | 4 |
| 文本框 2 | 1 | 命令按钮 1 | 5 |
| 文本框 3 | 2 | 命令按钮 2 | 6 |
| 文本框 4 | 3 | 命令按钮 3 | 7 |

**注意：**TabIdex 的值是从 0 开始的。

用户按【Tab】键后，焦点就按属性值由小到大的顺序依次跳转。例如，焦点最初设在文本框 1 上，按一次【Tab】键，焦点就跳到文本框 2，再按一次【Tab】键，焦点就跳到文本框 3……，以下依此类推。

（2）TabStop 属性

另一个与焦点转移有关的是 TabStop 属性（在【操作实例 4-4】的表 4-8 中曾用到并做了简单讨论）可以用 TabStop 属性来使某个控件"轮空"。一般控件的 TabStop 属性的默认值为 True（真），表示按【Tab】键时光标移到本控件上要停下来，即焦点正常地移到本控件。如果 TabStop 的属性值设置为 False（假），则表示按【Tab】键时光标移到本控件上时要"跳走"，即焦点在本控件"轮空"。在【操作实例 4-4】的属性设置表中将文本框 2 的 TabStop 属性值设置为 False（假），这样，当用户按【Tab】键时光标在本控件处不停留，即跳过文本框 2 而继续向前跳到文本框 3，文本框 3 的 TabStop 属性值为 True，故光标停在文本框 3 上。

当用户将数值、运算符输入到各对应控件上之后，下一步的操作就是运算了，单击"运算"按钮，触发 CmdOperate_Click() 事件过程。"运算"按钮单击事件过程程序代码需要作较大改动，程序代码为：

```
Private Sub CmdOperate_Click()
  num1=Val(TxtOp1.Text)              '将第一个数放入变量 num1 中
  num2=Val(TxtOp3.Text)              '将第二个数放入变量 num2 中
  Select Case TxtOp2.Text
    Case "+"
      result=num1+num2               '两数相加结果放入变量 result 中
      TxtResult.Text=Str$(result)
    Case "-"
      result=num1-num2               '两数相减结果放入变量 result 中
      TxtResult.Text=Str$(result)
    Case "*"
      result=num1 * num2             '两数相乘结果放入变量 result 中
      TxtResult.Text=Str$(result)
    Case "/"
```

```
      result=num1 / num2                    '两数相除结果放入变量 result 中
      TxtResult.Text=Str$(result)
   Case Else
      Print "运算符出错! "
      TxtResult.Text=""
  End Select
End Sub
```

程序代码的第 2、3 行的作用是将文本框 txtOp1、txtOp3 中的数据转换为数值类型后赋给 num1、num2。从第 4 行 Select Case TxtOp2.Tex 起到第 20 行 "End Select" 止，这是一个多分支选择结构（Select Case—End Select）。其作用是根据 txtOp2.Text 的内容决定执行相应的操作。在程序运行时，用户可以向 TxtOp2 中输入某一个运算符（+、-、*、/）。按照本实例中 Select Case…End Select 程序代码所表达的是：系统先取出文本框 TxtOp2 的 TxtOp2.Tex 的 "值"（就是用户输入的运算符），Select Case 结构会根据不同的 TxtOp2.Tex 的 "值" 执行相应的 Case 子句，分别进行加、减、乘、除等计算处理。最后将计算结果放在显示结果的文本框 TxtResult 中。

如果输入的 "值" 不是运算符 "+"、"-"、"*" 或 "/"，那么执行程序中的 Case Else 子句后边的语句 "Print "运算符出错! "：TxtResult.Text = """，作用是在窗体上显示提示出错信息，并使显示运算结果的文本框 TxtResult 清空。

程序进入运行状态后，首先单击 "清除" 命令按钮。将文本框 TxtOp1、TxtOp2、TxtOp3 及 TxtResult 清空（见图 4-15）→光标自动定位到 TxtOp1 中→用户输入第一个数（如输入 "567"）→按【Tab】键，光标定位到文本框 TxtOp2→输入运算符 "/"，按【Tab】键，光标定位到文本框 TxtOp3 →再输入第二个数（如输入 "34"））→按【Tab】键后再按【Enter】键（也可直接单击 "运算" 命令按钮）→可以看到运算结果（16.676 470）就显示在文本框 TxtResult 中了，如图 4-16 所示。

在操作过程中，如果用户在文本框 TxtOp2 中输入了不是+、-、*、/的字符，单击 "运算" 按钮后，系统会在窗体上显示 "运算符出错! " 信息，如图 4-17 所示。

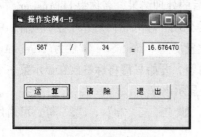

图 4-16　程序运行结果

图 4-17　输入非运算符后的出错信息

如果要结束运算，需要单击 "退出" 按钮，结束所有操作，"退出" 按钮单击事件过程程序代码为：

```
Private Sub CmdExit_Click()
   End
End Sub
```

【操作实例 4-5】操作到此结束。

【操作实例 4-6】设计一个检验和接收密码的窗体（密码在程序中设定为 "BEIJING"），当用户输入密码时，文本框中每个密码字符对应显示一个 "*"，输入完毕按【Enter】键。如果密码正确，则弹出"欢迎使用本软件"信息；若密码错误，则弹出"对不起，口令错！"信息。输入密码字母大小写不限，用户界面如图 4-18 所示。

通过这个实例在 Visual Basic 中利用文本框设置密码的基本方法，了解文本框的 PasswordChar（密码）属性、MaxLength（输入长度）属性，以及关于选中文本的属性 SelText、SelLength、SelStart 等。

如图 4-18 所示的窗体上有 3 个控件，1 个文本框、

图 4-18　【操作实例 4-6】用户界面

两个标签（1 个未显示的标签用来显示当用户输入完密码后的反馈信息，图中有 8 个蓝色小方块的控件）。3 个控件以及窗体的属性如表 4-11 所示。

表 4-11　【操作实例 4-6】控件属性值设置

| 对　象 | 属　性 | 设　置 |
| --- | --- | --- |
| 窗体 | Caption | 操作实例 4-6 |
| 标签 1 | 名称 | LblMark |
|  | Caption | 请输入您的口令: |
|  | FontSize | 小四 |
| 标签 2 | 名称 | LblAnswer |
|  | Caption | 空 |
|  | AutoSize | True |
| 文本框 | Text | 空 |
|  | PasswordChar | * |
|  | MaxLength | 8 |

设置的两个标签：标签 1 用来显示"请输入您的口令："，以此来提示用户给文本框内输入口令，名称为 LblMark；标签 2 用来回应用户输入口令后的处理结果，名称为 LblAnswer。

标签 2 lblAnswer 的标题初始值设为空，是因为要等到用户输入密码后，才显示应答。用户输入正确或错误时，回应的内容长度是不同的，所以又设置了一个 AutoSize 属性为 True。AutoSize 属性的功能就是自动调整标签的大小以适应所显示的内容，开始只需将标签放在显示第一个字符的位置，无论输出的信息多长，只要不超过窗体，都能显示出来。

文本框的 PasswordChar 属性可以是任意一个字符，如"*"、"#"、"$"等，可由用户自己选择，但通常习惯上用字符"*"居多。

另外，还为文本框设置了 MaxLength 属性值为 8，该属性的功能是设置文本框允许输入的最大字符数，其默认值为 0，表示对用户输入的字符数没有限制，若该属性设置为非零值，则表示用户可以输入的字符数在该值范围之内，超出的字符系统不接收并发出嘟嘟声。

本实例使用了 4 个事件过程：Form_Load () 事件、Text1_Change () 事件、Text1_KeyUp() 事件及 CmdExit_Click () 事件。程序代码为：

```
Private Sub Form_Load()
  Text1.Text=""                        '清空文本框
End Sub
```

```
Private Sub Text1_Change()
    LblAnswer.Caption=""              '将回应用户处理结果的标签 2 清空
    LblAnswer.ForeColor=&HFF&          '标签 2 字体颜色为红色
    LblAnswer.Font.Size=16             '标签 2 字体大小为 16 磅
    LblAnswer.Font.Name="楷体_GB2312"   '标签 2 字体为楷体
    Text1.FontSize=14                  '文本框中字体大小为 14 磅
End Sub

Private Sub Text1_KeyUp(KeyCode As Integer, Shift As Integer)
    If KeyCode=13 Then
        a=UCase(Text1.Text)            '将文本框中的字母转换为大写
        If a="BEIJING" Then
            LblAnswer.Caption="欢迎使用本软件！"
        Else
            LblAnswer.Caption="对不起，口令错！"
            Text1.SelStart=0
            Text1.SelLength=Len(a)     'Len()为求字符串长度函数
        End If
    End If
End Sub
```

程序运行后，系统首先通过 Form_Load()事件过程将文本框中的内容清空，这样就保证了用户输入的口令的真实性和可靠性。

Change 事件是文本框支持的事件之一，触发 Change 事件的前提是：文本框的内容发生了变化。在本实例中用于回应用户信息的标签 2 中开始都设置为空，当程序开始运行后，光标在文本框中闪烁，等待用户输入密码，一旦用户从键盘上向文本框中输入任何内容时，Change 事件就触发了，在本实例中触发 Change 事件后要做的动作有：设置标签 2 中字体颜色为红色、标签 2 中字体大小为 16 磅、标签 2 中字体为楷体、文本框中字体大小为 14 磅，这 4 个动作就是 Text1_Change()事件过程中 4 行程序代码所表达的。

关于 Text1_KeyUp()事件过程：

本实例的主要代码写在 Text1_KeyUp(KeyCode As Integer, Shift As Integer)事件中，该事件表示在 Text1 中发生"按键弹起"事件，即用户按下某一键并松开时产生的事件。通过 KeyCode 和 Shift 两个参数返回用户输入的信息。KeyCode 用于指示按下的物理键，Shift 用于指示【Ctrl】、【Alt】和【Shift】键是否被按下。

Text1_KeyUp(KeyCode As Integer, Shift As Integer)的整个程序代码是一个"If-Then-Else-End If"分支选择结构，其作用是根据 If 后面的判断条件去执行 Then 后面或者是 Else 后面程序代码执行相应的操作。也就是说，如果判断条件为真，则执行 Then 后面的语句；如果条件为假，则执行 Else 后面的语句。关于"If-Then-Else-End If"分支选择结构的功能和用法，读者可阅读第 2 章中"条件语句"的论述内容。

第一个 If 语句中的判断条件是"KeyCode = 13"，表示当用户按下的是 ASCII 为 13 的键，即【Enter】键（即条件为真）时，系统认为用户密码输入完毕，就可以取 Text1.Text 的值了。

第二个语句中 Ucase()是将字符串转变为大写的函数。通过 Ucase()函数，无论输入的是大写字母还是小写字母，系统都能接受。这个语句的功能就是把文本框中的密码字母都转换为大写字母。

接下来的一行是判断密码是否正确，如果正确（条件为真），就在标签 2 中显示"欢迎使用本软件"，如图 4-19 所示，否则（密码不正确，条件为假），就在标签 2 中显示"对不起，口令错！"，如图 4-20 所示。

 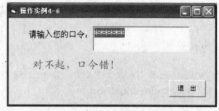

图 4-19　输入的密码正确　　　　　　　　图 4-20　输入的密码不正确

程序中还用到文本框中文字被选中的一组属性：SelStart、SelLength、SelText。它们的作用如下：

（1）SelStart 属性

作用是设置所选文本的起点，如果没有文本被选中，则指出插入点的位置，为整型值。0 代表从左边第一个字符开始。

（2）SelLength 属性

作用是设置被选文本的字符数。若返回 0，则表示未选中任何字符；若在程序中设置该属性值为 0，则表示不选中任何字符。

（3）SelText 属性

作用是设置被选正文的内容。若未选中任何正文，则返回零长度的字符串；若设置该属性值为零长度字符串，则被选中的正文内容将被删除；若设置该属性值为一个新字符串，则将用新字符串代替被选中的文本，利用这一点，可实现文本的查找和替换功能。

在本实例中，Text1.SelStart=0，将 Text1 的插入点光标置于 Text1 中文字的最前端。Text1.SelLength = Len(a)，选中 Text1 中所有的文字。其中 a 是用户输入的密码，Len() 函数是求字符串的长度函数。通过这两句把用户输入的密码全部选中，并使密码处于反显状态。这时用户再输入的字符将替代选中的反显字符。所以不必再用 Text1.SelText ="" 的办法删除错误密码了。也就是说，在第一次输入的密码被确认是错误的，并在窗体上显示"对不起，口令错！"信息后，用户可以直接在反显的错误密码上第二次输入正确的密码。

最后一个事件过程是 CmdExit_Click()，其作用是结束程序的运行。

```
Private Sub CmdExit_Click()
  End
End Sub
```

【操作实例 4-6】的操作到此全部结束。

下面再讨论一下文本框中多行显示的问题，由于文本框本身具有编辑功能，可以直接处理文本的输入和编辑，并且还可以使用【Ctrl+X】、【Ctrl+C】、【Ctrl+V】组合键进行剪切、复制和粘贴文本，所以多行文本框的应用是很多的。

【操作实例 4-7】制作一个程序，其中 4 个文本框的 MultiLine 与 ScrollBar 属性值不同，比较它们的不同显示结果。

设置用户界面，首先在窗体上"画"出 4 个文本框控件和 1 个命令按钮，如图 4-21 所示。

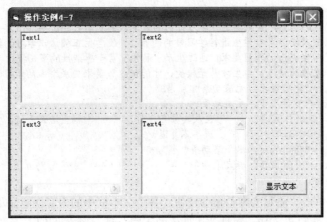

图 4-21　【操作实例 4-7】用户界面

窗体中各个控件的属性值如表 4-12 所示。

表 4-12　【操作实例 4-7】控件属性值的设置

| 对　　象 | 属　　性 | 设　　置 |
|---|---|---|
| 窗体 | Caption | 操作实例 4-7 |
| 文本框 1 | MultiLine | False |
| | ScrollBar | 0 |
| 文本框 2 | MultiLine | True |
| | ScrollBar | 0 |
| 文本框 3 | MultiLine | False |
| | ScrollBar | 1 |
| 文本框 4 | MultiLine | True |
| | ScrollBar | 2 |
| 命令按钮 | 名称 | CmdShow |
| | Caption | 显示文本 |

　　用文本框输入文本和显示结果，往往都是单行的，也就是说不能自动换行，也不能使用【Enter】键实现换行。本实例中的文本框 2、文本框 4 的 MultiLine 属性设置为 True，表明在这两个文本框中可以输入多行信息，这个属性的默认值为 False，即不能在文本框中输入多行文本。

　　另外在文本框中还设置了 ScrollBar 属性，即滚动条属性。滚动条控件将在后面介绍，这里只简单介绍一下文本框的 ScrollBar 属性。文本框的 ScrollBar 属性用来设置是否加上滚动条。它共有4 个属性值可选：

　　0（None）——不加滚动条（默认值）。

　　1（Horizontal）——加水平滚动条。当加入水平滚动条后，文本框的自动换行功能便消失了。

　　2（Vertical）——加垂直滚动条。

　　3（Both）——既加水平滚动条又加垂直滚动条。当将属性值设置为 3 时，文本框加上了水平和垂直滚动条，成为一个简单的编辑器。

　　按照本实例题目的要求，设置一个命令按钮单击事件过程 cmdShow_Click()，编写程序代码如下：

```
Private Sub CmdShow_Click()
    s$="学习动机的培养，首先要进行学习目的的教育，启发学习的需要。作为一名教师，特别是班主
任应经常结合思想政治教育对学生进行学习目的的教育，使学生正确认识学习的社会意义。教师应善于
把社会和国家对学生提出的学习要求，通过生动、具体、富于感染性的事例提出来。只有在教育方式上
符合青少年认识发展的特点，学生才易于接受，才能使这种要求变成个人的学习需要"
    Text1.Text="单行显示，无滚动条" & s$
    Text2.Text="多行显示，无滚动条
        风柔雨润，花好月圆，          良辰美景年年伴，          幸福生活天天随;
        冬去春来，似水如烟。          流年不复返，              …… "
    Text3.Text="单行显示，水平滚动条" & s$
    Text4.Text="多行显示，垂直滚动条                              " & s$
End Sub
```

运行程序后，单击"显示文本"命令按钮，各个文本框中的内容就会显示出来，按照各个文本框的 MultiLine 属性和 ScrollBar 属性的属性值的不同，显示形式也不同。

文本框 1 单行显示，且没有滚动条，所以只能看到文本框内显示的一行内容。

文本框 2 多行显示，没有滚动条。如果文字的长度在文本框中一行内放不下，那么到一行的右边界时就自动换行。

文本框 3 单行显示，设置水平滚动条。文本框内只显示一行，要看全部内容，通过水平滚动条来水平滚动显示。

文本框 4 多行显示，设置垂直滚动条。文本框中的内容，可通过垂直滚动条上下翻屏进行垂直滚动显示。

程序运行的结果，如图 4-22 所示。

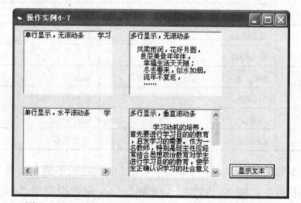

图 4-22　MultiLine 和 ScrollBar 属性值的不同效果

【操作实例 4-7】的讨论到此结束。

文本框中使用的一些事件和方法，通过实例讨论了 Click、Change、KeyUp 事件以及 SetFocus 方法等，要了解更多的相关内容，读者可参阅书后附录 C 和附录 D。

## 4.4　单选按钮、复选框与框架

单选按钮、复选框及框架的功能都比较单一，在用户界面上也是几个使用频率比较高的控件，单选按钮图标为 ⊙，复选框图标为 ☑，框架图标为 ▢。下面分别讨论它们的功能、常用属性、事件和方法，并用实例介绍一下程序设计。

## 4.4.1　单选按钮

在实际工作中，有时应用程序要求在实现某种计划时给出的几种选择中，只能选择其中的一种状态。例如，对水要求有 3 种状态：气态、液态和固态，但每次操作中只能选择一种状态，这就需要用到单选按钮控件，单选按钮通常在用户界面上成组设置，组中每个单选按钮与某一种选择对应，当选中某一单选按钮时，按钮的圆形图框中出现一个圆黑点，表示选中，同时同组中其他按钮中的圆黑点消失，表示不选。程序将按选择的结果完成相应的操作。

单选按钮除了前面介绍的一些属性之外，常用的属性主要如表 4–13 所示。

表 4-13　单选按钮控件的部分常用属性

| 属　性　名 | 说　　　　明 |
| --- | --- |
| Value | 单选按钮的选择状态：True——表示选中，False——表示没有选中 |
| Enabled | 单选按钮的可用性：True——表示可用，False——表示不可用 |
| Visible | 单选按钮的可见性：True——表示可见，False——表示不可见 |
| Style | 显示风格：可取值 0、1，0——字符显示，1——图形显示 |
| Picture | 在单选按钮中选用图片 |

**注意**：Style 属性在程序运行时是不能设置的（只读），必须在控件的"属性"面板中设置；Picture 属性只能在设计时在"属性"面板中给出图片文件名，若在运行则加载图片，就必须用 PictureLoad() 函数；但不论哪种方式，要在单选按钮上加载图片，都必须在这个按钮的"属性"面板中将 Style 属性值设置为 1，即图形方式。

单选按钮常用的事件有 Click、GotFocus（获得焦点）、LostFocus（失去焦点）事件，常用的方法是 SetFocus，也就是单选按钮将获取焦点，此时，其 Value 值为 True。

【操作实例 4-8】在文本框中，应用单选按钮显示 3 种不同的字体。

这需要在窗体上设置 1 个文本框、3 个单选按钮和 1 个命令按钮。各个控件的属性值设置如表 4–14 所示。

表 4-14　【操作实例 4-8】控件的属性值设置

| 对　　象 | 属　　性 | 设　　置 |
| --- | --- | --- |
| 窗体 | Caption | 操作实例 4–8 |
| 文本框 | 名称 | TxtDisplay |
|  | Text | VB 可视化程序设计 |
| 单选按钮 1 | 名称 | Option1 |
|  | Caption | 黑体 |
| 单选按钮 2 | 名称 | Option2 |
|  | Caption | 楷体_GB2312 |
| 单选按钮 3 | 名称 | Option3 |
|  | Caption | 华文新魏 |
| 命令按钮 | 名称 | CmdExit |
|  | Caption | 结束 |

属性值只是文本框的名称取得是默认名称 Option，按照表 4-14 属性值设置的窗体界面如图 4-23 所示。

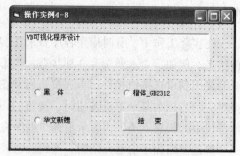

图 4-23 【操作实例 4-8】用户界面

需要输出的内容在文本框中显示，程序运行后，单击某个单选按钮，将重新设置文本框的两个属性 FontSize 和 FontName 的值，从而使文本以不同的字体和大小显示在文本框中，程序代码如下：

```
Private Sub Option1_Click()
  TxtDisplay.FontSize=18
  TxtDisplay.FontName="黑体"
End Sub

Private Sub Option2_Click()
  TxtDisplay.FontSize=20
  TxtDisplay.FontName="楷体_GB2312"
End Sub

Private Sub Option3_Click()
  TxtDisplay.FontSize=24
  TxtDisplay.FontName="华文新魏"
End Sub

Private Sub CmdExit_Click()
  End
End Sub
```

程序运行结果如图 4-24 所示，【操作实例 4-8】操作到此全部完成。

上面实例中使用的是单选按钮的标准形式，单选按钮还有另一种外观，类似于 Style = 1 的情况。当单选按钮的 Style=0 时，为标准的单选按钮外观，即一个圆形按钮及标题；当 Style =1 时，其控件的外观和操作类似于命令按钮，但其作用与命令按钮是不相同的。当单击该按钮时，按钮处于尚未弹起的状态，再次单击，按钮外观恢复原状。Style=0 和 1 时单选按钮的外观，如图 4-25 所示。

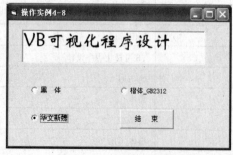

图 4-24 程序运行结果

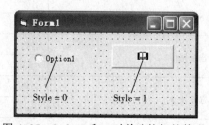

图 4-25 Style=0 和 1 时单选按钮的外观

最后强调的一点是，一组单选按钮在执行操作时，只能选中其中一个，不能既选中"华文新魏"又选中"黑体"。它们是互相排斥的。如果选中"华文新魏"单选按钮，则其他单选按钮均自动关闭，小黑点消失，Value 值自动变为 False（0）。

### 4.4.2　复选框

有时在应用程序的用户界面上，实际问题要求用户从一个项目的多种方案中选择一种、选择两种或选择多种，例如对交通信号灯的控制，对红、绿、黄 3 种颜色可选不同的颜色组合。这就需要用到复选框。

复选框也称为检查框，在执行应用程序时，单击复选框可以使"选"与"不选"交替起作用，也就是说，单击一次为"选"（复选框中显示"√"号），再单击一次就成为"不选"（复选框中的"√"号消失）。复选框可以单独使用，也可以成组使用，成组使用时，组中的每个复选框都可以被独立地选择，这一点与单选按钮不同。

复选框的常用属性有 Caption、Value。复选框的 Value 属性用来表示复选框当前的状态，有 3 种状态：0 表示没选中，1 表示选中，2 表示"不可用"（呈浅灰色）。

复选框的常用事件有 Click、GotFocus、LostFocus。方法在前面都已讨论过，不再赘述。

下面通过一个例子说明复选框的使用方法和作用。

【操作实例 4-9】设计一个程序，用户界面设计如图 4-26 所示，由 1 个文本框、2 个单选按钮、2 个复选框和 1 个命令按钮组成。程序开始运行后，按需要单击各单选按钮来改变文本的字体，单击各复选框对文字增加删除线或下画线。

选择字体只能有一个，所以用单选按钮设置几种字体。字形的删除线和下画线用复选框来控制。

根据题目要求，将用户界面中各个控件的属性值设置为如表 4-15 所示。

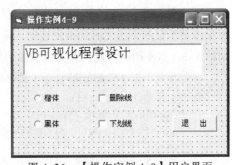

图 4-26　【操作实例 4-9】用户界面

表 4-15　【操作实例 4-9】控件属性值设置

| 对　象 | 属　性 | 设　置 |
| --- | --- | --- |
| 窗体 | Caption | 操作实例 4-9 |
| 文本框 | 名称 | TxtVBprog |
| | Text | VB 可视化程序设计 |
| 单选按钮 1 | 名称 | OptKai |
| | Caption | 楷体 |
| 单选按钮 2 | 名称 | OptHei |
| | Caption | 黑体 |
| 复选框 1 | 名称 | ChkStrikeThru |
| | Caption | 删除线 |
| 复选框 2 | 名称 | ChkUnderline |
| | Caption | 下画线 |
| 命令按钮 | 名称 | CmdExit |
| | Caption | 退出 |

本实例通过 4 个 Click 事件触发，可按照用户的意愿确定文本框中文字的显示形式，最后由命令按钮的 Click 事件触发结束程序运行，首先讨论两个单选按钮的单击事件过程，其程序代码编写如下：

```
Private Sub OptHei_Click()
  TxtVBprog.FontName="黑体"
End Sub

Private Sub OptKai_Click()
  TxtVBprog.FontName="楷体_GB2312"
End Sub
```

运行程序，当选中"黑体"单选按钮时，OptHei_Click()单击事件触发，将文本框的字体属性 TxtVBprog.FontName 设置为黑体。这时不需要再将"楷体"单选按钮的 Value 值设为 False，系统已自动设置，这是单选按钮的功能。同理当选中"楷体"单选按钮时，OptKai_Click()单击事件触发，将文本框的字体属性 TxtVBprog.FontName 设置为楷体。

复选框与单选按钮的一个重要区别在于：单击单选按钮表示选中它，其 Value 值等于 True，而单击复选框并不能说明选中复选框，其 Value 值等于 1，它只说明单击后复选框的 Value 与单击前的 Value 值不同。因此设置复选框的初值在此显得特别重要。

首先看复选框 1 ChkStrikeThru（删除线）的单击事件过程，它的程序代码编写如下：

```
Private Sub ChkStrikeThru_Click()
  If ChkStrikeThru.Value=1 Then
    TxtVBprog.FontStrikethru=True      '或 -1
  Else
    TxtVBprog.FontStrikethru=False     '或 0
  End If
End Sub
```

当用户选中复选框 1（ChkStrikeThru）时，在该框左侧的小方块中显示一个"√"符号，表示选中该项，此时复选框 1 的 Value 属性自动变为 1（表示选中）。

在程序代码中使用"If–Then–Else–End If"分支结构语句来判断 ChkStrikeThru.Value 的值是否等于 1。如果是，则使文本框的 FontStrikethru 属性（删除线）取值为"True"或-1，系统将文本框中的文字添加中划线，也就是删除线。如果 ChkStrikeThru.Value 的值不为 1，则文本框的 FontStrikethru 属性就取值为"False"或 0，此时系统将文本框中的文字上的下画线去掉。

再看复选框 2 ChkUnderline（下画线）的单击事件过程，它的程序代码编写如下：

```
Private Sub ChkUnderline_Click()
  TxtVBprog.FontUnderline=Not TxtVBprog.FontUnderline
End Sub
```

ChkUnderline_Click()事件过程的程序代码只有一行，而且程序代码中使用了一个逻辑运算符"Not"，实现对 TxtVBprog.FontUnderline 的"取反"运算。这就是说当用户单击复选框 2( ChkUnderline )时，假如文本框的 FontUnderline（下画线）属性值原来是"True"（或"False"），那么执行该行语句后就使文本框的 FontUnderline 属性值变成了"False"（或"True"），反映到用户界面上的执行效果是：如果原来文本框中的文字加下画线，选中复选框 2 后，下画线被取消了；如果原来文本框中的文字没有下画线，那么选中复选框 2 后，文字中添加了下画线。

逻辑运算符 Not 的作用是：Not（True）的结果是 False，Not（False）的结果是 True。读者可参阅第 2 章"基本语法"中"逻辑运算符"的相关内容。

程序运行后，显示效果如图 4-27 所示，图中显示的是文本框中的"楷体"文字被添加中划线和下画线之后的效果。

最后，命令按钮 CmdExit_Click()单击事件过程使整个程序运行结束。

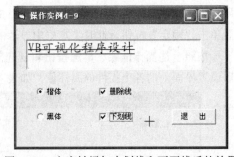

图 4-27　文字被添加中划线和下画线后的效果

```
Private Sub CmdExit_Click()
  End
End Sub
```

【操作实例 4-9】的讨论到此结束。

### 4.4.3　框架

在一个用户界面上，多个单选按钮中有且只能有一个被选中。如果几个单选按钮是一组的，例如字体（宋体、楷体、黑体、仿宋等）按钮，多中选一是可以的，而且只能选中一个。但如果在一个窗体上，有多组这样的按钮，组与组之间是相互独立的，如字体（宋体、楷体、黑体、仿宋）组的按钮和字号（10、14、18、24）组的按钮就是不同组的，需要既选择一个字体又选择一个字号，这就需要引入一个新的控件——框架。

框架的作用是：可以作为"容器"存放其他控件，从而将放在不同框架中的控件进行分组。控件放在框架中，有的是为了美观，有的是为了让几个控件具有相同的属性，有的则必须将不同的控件分组。

将控件放在框架内的方法有如下两种。

（1）先建立好框架，然后在框架内建立单选按钮，具体操作是：在工具箱中选中对象，将它拖放到框架中，而不能用双击工具箱中的对象的方法将控件放在框架中。

（2）如果在界面上已有单选按钮，不能把它直接拖放到框架中，而必须先将该单选按钮剪切到剪贴板上，再选中框架进行粘贴。

框架建立好以后，如果在窗体中移动框架的位置，则框架中的单选按钮（和其他控件）也随框架一起移动。如果单击框架（框架周边出现 8 个控制点），然后删除框架，框架内的单选按钮（和其他控件）也随之一起被删除。

如果操作不当，即使在效果上看，控件已"放到"了框架中，但实际上控件和框架没有形成一个整体。

有一个简单的方法可检验控件是否真正存放到框架中，就是拖动框架，如果框架及它内部的控件都移动，则说明控件是真正存放到框架中了，如果只有框架动而其内部的控件不动，则框架和这些控件没有任何关系，自然框架也就起不到分组的作用了。

【操作实例 4-10】设计一个程序，用户界面上有 1 个文本框（内有文字）、3 个框架、4 个单选按钮、2 个复选框、2 个命令按钮，其中 4 个单选按钮分成两组，一组用来改变文本框中的字体，一组用来确定字体的大小，2 个复选框用来做字形的加工。用户界面如图 4-28 所示。程序运行后，用户可在"字体"、"大小"、"字形"3 个框架中选择出自己需要的字体、大小值及字形，然后单击"确定"按钮，此时文本框中显示的就是用户所选择的内容。

按照上述操作框架、单选按钮和复选框的方法首先"画"出用户界面，如图 4-29 所示，然后设置界面上的各个控件的属性值，如表 4-16 所示。

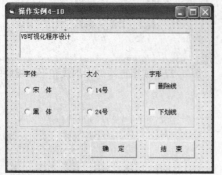

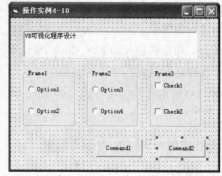

图 4-28 【操作实例 4-10】设计完成的用户界面　　图 4-29 【操作实例 4-10】的初始用户界面

表 4-16 【操作实例 4-10】各控件的属性值设置

| 对　　象 | 属　　性 | 设　　置 |
| --- | --- | --- |
| 窗体 | Caption | 操作实例 4-10 |
| 单选按钮 1 | 名称 | OptSong |
|  | Caption | 宋体 |
| 单选按钮 2 | 名称 | OPtHei |
|  | Caption | 黑体 |
| 单选按钮 3 | 名称 | Opt14 |
|  | Caption | 12 |
| 单选按钮 4 | 名称 | Opt24 |
|  | Caption | 24 |
| 复选框 1 | 名称 | ChkStrikeThru |
|  | Caption | 删除线 |
| 复选框 2 | 名称 | ChkUnderline |
|  | Caption | 下画线 |
| 框架 1 | Caption | 字体 |
| 框架 1 | Caption | 大小 |
| 框架 1 | Caption | 字形 |
| 文本框 | 名称 | TxtVBprog |
|  | Text | VB 可视化程序设计 |
| 命令按钮 1 | 名称 | CmdOk |
|  | Caption | 确定 |
| 命令按钮 2 | 名称 | CmdExit |
|  | Caption | 结束 |

　　按照实例的操作要求，程序应设置字体、字号的初始值，设字体为"宋体"、大小为 24。也就是说程序一开始，如果直接单击"确定"按钮，文本框中的文字就按 24 号的宋体显示。事实上，在程序运行过程中，用户可以随意地、反复地选择 3 个框架中控件所代表的"值"以及"确定"按钮。程序代码为：

```
Private Sub Form_Load()
    OptSong.Value=True              '字体初始值
    Opt24.Value=True                '字号初始值
End Sub

Private Sub CmdOk_Click()
  If OptSong Then
    TxtVBprog.FontName="宋体"
  Else
    TxtVBprog.FontName="黑体"
  End If
  If Opt14 Then
    TxtVBprog.FontSize=14
  Else
    TxtVBprog.FontSize=24
  End If
  If ChkStrikeThru Then
    TxtVBprog.FontStrikethru=True
  Else
    TxtVBprog.FontStrikethru=False
  End If
  If ChkUnderline Then
    TxtVBprog.FontUnderline=True
  Else
    TxtVBprog.FontUnderline=False
  End If
End Sub

Private Sub CmdExit_Click()
  End
End Sub
```

　　程序运行时，Form_Load()事件过程初始化窗体上"字体"和"大小"框架中单选按钮的初始值（宋体、24 号）；在 CmdOk_Click()事件过程中，用户可以随意地、反复地在 3 个框架中选择字体、字号和字形，选好后单击"确定"命令按钮，就在文本框中显示选择执行结果，例如，当选择了"宋体"、"24 号"、"下画线"并单击"确定"命令按钮之后，窗体上显示的选择结果如图 4-30 所示。单击"结束"命令按钮，触发 CmdExit_Click()事件过程，结束程序的运行。

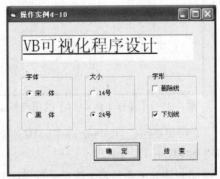

图 4-30　界面显示用户的选择结果

　　【操作实例 4-10】的讨论到此结束。

# 4.5　图片框和图像框

在 Visual Basic 中，与图形有关的标准控件有 4 个：图片框、图像框、直线和形状。图片框和图像框是 Visual Basic 中显示图形的两个基本控件，用于在窗体的指定位置上显示图形信息。它们都是 Visual Basic 工具箱中的控件。图片框图标为 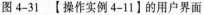，图像框图标为 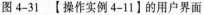。本节讨论有关图片框和图像框基本属性的一些使用。

## 4.5.1　图片框

图片框（PictureBox）的主要功能是为用户显示图片。在设计应用程序的用户界面时，适当地插入一些图形，会使界面丰富多彩。图片框显示图片主要由 Picture 属性决定，如何显示还与 AutoSize 属性有关，因此，先了解一下这两个属性的作用。

（1）Picture 属性：用于设置图片框加载图片文件。

（2）AutoSize 属性：控制图片框是否自动调整大小以适应加载的图片。当取值 True 时，图片框大小自动适应图片尺寸；而取值 False（默认）时，图片框的大小不能改变。当框小图片大时，图片的超出部分被裁掉，当框大图片小时则会留下框内的多余部分。

先做一个实例。

【操作实例 4-11】在用户界面上建立一个图片框，将系统提供的一个 Sample1.jpg 文件装入图片框。

可以进行如下操作：

（1）建立一个新工程，选用工具箱中的图片框工具，在窗体上画一图片框控件 picshow，再添加命令按钮控件 cmdExit，如图 4-31 所示。

（2）选中窗体中的图片框，在对应的"属性"面板中找到 Picture 属性，单击其右面带有 3 个小黑点的按钮，弹出如图 4-32 所示的"加载图片"对话框。

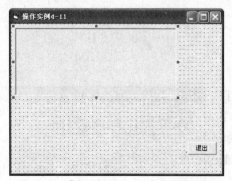
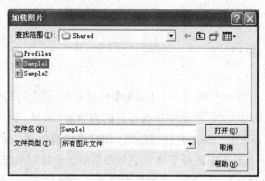

图 4-31　【操作实例 4-11】的用户界面　　　　图 4-32　"加载图片"对话框

（3）按照路径：C:\Program files\Movie Maker\Shared\Sample1.jpg 找到文件 Sample1.jpg，单击"打开"按钮。

此时图片框中显示出图形文件画面，但只显示了一部分，还有一部分看不到，如图 4-33 所示。再看图片框的 AutoSize 属性，它现在的值是"False"，把"False"换成"True"，此时，用户界面就变成了如图 4-34 所示的画面，可看到图片框按照图片的尺寸大小在变化（本实例中是变大了）。读者应细心体会 AutoSize 属性所起的作用。

图 4-33　图片框中显示出部分图形文件的画面　　图 4-34　AutoSize 属性为"True"时的效果

最后的操作是单击"退出"命令按钮，结束程序的运行。

【操作实例 4-11】到此结束。

【操作实例 4-12】在窗体上画 1 个图片框和 3 个命令按钮，命令按钮分别表示"草原"、"沙漠"和"退出"，在运行时当用户单击"草原"命令按钮时，将系统提供的一个"草原"图片装入图片框。当单击"沙漠"命令按钮时，将系统提供的一个"沙漠"图片装入图片框。单击"退出"命令按钮结束程序运行，如图 4-35 所示。

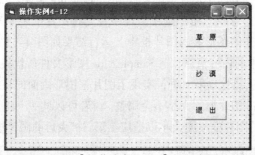

图 4-35　【操作实例 4-12】的用户界面

各个控件的属性值设置如表 4-17 所示。

表 4-17　【操作实例 4-12】各个控件属性值

| 对　　象 | 属　　性 | 设　　置 |
| --- | --- | --- |
| 窗体 | Caption | 操作实例 4-12 |
| 图片框 | 名称 | Picture1 |
| | AutoSize | False |
| 命令按钮 1 | 名称 | CmdShow1 |
| | Caption | 草原 |
| 命令按钮 2 | 名称 | CmdShow2 |
| | Caption | 沙漠 |
| 命令按钮 3 | 名称 | CmdExit |
| | Caption | 退出 |

在操作过程中主要是对命令按钮的单击事件，所以编写过程代码如下：

```
Private Sub CmdShow1_Click()
  Picture1.Picture=LoadPicture()
  Picture1.Picture=LoadPicture("c:\program files\movie _
                maker\shared\Sample1.jpg")
End Sub

Private Sub CmdShow2_Click()
  Picture1.Picture=LoadPicture()
  Picture1.Picture=LoadPicture("c:\program files\movie _
                maker\shared\Sample2.jpg")
End Sub

Private Sub CmdExit_Click()
  End
End Sub
```

LoadPicture()函数在【操作实例3-2】中已经讨论过，其作用是把图形文件调入内存。这里与LoadPicture()函数在窗体中的使用是一样的。注意，清除图片框中的图形要使用 "Picture1.Picture = LoadPicture("")"，而本实例代码中 "Picture1.Picture=LoadPicture ("C:\program files\movie maker\shared\Sample1.jpg")" 的作用是将 C 盘中目录 "C:\program files\movie maker\shared" 下的一个图形文件 Sample1.jpg 调入内存，并赋予图片框的 Picture1 的 Picture 属性。

运行这个程序，单击"草原"命令按钮，程序首先将图片框中原来的内容清除，然后再把 Sample1.jpg 图形文件所代表的图形装入图片框中，运行结果如图 4-36 所示。单击"沙漠"命令按钮，同样将图片框中原来的内容清除，把 Sample2.jpg 图形文件所代表的图形装入图片框中，运行结果如图 4-37 所示。从视觉效果上看，实现了图片框图形画面的切换。可以看出，由于图片框的 AutoSize 属性为 False，图片框的大小不会调整。读者可以试一下将 AutoSize 属性值改为 True 观察运行结果（可以看到，图片框改变大小以适应图形，扩大后的图片框的左上角坐标不改变）。

 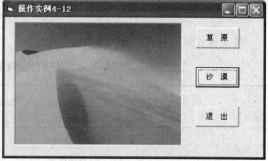

图 4-36　单击"草原"按钮后图片框的显示效果　　图 4-37　单击"沙漠"按钮后图片框的显示效果

### 4.5.2　图像框

图像框（Image）与图片框相似，也可以用来装入图形文件，具体的使用方法也与图片框相似。既可以在设计阶段通过"属性"面板给 Image 控件的 Picture 属性赋值（赋予一个图形文件的名字），也可以在运行阶段通过 LoadPicture ()函数装入图形文件。

图像框与图片框的用法基本相同，但有以下区别。

（1）在图片框控件内还可以"画"上其他控件，称图片框是"容器"控件。例如可以在图片框内画一个命令按钮，使命令按钮成为图片框的一个组成部分。如果单独移动命令按钮，只能在图片框范围内移动，不能移到图片框外去。

图像框不能像图片框那样，如果在图像框中再画一个命令按钮，这个命令按钮和图像框是彼此独立的，不是图像框的组成部分，移动图像框时；命令按钮仍在原位置，不随之移动。如果单独移动命令按钮，则可以把它移动到图像框之外。

（2）将图形文件装入图片框时，图形不能随图片框的尺寸自动调整大小。当其 AutoSize 属性为 True 时，图片框可以调整大小以适应图形的大小，当为 False 时，图片框不能改变大小，而只有当图形文件为.wmf 类型（Windows 元文件，例如，Word 中的"剪贴画"就是.wmf 文件）时，图形才会自动调整大小以填满图片框。

图像框有一个 Stretch（拉伸）属性很重要，当它的值为 True 时，图形能自动变化大小以适应图像框的尺寸。当它为 False 时，图像框会自动改变大小以适应图形的大小，使图形充满图像框（此时如果图形太大，以至图像框即使扩充到窗口边界仍达不到图形大小时，则只能容纳图形的一部分了）。根据 Stretch 属性，看下面的例子。

【操作实例4-13】在窗体中设置 1 号和 2 号两个图像框，将图形文件 Img074a.jpg 装入 1 号图像框，将 Img126.jpg 装入 2 号图像框，单击窗体，两图像框中的图像画面实现互换。设置不同的 Stretch 属性值，比较图像的显示效果。

在程序设计中，交换两个变量值的操作是十分普遍的，通常的做法是引入第三个变量来实现交换。两个图像框内容的交换操作，也是采用这种办法。

下面进行如下操作。

首先设置用户界面，在窗体上设置 3 个图像框 Image1、Image2 和 Image3，其中 Image1、Image2 两个在上，Image3 在下，如图 4-38 所示。

用户界面上的控件属性值设置，除了窗体外，3 个图像框的 Stretch 属性都设置为"True"，如表 4-18 所示。

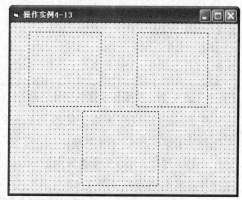

图 4-38　【操作实例 4-13】用户界面

表 4-18　对象的属性设置

| 对　　象 | 属　　性 | 设　　置 |
| --- | --- | --- |
| 窗体 | Caption | 操作实例 4-13 |
| 图像框 1 | Stretch | True |
| 图像框 2 | Stretch | True |
| 图像框 3 | Stretch | True |

打开代码窗口，在 Form_Load()过程事件中给 1 号图像框、2 号图像框中分别装入图形文件 Img074a.jpg 和 Img126.jpg，在 Form_Click()事件过程中实现两个图像框中内容的交换（借助于 3 号图像框），两个事件过程的程序代码分别编写如下：

```
Private Sub Form_Click()
  Image3.Picture=Image1.Picture
  Image1.Picture=Image2.Picture
```

```
    Image2.Picture=Image3.Picture
    Image3.Picture=LoadPicture()                    '将 3 号图像框设置为空
End Sub

Private Sub Form_Load()                             '装入图像文件
    Image1.Picture= _
        LoadPicture("c:\Windows\help\Tours\htmltour\img074a.jpg")
    Image2.Picture= _
        LoadPicture("c:\Windows\help\Tours\htmltour\img126.jpg")
End Sub
```

运行程序，Form_Load()将图形文件分别装入 1 号图像框和 2 号图像框中，此时用户界面（窗体）上显示画面如图 4-39 所示。

单击窗体，激发 Form_Click()过程事件的发生，通过 3 号图像框实现交换 1、2 号图像框中的图像，此时用户界面（窗体）上显示画面如图 4-40 所示。

图 4-39　交换图像框的图像之前　　　　　　图 4-40　交换图像框的图像之后

在 Form_Click()中，由于使用了 LoadPicture() 函数把 3 号图像框设置为空，被交换的图像画面在 3 号图像框中是一闪而过。

当把 1 号、2 号、3 号图像框的 Stretch 属性由"True"变为"False"之后，运行上面的程序，用户界面显示的结果如图 4-41 所示。

图 4-41　Stretch 属性为"False"之后

可以看到：由于图形太大，以至于图像框扩充到窗口边界仍达不到图形大小时，就只能容纳图形的一部分了。

【操作实例 4-13】的讨论到此结束。

再将图片框的 AutoSize 属性和图像框的属性放在一个窗体中作个比较，看下面的例子。

【操作实例 4-14】在窗体中设置 1 号、2 号两个图片框，将它们的 AutoSize 属性值分别设置为 True 和 False，再设置 1 号、2 号两个图像框，将它们的 Stretch 属性值分别设置为 True 和 False，然后装入同一图形文件 Img074a.jpg，比较图像的显示效果。

按以下的操作步骤来进行。

设置用户界面，建立 1 号图片框于窗体左上方、2 号图片框于窗体右上方，建立 1 号图像框于窗体的左下方、2 号图像框于窗体的右下方，再设置 4 个标签，用来分别说明 AutoSize 属性值和 Stretch 属性值的设置情况，界面设置如图 4-42 所示。

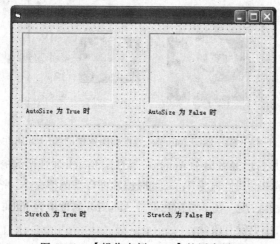

图 4-42　【操作实例 4-14】的用户界面

各控件属性值的设置如表 4-19 所示。

表 4-19　各控件的属性值设置

| 对　　象 | 属　　性 | 设　　置 |
| --- | --- | --- |
| 窗体 | Caption | 操作实例 4-14 |
| 图片框 1 | AutoSize | True |
| | Picture | Rose.jpg |
| 图片框 2 | AutoSize | False |
| | Picture | Rose.jpg |
| 标签 1 | Caption | AutoSize 为 True 时 |
| 标签 2 | Caption | AutoSize 为 False 时 |
| 图像框 1 | Stretch | True |
| | Picture | Rose.jpg |
| 图像框 2 | Stretch | False |
| | Picture | Rose.jpg |
| 标签 3 | Caption | Stretch 为 True 时 |
| 标签 4 | Caption | Stretch 为 False 时 |

将 1 号图片框的 AutoSize 属性设置为 True，2 号图片框的 AutoSize 属性设置为 False，并用 1 号、2 号标签去标识 AutoSize 属性值的设置情况，图片框中通过 Picture 属性装入图形文件 Rose.jpg；完全类似地，将 1 号图像框的 Stretch 属性设置为 True，2 号图像框的 Stretch 属性设置为 False，并用 3 号、4 号标签去标识 Stretch 属性值的设置情况，图像框中通过 Picture 属性装入图形文件 Rose.jpg；此时，用户界面如图 4-43 所示。

图 4-43　图片框的 AutoSize 属性和图像框的 Stretch 属性

从图 4-43 所示的情形，已经看出了 AutoSize 属性、Stretch 属性所起的作用。

在 1 号图片框中 AutoSize 属性值为 True，此时图片框自动调整大小，来适应图形文件 Rose.jpg 的大小，图形自身大小没有改变。在 2 号图片框中 AutoSize 属性值为 False，此时图片框本身不能改变大小了，图形本身大小也没有改变。

在 1 号图像框中 Stretch 属性值为 True，此时是图形自动调整大小，来适应图像框的尺寸，也就是说图形自行调整"充满"图像框；2 号图像框中 Stretch 属性值为 False，此时图像框自动调整大小来适应图形的大小，可以看到图像框大小改变（缩小）了，而图形本身大小没有改变。

通过运行程序（运行结果如图 4-44 所示），也证明了上述讨论的结果是对的。【操作实例 4-14】对图片框的 AutoSize 属性和图像框的 Stretch 属性进行了比较，读者可以进一步分析一下它们的相同和相异性。

【操作实例 4-14】的讨论到此结束。

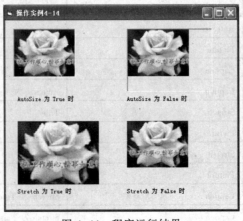

图 4-44　程序运行结果

# 4.6　滚动条和计时器

滚动条通常用来附在窗口上帮助用户观察数据或定位，也可用来作为数据输入的工具，被广泛地用于 Windows 应用程序中。

滚动条分为两种，即水平滚动条和垂直滚动条。在工具箱中，水平滚动条的图标为 ，而垂直滚动条的图标为 。其默认名称分别为 HScroll 和 VScroll。除了方向不同外，水平滚动条和垂直滚动条的结构和操作是一样的。滚动条的两端各有一个滚动箭头，在滚动箭头之间有一个滚动框，如图 4-45 所示。

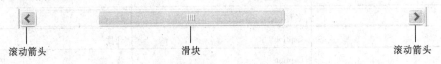

滚动箭头　　　　　　　　　　　　滑块　　　　　　　　　　滚动箭头

图 4-45　滚动条的基本结构

通常，水平滚动条的值从左向右逐渐递增，最左端代表最小值（Min），最右端代表最大值（Max）。垂直滚动条的值由上往下逐渐递增，最上端代表最小值，最下端代表最大值。滚动条的值一般都用整数来表示，它的取值范围在 -32 768～32 767 之间。

## 4.6.1　滚动条属性

滚动条属性用来标识滚动条的状态，除了前面已经介绍过的 Caption、Enabled、Visible、Height、Left、Top、Width 等属性外，对于滚动条而言，较常用的还有：

（1）Max 属性——滚动条所能表示的最大值，取值范围为 -32 768～32 767。

（2）Min 属性——滚动条所能表示的最小值，取值范围同 Max 一样。

（3）LargeChange——单击滚动条中滑块前面或后面的部位时，Value 增加或减小的增量值。

（4）SmallChange——单击滚动条两端的箭头时，Value 属性增加或减小的增量值。

（5）Value——该属性值表示滑块在滚动条上的当前位置。如果在程序中设置该值，则把滑块移到相应的位置。不能把 Value 属性值设置为 Max 和 Min 范围之外的值。

## 4.6.2　滚动条事件

与滚动条有关的事件主要有 Scroll 事件和 Change 事件。当在滚动条内拖动滑块时，会触发 Scroll 事件（单击滚动箭头或滚动条时不发生 Scroll 事件），而改变滑块的位置后会触发 Change 事件。Scroll 事件用于跟踪滚动条中的动态变化，Change 事件则用来得到滚动条的最后的值。为了熟悉这两个事件，下面来做一个实例。

【操作实例 4-15】建立一个滚动条，观察显示的滚动条中的动态变化情况。

下面进行如下操作：

（1）首先在窗体上建立 1 个滚动条、1 个文本框和 4 个标签，如图 4-46 所示。

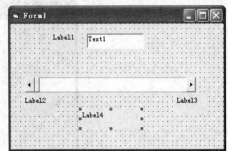

图 4-46　【操作实例 4-15】用户界面

窗体及各个控件的属性值设置如表 4-20 所示。

表 4-20　窗体及各控件的属性值设置

| 对　象 | 属　性 | 设　置 |
|---|---|---|
| 窗体 | Caption | 操作实例 4-15 |
| 水平滚动条 | 名称 | Speedbar |
|  | Max | 300 |
|  | Min | 0 |
|  | SmallChange | 3 |
| 文本框 | 名称 | Display |
| 标签 1 | Caption | 速度 |
| 标签 2 | Caption | 慢 |
| 标签 3 | Caption | 快 |
| 标签 4 | Caption | 空白 |
|  | BorderStyle | 1-Fixed Single |

（2）双击滚动条，弹出代码窗口，输入 Change 事件过程：

```
Private Sub Speedbar_Change()
  Display.Text=Str$(Speedbar.Value)
End Sub
```

（3）输入处理 Scroll 事件的过程：

```
Private Sub Speedbar_Scroll()
  Label4.Caption="滑动到: " + Str$(Speedbar.Value)
End Sub
```

程序运行后，单击滚动条两端的箭头，滚动条所在位置的值以 3 为单位变化；单击滑块两边的空白区域，滚动条所在位置的值以 10 为单位变化。如果用鼠标拖动滑块，则 4 号标签框内快速显示当前滑块所在位置的滚动条值，停止拖动后，文本框中显示滑块所在的位置值，运行情况如图 4-47 所示。读者通过操作本实例细心体会"Scroll 事件用于跟踪滚动条中的动态变化，Change 事件则用来得到滚动条的最后的值"的含义，从用户界面上看：4 号标签框内的动态结果就是 Scroll 事件的反映，而文本框中的显示结果是通过 Change 事件过程得到的。

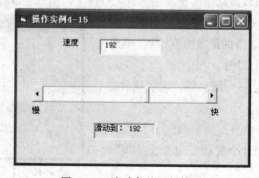

图 4-47　滚动条的运行情况

【操作实例 4-15】操作和讨论到此结束。

【操作实例 4-16】假设 2008 年我国人口为 13.9 亿，到 2058 年，随着给出不同的年份和年增长率，动态显示人口的变化情况。

利用水平滚动条和垂直滚动条来分别表示增长率（0～3‰）和年份（2008～2058），用 1、2、3 号文本框分别存放并显示确认年份、年增长率和相应的总人口，再用 1、2 号标签表示年份的最小值与最大值，所设置的用户界面如图 4-48 所示。

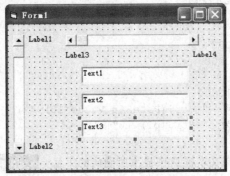

图 4-48　【操作实例 4-16】用户界面

对窗体及窗体上的 9 个控件的属性值设置如表 4-21 所示。

表 4-21　窗体及各控件的属性值设置

| 对　象 | 属　性 | 设　置 |
|---|---|---|
| 窗体 | Caption | 操作实例 4-16 |
| 水平滚动条 | 名称 | RateBar |
|  | Max | 30 |
|  | Min | 0 |
|  | SmallChange | 1 |
|  | Value | 0 |
| 垂直滚动条 | 名称 | YearBar |
|  | Max | 2058 |
|  | Min | 2008 |
|  | SmallChange | 1 |
|  | Value | 2008 |
| 文本框 1 | Text | 空 |
| 文本框 2 | Text | 空 |
| 文本框 3 | Text | 空 |
| 标签 1 | Caption | 2008 |
| 标签 2 | Caption | 2058 |
| 标签 3 | Caption | 0 |
| 标签 4 | Caption | 30 |

用垂直滚动条的 YearBar_Change()事件过程确认年份，程序代码为：

```
Private Sub YearBar_Change()
    Text1.Text=Str$(YearBar.Value) + "年"
End Sub
```

触发此事件过程之后，在文本框 1 中显示所要计算处理的年份。

用垂直滚动条的 RateBar_Change()事件过程确认年增长率，程序代码为：

```
Private Sub RateBar_Change()
  Dim p As Single
  p=13.9
  n=YearBar.Value-2008
  r=RateBar.Value/10000
  p1=p*(1+r)^n
  p1=Int(p1*10000)/10000
  Text2.Text="年增长率: "+Str$(RateBar.Value/10)+"‰"
  Text3.Text="总人口为: "+Str$(p1) + "亿"
End Sub
```

触发此事件过程之后，在文本框 2 中显示所确认的年增长率的千分比。

在执行上面的过程时，首先要通过垂直滚动条确认年份后，计算出从 2008 年到所确认年份所经历的年数 $n$，再通过水平滚动条确认年增长率，最后计算出这个年度按照这个年增长率得到的总人口数。

运行的结果如图 4-49 所示。

【操作实例 4-16】的操作和讨论到此结束。

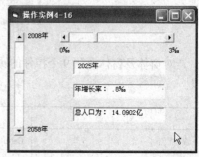

图 4-49　【操作实例 4-16】运行结果

### 4.6.3　计时器

Visual Basic 可以利用系统内部的时钟计时，可以使用计时器（Timer）控件，由用户定制时间间隔（Interval），一个计时器控件可以有规律地以一定的时间间隔激发计时器事件。工具箱中的计时器图标为 。它的默认名称为 Timer。在用户界面上计时器控件的大小和位置无关紧要，因为它只在设计阶段出现，程序运行时并不在屏幕上显示。

### 4.6.4　计时器属性

计时器可以使用名称（Name）属性和 Enable 属性。但它最重要的属性是 Interval（时间间隔），用于设定计时器触发事件的时间间隔。所谓时间间隔，指的是各计时器事件之间的时间间隔，时间间隔以毫秒为单位，取值范围在 0～65 535 毫秒之间，因此，最大时间间隔不能超过 65 秒。通常 60 000 毫秒为 1 分钟，所以如果把 Interval 属性值设为 1 000，则表示每秒钟产生一个 Timer 事件（60 000÷1 000=60）。如果希望每秒钟发生 $n$ 个 Timer 事件，则 Interval 属性值（时间间隔）为 1 000/$n$。另外，受到系统硬件能力的限制，计时器每秒钟最多只能产生 18 个事件，即两个事件间的最小时间间隔为 56（1 000÷56≈18）。所以，若将 Interval 属性值设定小于 56，就不会有什么效果了。如果 Interval 属性值为 0，则表明计时器无效。

### 4.6.5　计时器事件

计时器（Timer）只有一个 Timer 事件。每当经过一个 Interval 属性规定的时间间隔，就触发 Timer 事件。

计时器是一个非常有用的控件，主要用于在程序中监视和控制时间进程。

【操作实例 4-17】设计图形"闪烁"程序来模拟蝴蝶飞舞的显示效果。

所谓闪烁，是指图形交替地显示和隐藏。这可以通过计时器的 Timer 事件过程，改变控件的 Visible 属性值达到目的，并且可以用滚动条调节闪烁速度。

实例操作如下：

在用户界面上设置 5 个控件：1 个图像框、1 个计时器、1 个水平滚动条和两个标签，如图 4-50 所示。

窗体和各个控件的属性值设置如表 4-22 所示。

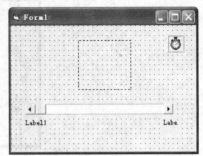

图 4-50　【操作实例 4-17】用户界面

表 4-22　窗体及各控件的属性值设置

| 对　　象 | 属　　性 | 设　　置 |
|---|---|---|
| 窗体 | Caption | 操作实例 4-17 |
| 图像框 | 名称 | Image1 |
| | Picture | Bfly1.bmp |
| 计时器 | 名称 | Timer1 |
| 水平滚动条 | 名称 | HScroll1 |
| | Max | 100 |
| | Min | 1 500 |
| | LargeChange | 100 |
| | SmallChange | 25 |
| 标签 1 | Caption | 慢 |
| 标签 2 | Caption | 快 |

在表 4-22 中，水平滚动条的 Max 属性值为 100，Min 属性值为 1 500，LargeChange 属性值为 100，SmallChange 属性值为 25。因为计时器的 Interval 属性值是从滚动条的 Value 属性获取的，时间间隔越大，对应的闪烁速度越慢，所以把计时器的 Max 属性值设定为小于 Min 属性值。

图 4-51 为设计完成的用户界面。

HScroll1_Change()和 Timer1_Timer()的程序代码如下：

```
Private Sub HScroll1_Change()
  Timer1.Interval=HScroll1.Value
End Sub

Private Sub Timer1_Timer()
  Image1.Visible=Not Image1.Visible
End Sub
```

图 4-51　设计完成的用户界面

　　程序运行结果如图 4-52 所示。事件过程 HScroll1_Change() 获取滚动条的 Value 属性值作为计时器 Timer1 的时间间隔。事件过程 Timer1_Timer()中，每发生一次 Timer 事件，就对 Image1 控件的 Visible 取反，使得图形（蝴蝶）交替地显示和隐藏，在视觉上达到图形闪烁、蝴蝶飞舞的效果。

图 4-52　程序运行效果

【操作实例 4-17】的操作讨论到此结束。

【操作实例 4-18】用一个计时器控制蝴蝶在窗体内飞舞的动画效果。

　　在窗体上设置 1 个计时器、1 个命令按钮、3 个图像框，如图 4-53 所示。

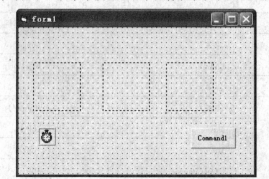

图 4-53　【操作实例 4-18】用户界面

各个控件的属性值如表 4-23 所示。

表 4-23　窗体及各控件的属性值设置

| 对　　象 | 属　　性 | 设　　置 |
| --- | --- | --- |
| 窗体 | Caption | 操作实例 4-18 |
| 图像框 1 | 名称 | ImgMain |
| | Picture | Bfly1.bmp |
| 图像框 2 | 名称 | CloseWings |
| | Picture | Bfly2.bmp |
| | Visible | False |
| 图像框 3 | 名称 | OpenWings |
| | Picture | Bfly1.bmp |
| | Visible | False |

续上表

| 对　　象 | 属　　性 | 设　　置 |
|---|---|---|
| 计时器 | 名称 | TmrClock |
|  | Interval | 100 |
| 命令按钮 | 名称 | CmdEnd |
|  | Caption | 退出 |

按照表 4-23 的设置，1 号与 3 号图像框中装入 Bfly1.bmp 图形文件，2 号图像框中装入 Bfly2.bmp 图形文件，计数器的 Interval（时间间隔）设置为 100（最小可为 56）来控制两幅画面切换的频度，运行时图像框 OpenWings.bmp 与 CloseWings.bmp 是不可见的。用户界面如图 4-54 所示。

图 4-54　设计完成的用户界面

设置 3 个事件过程，程序代码分别如下：

```
Private Sub Form_Load()
  CmdEnd.Move 10, 10                           '移动命令按钮到指定位置
End Sub

Private Sub TmrClock_Timer()
  Static pickBmp As Integer
  ImgMain.Move ImgMain.Left+20, ImgMain.Top-5
                                               '1 号图像框的画面向右移动 20，向上移动 5
  If pickBmp Then
    ImgMain.Picture=OpenWings.Picture          '3 号图像框的画面赋予 1 号图像框
  Else
    ImgMain.Picture=CloseWings.Picture         '2 号图像框的画面赋予 1 号图像框
  End If
  pickBmp=Not pickBmp
End Sub

Private Sub CmdEnd_Click()
  End
End Sub
```

程序运行时，首先 Form_Load() 事件过程将命令按钮置于窗体的左上角；在 TmrClock_Timer() 事件过程中，使用了 Move 方法，它的一般形式是：

对象名.Move Left,Top [,Width ,Length]

其中，Left 表示对象左边边框距离窗体边框的距离；Top 表示对象顶部与窗体顶部间的距离；Width 和 Length 表示对象的新宽度和新高度。

使用 Move 方法将 ImgMain 向右上角缓慢移动，在移动过程中，ImgMain 中的画面轮流被 OpenWings 和 CloseWings 替换，由计数器的 Interval 属性值来控制画面切换的频度，在视觉效果上看，是一只蝴蝶扑棱着翅膀向右上方飞去……，图 4-55 所示的是程序运行效果图。最后执行 CmdEnd_Click()事件过程结束程序运行。

图 4-55　程序运行的动画效果

【操作实例 4-18】操作到此结束。

## 4.7　列表框和组合框

前面已经介绍过，通过单选按钮、复选框及框架可以限定和组合多种选项，但很多时候可供选择的选项很多，不太可能在程序中给出过多的单选按钮和复选框，在这种情况下，Visual Basic 中的列表框（ListBox）和组合框（ComboBox）控件就派上了用场。在工具箱中，列表框的图标为 ，组合框的图标为 。

列表框的选项可以由用户添加、删除，但不能编辑修改，它为用户提供了一个限定的选项列表，列表框有两种不同的形式，不同的 Style 属性值决定了列表框的类型和显示方式，如图 4-56 所示。

组合框是综合了列表框和文本框的功能，用户既可以在其中选项，也可以在其中添加、修改输入项的内容。组合框有 3 种不同的形式，不同的 Style 属性值决定了组合框的类型和显示方式，如图 4-57 所示。

图 4-56　列表框的两种类型和显示形式

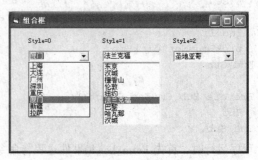

图 4-57　组合框的 3 种类型和显示形式

### 4.7.1　列表框和组合框的常用属性

在列表框和组合框中，有许多属性是相同的，下面先熟悉一下列表框和组合框的一些属性，再做一些操作习题。

List 属性——设置列表框或组合框的选项内容。在"属性"面板中设置 List 属性时，如添加多个选项应按【Ctrl】键后再按【Enter】键。List 属性是数组类型，其下标从 0 开始。例如，在图4-56 中，ListBox1.List（0）的值为 System，ListBox1.List（2）的值为 Terminal 等。

ListIndex 属性——程序运行时，可使用该属性判断列表框中哪个项被选中，该属性不能在"属性"面板中赋值，只能在代码窗口中设置或引用。它表示当前选定项的索引值（下标）。第一项为 0，未选中任何项为-1。

ListCount 属性——表示列表框或组合框中项目的数量。例如，ListCount 属性为 6，那么ListIndex 属性值的范围是 0～5。

Sorted 属性——指出列表框或组合框中项目是否按字母排列：True 为按字母顺序排列，False（默认）为按添加的顺序排列。

Text 属性——用于设置组合框中包含的文本或列表框中选中的选项。也就是说，通过这个属性只能得到一个被选中的项。如果要得到全部被选中的项，则从 List 属性中读取被选中的项。

### 4.7.2　列表框和组合框的常用方法

列表框和组合框都可以通过程序代码添加或删除选项。具体操作可由下面的这些方法来实现。

AddItem 方法——添加选项。格式为：

```
对象.AddItem  选项 [,Index]
```

其中，"选项"为项目字符串，Index 为索引值，是选项在列表框或组合框中的位置，省略时表示所添选项放在最后。第一个选项的 Index 为 0。例如，List1.AddItem "计算机成绩",3、Combo2.AddItem "IBM"等。

RemoveItem 方法——删除选项。格式为：

```
对象.RemoveItem Index
```

只要知道所删选项的位置 Index（索引）值，不必写出所删除的选项内容。例如：List1.RemoveItem 3、Combo3.RemoveItem 2 等。

Clear 方法——清除列表框或组合框中的所有内容。格式为：

```
对象.Clear
```

例如，List2.Clear、Combo1.Clear 等。

注意，方法和属性的书写格式不同，例如：

```
List1.Caption="航班的查询"            '给列表框 List1 赋予标题属性值
List1.AddItem,4"北京—大连 22:18"      '给列表框 List1 添加项
```

### 4.7.3　列表框的特有属性

Style 属性——用来设置列表框的外形，如图 4-56 所示。默认属性值 0 是它的标准格式。1 是以复选框形式显示。

Text 属性——默认属性，"属性"面板中没有这个属性，在代码窗口中可设置或引用它。如

果在列表框中选择了多项，则列表框的 Text 属性返回的是最后一次选中的正文。ListBox1.Text 等价于 ListBox1.List（ListIndex）。

Selected 属性——默认属性，在"属性"面板中没有这个属性，只能在代码窗口中设置或引用。逻辑值表示对应的选项是否被选中。例如，在图 4-56 中，要选中 Fixedsys 项，那么设置 ListBox1.Selected（4）= True。

Multiselect 属性——确定列表框中是否允许选择多项。有 3 个选项：0 为默认属性，表示在一个列表框中只能选择一项。1 为简单多项选择，表示用鼠标单击或空格可选择一项或多项，也可使已选中的项被取消。2 为扩展多项选择，需要与【Shift】或【Ctrl】键配合使用。【Shift】键用于选择连续多项，选中某一项，按住【Shift】键并且选中另一项，就可选中两项之间的所有项；【Ctrl】键选择多项，与 1 的作用一样。

下面讨论一个具体例子。

【操作实例 4-19】用列表框设计一个程序，单击不同的选项有不同的标签显示内容。

在窗体上设置 1 个列表框、1 个标签，在列表框中分别列出 6 项体育运动项目的名称，每选定某一选项时，在标签中用红色的华文新魏字体给出一句对所选运动项目的诠释语。

用一个字符数组 a 存放运动项目的诠释语，在窗体上设置一个列表框和一个标签，如图 4-58 所示。

在标签的"属性"面板中，将"字体"设置为"华文新魏"，将 ForeColor 设置为"红色"。打开代码窗口，在事件过程 Form_Load()、Sub List1_Click()中分别填写如下代码。

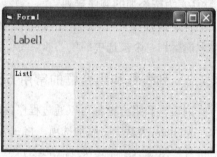

图 4-58 【操作实例 4-19】用户界面

```
Dim a() As String                      '在"通用"部分说明
Private Sub Form_Load()
  ReDim a(5) As String
  List1.AddItem "田径"                  '给列表框中添加项
  List1.AddItem "游泳"
  List1.AddItem "体操"
  List1.AddItem "举重"
  List1.AddItem "足球"
  List1.AddItem "武术"
  a(0)="——体育之源，运动之母"
  a(1)="——搏击风浪，锤炼意志"
  a(2)="——体育与艺术的完美结合"
  a(3)="——力量与美的展示"
  a(4)="——集体的荣誉至高无上"
  a(5)="——民族传统体育的精髓"
End Sub

Private Sub List1_Click()
  Dim n As Integer
  n=List1.ListIndex                     '选定项的索引值
  Label1.Caption=List1.Text & a(n)
End Sub
```

运行程序，在列表框中选中一项，在标签中显示所选项目和相应的诠释内容，例如，当选择了"足球"项，那么在标签中将显示"足球——集体的荣誉至高无上"字样，显示的效果如图 4-59 所示。

【操作实例 4-19】的讨论到此结束。

【操作实例 4-20】在【操作实例 4-19】的基础上，窗体设置两个列表框、两个命令按钮。一个列表框显示运动项目名称，用户可在此列表框中选择一个或多个运动名称后，单击"显示"命令按钮时，在另一个列表框中显示用户所选中的列表项。

下面进行如下操作。

首先在窗体上生成用户界面，设置两个列表框、两个标签和两个命令按钮，两个标签分别将两个列表框标识为"运动项目"列表框和"运动项目的诠释"列表框，依据题目要求，两个命令按钮分别为"显示"和"退出"，如图 4-60 所示。

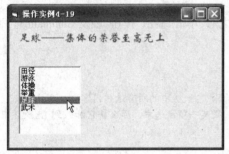

图 4-59　程序运行结果

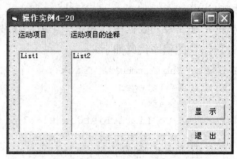

图 4-60　【操作实例 4-20】用户界面

窗体中各控件的属性值设置如表 4-24 所示。

表 4-24　控件的属性值设置

| 对　象 | 属　性 | 设　置 |
| --- | --- | --- |
| 窗体 | Caption | 操作实例 4-20 |
| 列表框 1 | 名称 | List1 |
|  | MultiSelect | 2 |
| 列表框 2 | 名称 | List2 |
| 标签 1 | Caption | 运动项目 |
| 标签 2 | Caption | 运动项目的诠释 |
| 命令按钮 1 | Caption | 显示 |
| 命令按钮 2 | Caption | 退出 |

各个控件的名称都取系统默认的名称。表中 1 号列表框的 MultiSelect 属性值设置为 2，表明在 1 号列表框中可以选择一项，也可以选择多项。

在窗体初始化时，将运动项目名称填写到 1 号列表框中。开辟一个字符数组 a，将各个运动名称对应的诠释内容赋值给相应的数组元素中。例如，a(0) = "——体育之源，运动之母"，a(1) = "——搏击风浪，锤炼意志"等。Form_Load()事件过程程序代码编写如下：

```
Dim a() As String
Private Sub Form_Load()
```

```
ReDim a(6) As String
List1.AddItem "田径"
List1.AddItem "游泳"
List1.AddItem "体操"
List1.AddItem "举重"
List1.AddItem "足球"
List1.AddItem "武术"
a(0)="——体育之源，运动之母"
a(1)="——搏击风浪，锤炼意志"
a(2)="——体育与艺术的完美结合"
a(3)="——力量与美的展示"
a(4)="——集体的荣誉至高无上"
a(5)="——中华民族体育的瑰宝"
End Sub
```

当用户在 1 号列表框中选择了一个或多个项目之后，单击"显示"按钮，触发 Command1_ Click()
事件过程，它的程序代码如下：

```
Private Sub Command1_Click()
  Dim i As Integer
  List2.Clear                        '清除 List2 中的所有选项内容
  For i=0 To List1.ListCount - 1     '如果某一项被选中，那么将它加入到 List2 中
    If List1.Selected(i) Then
      List2.AddItem List1.List(i) & a(i)
    End If
  Next i
End Sub
Private Sub Command2_Click()
  End
End Sub
```

运行以上程序，在 1 号列表框内选择若干项，
单击"显示"按钮后，触发 Command1_ Click()事件
过程。在该过程中，依次判断运动项目是否被选中。
如果被选中，则将其名称与 a 数组中对应的数组元
素内容连接，生成"运动项目的诠释"内容后添加
到 2 号列表框中，否则，判断下一项。假设用户在
1 号列表框中分别选择了"田径"、"体操"和"足
球"3 项，那么在 2 号列表框中显示的内容如图 4-61
所示。

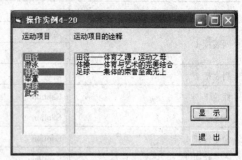

图 4-61　选择"田径"、"体操"和"足球"3
项后的用户界面

最后执行 Command2_Click()事件过程结束程序的运行。
【操作实例 4-20】的讨论到此结束。

### 4.7.4　组合框的特有属性

Style 属性——设置组合框的外形，有 3 个选项：0、1、2（见图 4-57）。0 是默认属性，表示
下拉组合框，外形为折叠式，运行时单击下三角按钮弹出选项列表，选择后组合框自动重新折叠起

来。文本框中可显示选中的选项,或添加、编辑选项。1 表示简单组合框,它没有下三角按钮,也不会被折叠,但会自动出现滚动条。除去外形与 0 不同,文本框的编辑功能与 0 一样。2 表示下拉列表框,它的外形与 0 相同,但用户不能在文本框中编辑修改选项,它的功能等同于列表框。

Text 属性——它的值就是显示在文本框中的内容。

下面做两个具体实例。

【操作实例 4-21】在窗体中利用组合框设计一个选择各种中文字体的界面,同时显示字体示例。

实例操作如下:

设置一个组合框来选择字体,再设置一个文本框将选定的字体给出文字示例,为了视觉效果,将文本框放入一个框架内,框架的标题为"示例",界面设计如图 4-62 所示。

图 4-62　【操作实例 4-21】的界面设计

窗体和各个控件的属性值设置如表 4-25 所示。

表 4-25　控件的属性值设置

| 对　象 | 属　性 | 设　置 |
| --- | --- | --- |
| 窗体 | Caption | 操作实例 4-21 |
| 组合框 | 名称 | Combo1 |
| | Style | 0 |
| 框架 | Caption | 示例 |
| 文本框 | 名称 | Text1 |
| | BackColor | 银灰色 |
| | BorderStyle | 1 |
| | FontSize | 14 |
| | Text | 祝你成功! |

在 Form_Load()事件过程中使用 AddItem 方法把所要选择的字体名添加到组合框中。

```
Private Sub Form_Load()
  Combo1.AddItem "宋体"
  Combo1.AddItem "仿宋_GB2312"
  Combo1.AddItem "楷体_GB2312"
  Combo1.AddItem "黑体"
  Combo1.AddItem "华文新魏"
  Combo1.AddItem "华文行楷"
  Combo1.AddItem "隶书"
End Sub
```

在 Combo1_Click()事件过程中要实现的是:当用户在组合框中选定某字体名后,在文本框中显示所选字体的文字示例。程序代码如下:

```
Private Sub Combo1_Click()
  Text1.FontName=Combo1.Text
End Sub
```

例如,当用户选择了"楷体_GB 2312"之后,在文本框中显示楷体的"祝你成功!"字样,如图 4-63 所示。读者应结合题目要求,理解语句 Text1.FontName = Combo1.Text 的含义。

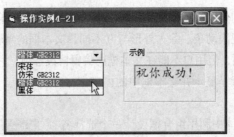

图 4-63　程序运行结果

【操作实例 4-21】讨论到此结束。

【操作实例 4-22】给出部分微型计算机的机型（品牌）、CPU 主频、内存和磁盘容量，利用组合框的功能，在屏幕上进行选择微型计算机的配置，选择完毕，将所选配置清单显示出来。

将微型计算机的机型、CPU 主频、内存和磁盘容量这 4 种指标分别用 4 个组合框来存放表示，并用 4 个标签控件加以标识，再设置两个命令按钮，一个用于选择完成后的确认，一个用于程序的结束运行。窗体的界面如图 4-64 所示。

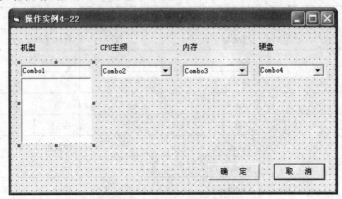

图 4-64　窗体的界面

窗体上各个控件的属性值设置如表 4-26 所示。

表 4-26　控件的属性值设置

| 对象 | 属性 | 设置 |
| --- | --- | --- |
| 窗体 | Caption | 操作实例 4-22 |
| 组合框 1 | Style | 1 |
| 组合框 2 | Style | 2 |
| 组合框 3 | Style | 2 |
| 组合框 4 | Style | 0 |
| 标签 1 | Caption | 机型 |
| 标签 2 | Caption | CPU 主频 |
| 标签 3 | Caption | 内存 |
| 标签 4 | Caption | 硬盘 |
| 命令按钮 1 | Caption | 确定 |
| 命令按钮 2 | Caption | 取消 |

在 Form_Load()事件过程中，将微型计算机的 7 种机型、7 种 CPU 主频、4 种内存指标和 5 种磁盘容量指标分别添加到 1、2、3、4 号组合框中。程序代码如下：

```
Private Sub Form_Load()
    Combo1.AddItem "联想"
    Combo1.AddItem "方正"
    Combo1.AddItem "同方"
    Combo1.AddItem "IBM"
    Combo1.AddItem "HP"
    Combo1.AddItem "DELL"
    Combo1.AddItem "Acer"

    Combo2.AddItem "P4 1.2G"
    Combo2.AddItem "P4 1.5G"
    Combo2.AddItem "P4 1.7G"
    Combo2.AddItem "P4 2.0G"
    Combo2.AddItem "P4 2.4G"
    Combo2.AddItem "P4 3.0G"
    Combo2.AddItem "P4 3.2G"

    Combo3.AddItem "128MB"
    Combo3.AddItem "256MB"
    Combo3.AddItem "512MB"
    Combo3.AddItem "1GB"

    Combo4.AddItem "40G"
    Combo4.AddItem "80G"
    Combo4.AddItem "120G"
    Combo4.AddItem "160G"
    Combo4.AddItem "200G"
End Sub
```

在上面的程序中，4 个组合框设置为 3 种不同的类型，Style 属性值依次为 1、2、2、0，所以选择项目的操作方式也不同，当用户在 1、2、3、4 号组合框中做出选择之后（见图 4-65），单击"确定"按钮，激发 Command1_Click()事件，给以确认，同时在"立即"窗口中显示所选择的结果，如图 4-66 所示，程序代码如下：

```
Private Sub Command1_Click()
    Debug.Print "您所选择的配置为: "
    Debug.Print "机  型: ";Combo1
    Debug.Print "CPU 主频: ";Combo2
    Debug.Print "内  存: ";Combo3
    Debug.Print "硬  盘: ";Combo4
End Sub
```

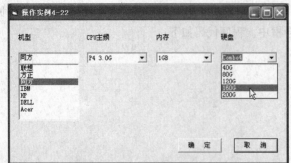

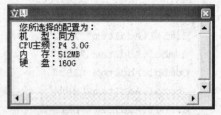

图 4-65　组合框中做出选择之后的情形　　　　图 4-66　"立即"窗口

程序运行结束，单击"取消"按钮或按【Esc】键结束程序的运行。

```
Private Sub Command2_Click()
  End
End Sub
```

注意：设置组合框控件，当 Style 属性值为 1 时，要"画"得大一些。默认情况下，组合框的高度是一样的，也就是说，不论"拉"多大，都要恢复到默认高度，这样程序运行时，框中的选项内容是显示不出来的。为了"画"出足够大的组合框，可按照下面的操作步骤进行：

（1）在窗体的适当位置"画"出组合框，大小可任意，最终要恢复到默认高度。

（2）将该组合框"属性"面板中的 Style 属性值设置为 1。

（3）按实际需要的大小"拉"开组合框。

## 4.8　习　　题

1. 设计一个程序，在窗体上设置两个命令按钮，分别是"显示"和"退出"，单击"显示"按钮，窗体上显示"可视化程序设计语言 Visual Basic"，字体大小为 18，单击"退出"按钮结束程序运行。

2. 设计一个程序，在窗体上设置 3 个命令按钮，分别是"开始"、"下一个"和"退出"，程序界面如图 4-67 所示。程序刚开始时，只能单击"开始"按钮，其他两个按钮呈灰色；单击"开始"按钮，输入任意一个正整数，判断它是否为偶数，如果是，则打印"是偶数"字样；否则打印"不是偶数"字样，此时"下一个"和"退出"两个按钮有效，"开始"按钮呈灰色。单击"下一个"按钮，继续输入下一个正整数，作用同前。单击"退出"按钮，结束程序运行。

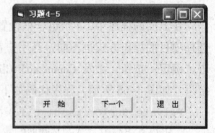

图 4-67　习题 2 的用户界面

3. 设计一个程序，在窗体上设置 3 个命令按钮，名称和作用如下：

DisPlay[&D]——用于显示某一字符串。

Clears[&C]——用于清屏。

Exitl[&X]——用于结束程序运行。

字符串由用户自己定义。

4. 设计一个程序，在窗体上设置两个文本框和两个标签，标签上分别显示"摄氏温度"和"华氏温度"，文本框一个用于输入摄氏温度，另一个用于输出对应的华氏温度，摄氏温度 C 与华氏温度 F 的转换公式是 $C = (5/9) \times (F-32)$。

**提示：** 本题可用文本框的 Change 事件。另外可增设适当的命令按钮控制程序运行。

5. 在窗体上设置两个文本框、两个标签和一个命令按钮，两个标签分别显示"第一个文本框"和"第二个文本框"，在 Text1 中输入"白日放歌须纵酒"，在 Text2 中输入"青春作伴好还乡"，命令按钮的标题为"交换"，设计程序，实现两个文本框内容的交换，即程序初始运行效果如图 4-68（a）所示，单击"交换"按钮后的运行结果如图 4-68（b）所示。

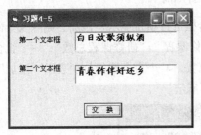 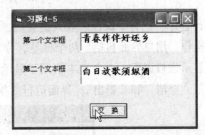

（a）程序初始运行画面　　　　　　　（b）单击"交换"按钮后的运行结果

图 4-68　交换文本框内容

6. 设计一个程序，窗体上含有 1 个标签、1 个文本框和 4 个单选按钮，利用 4 个单选按钮控制在文本框中显示宋体、黑体、楷体及仿宋体等 4 种不同的字体。

7. 设计一个程序，窗体上含有 1 个标签、1 个文本框和 4 个复选框，利用 4 个复选框来控制在文本框中文字的字体、字形、字号及颜色。运行结果如图 4-69 所示。

8. 利用计时器控件和一个文本框建立一个电子时钟界面。把窗体的 Caption 属性设置为"电子时钟"，计时器控件名称为 Timer1，Interval 属性值设定为 1 000，运行效果如图 4-70 所示。

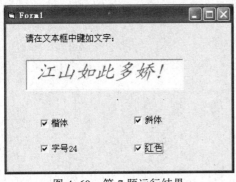 

图 4-69　第 7 题运行结果　　　　　　图 4-70　第 8 题运行结果

9. 设计一个程序，在列表框中列出所有九九乘法表中的算式，用户界面需要设置一个列表框、一个标签（Caption 属性值为"列表框中显示的是九九乘法表中所有的算式"）、一个"显示结果"命令按钮，程序运行后，单击命令按钮，列表框中显示九九乘法表中的算式，运行效果如图 4-71 所示。提示：程序中用到循环语句，可参阅第 2 章有关内容。

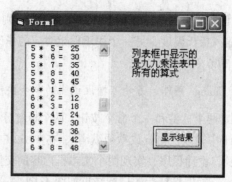

图 4-71　第 9 题程序运行结果

10. 设计程序，把若干课程名放入组合框，然后对组合框进行项目显示、添加、删除及全部删除
等操作。用户界面包括：两个标签，分别显示"研修课程"、"研修课程总数"，一个组合框用
于显示研修课程，一个文本框用于显示研修课程总数，4 个命令按钮分别表示"添加"、"删
除"、"全清"和"退出"。界面运行效果如图 4-72 所示。

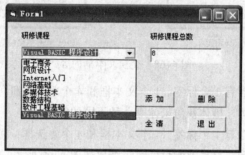

图 4-72　第 10 题运行结果

Visual Basic 的输入/输出形式灵活、多样、形象直观，前面已经讨论了可以通过赋值语句、文本框控件、单选按钮、复选框、列表框、组合框及滚动条来实现数据的输入，而输出数据可用标签、文本框控件等，本章将讨论窗体的输入输出操作，主要内容有数据的输入输出函数 InputBox()、MsgBox()和 MsgBox 语句，以及数据输出的 Print 方法等。

## 5.1 数据输入——InputBox()函数

在 Visual Basic 中，用户不仅可以通过文本框输入信息，还提供了一种更为灵活、方便的 InputBox()函数，以一种"对话框"的形式进行数据输入。例如：

r\$ = InputBox ("请输入圆的半径值: ", "数据输入",10)

运行结果将在屏幕上显示如图 5-1 所示的对话框。

函数中第一个参数（括号中的"请输入圆的半径值:"）表示在对话框中显示的文本内容，第二个参数（括号中的"数据输入"）表示对话框的标题内容，第三个参数（括号中的"10"）表示在对话框下部文本输入框中的

图 5-1　InputBox()函数的应用

默认内容,它自动显示在文本输入框中,如果用户认可它,则单击"确定"按钮后,它就作为 InputBox 的返回值（注意：是字符型的）赋值给变量 r\$，否则用户可输入自己需要的值来替代它。用户输入的内容在文本输入框中显示出来，用户单击"确定"按钮后将输入内容赋值给变量 r\$，随即对话框从屏幕上消失。

InputBox()函数的一般格式为：

<变量名> = InputBox[\$](<提示内容>[,对话框标题],[<默认内容>],[ <x 坐标>],[<y 坐标>])

其中：

\$——可选项。有此可选项，表示返回的函数类型是字符串型；省略此项，返回的函数类型是变体型。

提示内容——指定在对话框中出现的文本。如果在<提示内容>中使用硬回车符 Chr(13)，则可以使文本换行。对话框的高度和宽度随<提示内容>的增加而增加，最多可有 1 024 个字符。

　　对话框标题——指定对话框的标题，是可选项。如果省略，就把应用程序名放入标题栏中。

　　<默认内容>——<默认内容>显示在文本输入框中，为可选项。用户可以使用<默认内容>作为输入信息。

　　<x坐标><y坐标>——确定对话框左上角在屏幕上的位置。屏幕左上角为坐标原点，单位为微点（wtip，1wtip = 1/1 440in，1in ≈ 2.54cm）。

　　【操作实例 5-1】用 InputBox()函数输入圆的半径 r，求圆面积 area。

　　求圆面积的公式为：圆面积=半径×半径×π，即 area = r×r×π，在程序代码中，用一个符号常量 pi 来表示 π 的近似值 3.141 592 6，通过一个 InputBox()函数对话框，由用户在运行现场输入一个半径 r 的值，系统立即求出相应的圆面积的值，并在窗体中显示输入的半径值和计算出的圆面积的值，程序代码如下：

```
Private Sub Form_Load()
  Show
  Const pi=3.1415926            '定义一个符号常量pi
  Dim r As Single, area As Single, p As String
  p="请输入圆的半径，"&Chr(13)&"然后单击"确定"按钮。"
  r=Val(InputBox(p,"给出半径值求圆面积","",100,100))
  area=pi*r*r
  Font.Size=14
  Print
  Print "半径为: ";r
  Print "圆面积为: ";area
End Sub
```

　　程序运行后，首先弹出如图 5-2 所示的对话框，在该对话框的文本框中输入半径的值（比如输入"23"），按【Enter】键或单击"确定"按钮后，在窗体中显示运算结果，如图 5-3 所示。

图 5-2　运行程序弹出的对话框

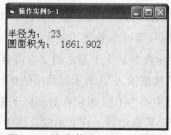

图 5-3　在窗体中显示运算结果

　　InputBox()函数弹出的对话框是模式对话框。所谓模式对话框，是指在可以操作应用程序的其他部分前，必须被关闭。在没有关闭该对话框之前，不能进行其他任何操作。显示重要信息的对话框总应当是模式的，因为它可以要求用户必须对它的消息作出反应，才能进行后续处理。

　　通过【操作实例 5-1】，可以看到，使用 InputBox()函数时需要清楚以下几点。

　　（1）InputBox()函数返回的函数值是变体型数据，InputBox$ 函数返回的函数值是字符串数据。所以实例 r = Val(InputBox(p, "给出半径值求圆面积", "", 100, 100)) 中的 Val()函数可以不要。

　　（2）InputBox()函数中可选项比较多，可选项可以省略，但用于分隔的逗号分隔符却不能省略，如 r = InputBox(p, "给出半径值求圆面积", , , 100)中省略了默认内容和 X 坐标值，但逗号没有省略。

（3）用户单击图 5-2 中的"确定"按钮，文本框中的文本将通过 InputBox()函数值赋所需的变量；若用户单击"取消"按钮，返回的将是一个零长度的字符串。

【操作实例 5-1】的讨论到此结束。

【操作实例 5-2】设计 InputBox()函数输入框，用于输入学生的学号、姓名和成绩。

程序段的代码可写为：

```
Dim Mun1, Nam1 As String, Sco1, Sco2 As Variant, Av As Single

Private Sub Form_Load()
  Mun1=InputBox$("请输入学生的学号: ","录入学生成绩", ,2000,3000)
  Nam1=InputBox$("请输入学生的姓名: ","录入学生成绩", ,2000,3000)
  Sco1=InputBox("请输入学生的成绩1: ","录入学生成绩", ,2000,3000)
  Sco2=InputBox("请输入学生的成绩2: ","录入学生成绩", ,2000,3000)
  Av=(Val(Sco1)+Val(Sco2))/2
End Sub

Private Sub Form_Click()
  Debug.Print "学生学号: ";Mun1
  Debug.Print "学生姓名: ";Nam1
  Debug.Print "学生成绩1: ";Sco1
  Debug.Print "学生成绩2: ";Sco2
  Debug.Print "平均成绩: ";Av
End Sub
```

在通用部分说明了 Mun1、Nam1 为字符型变量，Sco1、Sco2 为变体变量，Av 为单精度变量。由于 InputBox()函数的返回值为字符型，所以此时变体变量 Sco1、Sco2 中被赋予的是字符型数据。在求平均成绩 Av 时，由于 Av 是单精度变量，变体变量 Sco1、Sco2 必须经过 Val()函数转换为数值型，才能参加求平均值的计算，而它自身此时是不会自动转换为数值型去适应 Av 的要求的。

运行程序后，在 Form_Load()事件过程中，用户输入学生的学号、姓名及成绩，弹出的 InputBox()函数对话框如图 5-4 所示。

数据输入后，单击窗体，激发 Form_Click()事件过程，在"立即"窗口中显示用户输入的初始数据和计算结果，如图 5-5 所示。

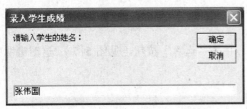

图 5-4 InputBox()函数对话框

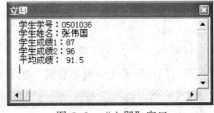

图 5-5 "立即"窗口

【操作实例 5-2】讨论到此结束。

InputBox()函数属于交互式的数据输入，也就是说是在人-机"对话"的过程中完成数据输入的，由于它要等待用户输入数据，所以执行速度较慢，但这种数据输入使程序的通用性强。InputBox()函数的对话框是模式的，也就是说当对话框弹出后，将暂停程序的运行，要等到用户输入完成并确认之后才能继续程序的运行，这不符合 Visual Basic 自由环境的精神（即随时允许用户自由进行任何工作）。因此，InputBox()函数比较适合那种数据输入量不大、需要随时变化的情况。

## 5.2  MsgBox()函数和 MsgBox 语句

用户在 Windows 平台上工作时，常常出现一些操作失误或者盲目操作，此时，Windows 会在屏幕上适时地弹出一个对话框，或提醒、或请示、或警告、或询问用户，让用户做出选择。在 Visual Basic 中，这样的工作是由 MsgBox()函数或 MsgBox 语句来完成的。

### 5.2.1  MsgBox()函数

先看下面这个例子。

【操作实例 5-3】在窗体中设置 2 个文本框、3 个标签、2 个命令按钮，输入数据做算术运算。当输入的除数为零时，响铃并报警，显示警告信息。

设置用户界面如图 5-6 所示。

设置事件过程 Command1_Click()和 Command2 _Click()的程序代码如下：

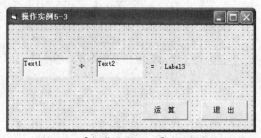

图 5-6  【操作实例 5-3】的用户界面

```
Private Sub Command1_Click()
  Text1.Text=""
  Text2.Text=""
  Label3.Caption=""
  Text1.Text=InputBox("请输入被除数: ","做除法运算", ,1000,1000)
  Text2.Text=InputBox("请输入除数: ","做除法运算", ,1000,1000)
  If Val(Text2.Text)=0 Then
    Beep                                    '响铃
    Msg1=MsgBox("除数为零! ",49,"警告")      '消息框函数
    Exit Sub                                '跳出所在的事件过程
  Else
    num1=Val(Text1.Text)/Val(Text2.Text)
    Label3.Caption=Str(num1)
  End If
End Sub
```

运行程序，当 Text2（除数）中被输入"0"后，单击"运算"按钮（见图 5-7），这时喇叭发出警报声，同时屏幕上弹出消息框，如图 5-8 所示。

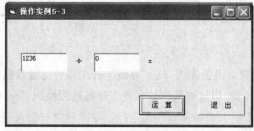

图 5-7  除数为零时的情形

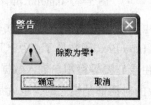

图 5-8  "警告"消息框

事件过程 Command2_Click()结束程序运行，程序代码如下：

```
Private Sub Command2_Click()
  End
End Sub
```

例如，当除数出现"0"时，系统适时地报警并由 MsgBox()函数弹出消息框发出警告，提示用户及时处理所发生的情况，等待用户单击某个按钮后，返回一个整数（1，2，…，7），以表明用户单击了哪个按钮，具体情况详见下面关于 MsgBox()函数返回值的讨论。

MsgBox()函数的格式为：

<变量>=MsgBox(<消息内容> [,<按钮值> [,<对话框标题>]])

其中：

消息内容——消息框中提示的文字。在<消息内容>中可以用 Chr(13)使文本换行。对话框的宽度和高度随<消息内容>的增加而增加，最多可有 1 024 个字符。这一点与 InputBox()函数中的情况是一样的。

按钮值——设置消息框中出现的按钮和图标的种类和数目，按钮值一般由 3 个数值相加组成，这 3 个数值分别表示按钮的类型（0～5）、图标的类型（16、32、48、64）和默认按钮（0、256、512）。例如，上例中的按钮值 49 = 1 + 48 + 0，具体如表 5-1 所示。

对话框标题——设置消息框的标题。

按钮值的取值范围及其含义如表 5-1 所示。

表 5-1  按钮值的取值范围及其含义

| 类　　型 | 符 号 常 量 | 按 钮 值 | 说　　明 |
| --- | --- | --- | --- |
| 按钮类型 | VbOkOnly | 0 | 显示"确定"按钮 |
| | VbOkCancel | 1 | 显示"确定"和"取消"按钮 |
| | VbAbortRetryIgnore | 2 | 显示"终止"、"重试"和"忽略"按钮 |
| | VbYesNoCancel | 3 | 显示"是"、"否"和"取消"按钮 |
| | VbYesNo | 4 | 显示"是"和"否"按钮 |
| | VbRetryCancel | 5 | 显示"重试"和"取消"按钮 |
| 图标类型 | VbCritical | 16 | 显示停止（×）图标 |
| | VbExclamantion | 32 | 显示问号（？）图标 |
| | VbQuestion | 48 | 显示感叹号（!）图标 |
| | VbInformation | 64 | 显示信息（i）图标 |
| 默认按钮 | VbDefaultButton1 | 0 | 第一个按钮为默认值（即"活动按钮"） |
| | VbDefaultButton2 | 256 | 第二个按钮为默认值（即"活动按钮"） |
| | VbDefautButton3 | 512 | 第三个按钮为默认值（即"活动按钮"） |

从表 5-1 中可以看出：在"按钮类型"部分，当按钮值为 0 时，消息框中只包含一个"确定"按钮；当值为 1 时，消息框中有"确定"和"取消"两个按钮，如图 5-8 所示那样。其余类推。在"图标类型"部分，当为 16、32、48、64 时，显示出如图 5-9（a）～5-9（d）所示的图标，图 5-8 的消息框中的图标类型就显示了按钮值为 48 的图标。

图 5-9　图标类型

在"默认按钮"部分，当按钮值为 0 时，第一个按钮为默认的活动按钮，即运行开始时第一个按钮是激活的。图 5-8 就属于这种情况；可以看到，"确定"按钮四周有一个虚线框，表示它是"活动的"。可以用按【Enter】键来代替单击活动按钮的操作。

MsgBox()函数格式中的第二个参数<按钮值>是从表 5-1 的 3 个部分中各取一个数相加而得到的。例如，操作实例 5-3 事件过程 Command1_Click()中的语句行：

```
Msg1=MsgBox ("除数为零！",49,"警告")
```

MsgBox()函数的按钮值 49 = 1 + 48 + 0（即取"按钮类型"部分的值为 1；取"图标类型"部分的值为 48，取"默认按钮"部分的值为 0）。按照表 5-1 中的规定和说明，这个按钮值对应的消息框的特性是：① 有"确定"和"取消"两个按钮；② 图标为图 5-9（c）那样的警告图示；③ 第一个按钮为默认的活动按钮。

还需要说明的是：不必在程序中分别指明这 3 个表中的值，只需给出这 3 个值的和就可以了。系统会自动把它分解为 3 个表中的值。例如 49 只能分解为 1、48、0。因此，给出一个"和"数，就唯一地确定了 3 个部分中的按钮值了。

假如把【操作实例 5-3】事件过程 Command1_Click()中 If-End If 块的内容修改为：

```
If Val(Text2.Text)=0 Then
    Beep                                 '响铃
    Msg1=MsgBox("除数为零！",49,"警告")    '消息框函数
    Debug.Print "Msg1=";Msg1             ' "立即"窗口显示 Msg1 的值
    Exit Sub                             '跳出所在的事件过程
Else
    num1=Val(Text1.Text)/Val(Text2.Text)
    Label3.Caption=Str(num1)
End If
```

可以看到：在语句行"Msg1 = MsgBox("除数为零！", 49, "警告")"下面再增加一语句行"Debug.Print "Msg1=";Msg1"，功能是在"立即"窗口中显示变量 Msg1 的值，而变量 Msg1 的值正是 MsgBox()函数的返回值。

程序运行时，当 Text2 中被赋值为"0"时，屏幕上会弹出图 5-8 的消息框，此时用户如果单击"确定"按钮，打开"立即"窗口，可看到变量 Msg1 的值为"1"，如果单击"取消"按钮，可看到变量 Msg1 的值为"2"，如图 5-10 所示。

变量 Msg1 的值就是 MsgBox()函数的返回值，MsgBox()函数的返回值是根据用户单击哪个按钮而确定的，MsgBox()函数显示的对话框有 7 种命令按钮，返回值与这 7 种按钮相对应，分别为 1、2、…、7，如表 5-2 所示。

图 5-10　从"立即"窗口看 Msg1 的值

表 5-2 MsgBox()函数的返回值

| 返 回 值 | 操 作 | 符 号 常 量 |
|---|---|---|
| 1 | "确定"按钮 | VbOk |
| 2 | "取消"按钮 | VbCancel |
| 3 | "终止"按钮 | VbAbort |
| 4 | "重试"按钮 | VbRetry |
| 5 | "忽略"按钮 | VbIgnore |
| 6 | "是"按钮 | VbYes |
| 7 | "否"按钮 | VbNo |

下面讨论两个关于 MsgBox()函数返回值的例子。

【操作实例 5-4】编写程序，试验 MsgBox()函数的"按钮值"功能。

程序如下：

```
Private Sub Form_Click()
  Msg1$="你将继续吗？"
  Msg2$="用户选择对话框"
  r=MsgBox(Msg1$, 34, Msg2$)
  If r=vbAbort Then Print " r="; r,      "用户选择了"终止""
  If r=vbRetry Then Print " r="; r,      "用户选择了"重试""
   If r=vbIgnore Then Print " r="; r,    "用户选择了"忽略""
End Sub
```

程序运行后，单击窗体，弹出如图 5-11 所示的询问对话框。

在上面的程序中，MsgBox()函数的第二个参数（按钮值）为 34，是由 2+32+0=34 得到的，它决定了对话框内显示"终止"、"重试"和"忽略"3 个命令按钮，显示"？"图标，并把第一个命令按钮（终止）作为默认的活动按钮。

将执行 MsgBox()函数后的返回值赋给变量 r，也就是用户做出选择后，If 语句的判断可确认用户是选择了"终止"、"重试"还是"忽略"，并在窗体上显示出来，如图 5-12 所示。

图 5-11 询问对话框

图 5-12 MsgBox()函数的返回值

顺便说明一下，在程序中：

```
If r=vbAbort Then Print " r="; r,"用户选择了"终止""
```

等价于：

```
If r=3 Then Print " r="; r,"用户选择了"终止""
```

其他按钮值与符号常量的对应关系可参考表 5-2，依此类推。

【操作实例 5-5】编写程序，用 MsgBox()函数判断是否继续执行。

程序如下：

```
Private Sub Form_Click()
  Msg1$="请确认此数据是否正确？": Msg2$ = "初始数据检查对话框"
  x=MsgBox(Msg1$,19,Msg2$)
  If x=6 Then
    Print "  x*x="; x*x
  ElseIf x=7 Then
    Print "  请重新输入数据！"
  End If
End Sub
```

上述事件过程运行时，首先产生一个确认对话框，如图 5-13 所示。对话框中有 3 个按钮："是"、"否"及"取消"。用户如果单击"是"按钮，则 MsgBox()函数的返回值为 6，系统将在窗体上显示 6 的平方值，如果单击"否"按钮，则返回值是 7，在窗体上显示"请重新输入数据！"，窗体显示结果如图 5-14 所示。

图 5-13　确认对话框

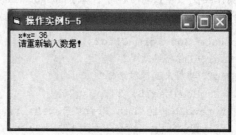

图 5-14　程序运行结果

### 5.2.2　MsgBox 语句

MsgBox()函数也可以写成语句形式，成为 MsgBox 语句，它的一般格式是：

MsgBox <消息内容> [,<按钮值> [,<对话框标题>]]

格式中各个参数的含义与 MsgBox()函数相同，但由于 MsgBox 语句属于语句，没有返回值（只有函数才有返回值），所以它常常用于较简单的信息显示，例如，在【操作实例 5-3】中的 MsgBox()函数语句行：

```
Msg1=MsgBox("除数为零！",49,"警告")        '消息框函数
```

可以写为 MsgBox 语句：

```
MsgBox  "除数为零！",49,"警告"            '消息框函数
```

由 MsgBox()函数或 MsgBox 语句所显示的信息对话框有一个共同的特点：就是在出现对话框后，用户必须做出选择，即选择了框中的某个按钮或按【Enter】键之后，才能继续后续操作工作，否则不能做其他任何操作，前面已经讨论过，这样的窗口称为"模式窗口"，这种窗口在 Windows 中应用最普遍。

## 5.3　数据输出——Print 方法

在 Visual Basic 中，Print 是一个方法。所谓方法，其实就是具有一定功能的程序，可以调用方法完成指定的功能。Print 方法可应用于窗体、立即窗口、图片框及打印机等对象中，显示文本字符串和表达式的值。

在前面的例子中，已经用到了 Print 方法，常用的格式为：

[<对象名.>] Print[<输出列表>]

其中：

对象名——可以是窗体、立即窗口、图片框、打印机，省略时默认为当前窗体。

输出列表——需要显示的内容，可以是多项列表，各个项间用逗号或分号分隔。

Print 方法可以有以下两种显示方式：

第一种显示方式是显示变量或表达式的值：Print 方法具有计算和显示的双重功能，对于表达式，先计算出表达式的值，然后显示其结果。例如：

```
Print 2 + 3,x,x+y                     '如果 x=6, y=8, 则显示 5,6,14
Print "Beijing" & "Morning",3=5       '显示 Beijing Morning,False
```

第二种显示方式是原样显示字符串的内容。例如：

```
x1=2:x2=3
Print  "x1+x2=";x1+x2                  '显示结果为: x1 + x2 = 5
```

在 Print 方法中，逗号和分号是显示其列表项的分隔符，也可以作为输出格式的控制，用逗号分隔称为"标准格式"，用分号分隔称为"紧凑格式"。

## 5.3.1　标准格式输出

"标准格式"输出就是以 14 个字符位置为一个标准区段，把一个输出行分成若干个标准区段，逗号后面的表达式在下一个标准区段输出。按标准格式输出，数值的正负号各占一位。正号不显示，但仍占一位。例如：

```
Private Sub Form_Click()
  Print "12345678901234567890123456789012345678901234567890123456789012345678901234567890"
  Print "|............|.............|............|..............|...."
  Print 12,-23,456,-678
  Print "Hello!", "I am a medical student!","Beijing"
End Sub
```

运行程序，输出结果如图 5-15 所示。从图中可以看出：数值在每个标准区段起始位置开始显示，正数前面空一个空白字符位置，负数前面显示一个"−"号。字符串从每个标准区段的起始位置开始显示，如果字符串的长度超过了标准区段的长度，则自动后延，后面的字符串依序后延。

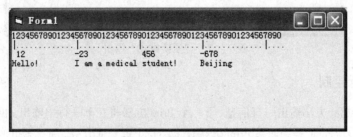

图 5-15　"标准格式"输出

在 Visual Basic 中，由于字体可以设置成不同大小，14 个字符位置的标准区段的长度就不再是相同的了。例如：

```
Private Sub Form_Click()
```

```
    Print "123456789012345678901234567890123456789012345678901234567890"
    Print "|............|...............|...............|...............|...."
    Print "Hello!", "Beijing" :  Font.Size = 28
    Print "Hello!", "Beijing"
End Sub
```

运行程序，输出结果如图 5-16 所示。从图中可以看出：由于最后一行的字符串改变了大小，所以标准区段的长度也改变了。

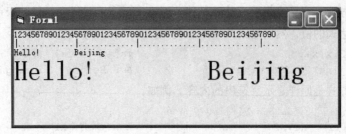

图 5-16　字符变大标准区段的长度也改变了

### 5.3.2　紧凑格式输出

"紧凑格式"输出就是输出时数字、符号占一位，数值项后空一个字符位置，字符串后不空格。例如：

```
Private Sub Form_Click()
    Print "123456789012345678901234567890123456789012345678901234567890"
    Print "|............|...............|...............|...............|...."
    Print 12; -23; 456; -678
    Print "aaa"; "bbb"; "ccc"
    Print "Hello!"; "Beijing"
End Sub
```

程序运行结果如图 5-17 所示。

图 5-17　"紧凑格式"输出

### 5.3.3　输出行控制

通常，一个 Print 方法输出一行信息，下一个 Print 方法将在下一行中输出。相当于每一个 Print 方法后有一个回车符。但是，如果 Print 方法行末端写了逗号或分号，那么输出结果就不换行：若是逗号，就按标准格式与下一个 Print 方法输出相连接；若是分号，就按紧凑格式与下一个 Print 方法输出相连接。例如：

```
Private Sub Form_Click()
    Print "123456789012345678901234567890123456789012345678901234567890"
```

```
      Print "|..............|.................|...................|........|.....
      Print 12,-23,456,-678,            '行末端有逗号
      Print 44,55
      Print: Print                      '空推两行
      Print "Hello!"; "Beijing";        '行末端有分号
      Print "Good Morning!"
   End Sub
```

由于程序中第 4、7 行末端分别写了逗号和分号，所以第 4、第 5 行的两个 Print 方法输出在同一行上。第 7、8 行的两个 Print 方法也输出在同一行上。而第 6 行中有两个不带<输出表列>的 Print 方法，功能是输出两个空行。输出结果如图 5-18 所示。

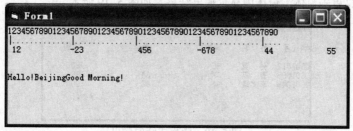

图 5-18　输出行的控制

### 5.3.4　与 Print 方法有关的函数

为了使数据按照指定的格式输出，Visual Basic 提供了几个与 Print 配合使用的函数，包括 Tab、Spc、Space$等，这些函数可以与 Print 方法配合使用，但不能单独使用。

#### 1. Tab() 函数

Tab()函数的功能是把光标移到由参数 n 指定的位置，从这个位置开始输出信息。要输出的内容放在 Tab()函数的后面，并用分号隔开。格式为：

```
Tab(n)
```

其中，参数 n 为一个整数或数值表达式，它是下一个输出位置的列号，表示在输出前把光标（或打印头）移到该列。通常最左边的列号为 1，如果当前的显示位置已经超过 n，则自动下移一行。例如：

```
Print Tab(20);2600
```

将在第 20 个字符位置开始输出数值 2 600。

当一个 Print 方法中有多个 Tab()函数时，每个 Tab()函数对应一个输出项，各输出项之间用分号隔开。设有：

```
print Tab(n1);x1; Tab(n2);x2;…;Tab(n6);x6
```

参数 $n_k$(k=1,2,…, 6)须满足：$n_1 < n_2 < \cdots < n_6$。

【操作实例 5-6】设有如下的学生成绩名册，编写程序显示如表 5-3 所示的表格（不显示横线）。

表 5-3　学生成绩名册

| 学　号 | 姓　名 | 语　文 | 数　学 | 英　语 |
|---|---|---|---|---|
| 0501012 | 孙　竞 | 86 | 89 | 80 |
| 0501056 | 曹　霖 | 87 | 84 | 85 |
| 0501043 | 李文斌 | 94 | 87 | 90 |

编写的事件过程如下：

```
Private Sub Form_Click()
  Print: Print
  Font.Size=14
  Print "学 号"; Tab(10); "姓 名"; Tab(20); "语文"; Tab(35); "数学"; Tab(50); "英语"
  Print
  Print "0501012"; Tab(10); "孙 竞"; Tab(20); "86"; Tab(35); "89"; Tab(50); "80"
  Print "0501056"; Tab(10); "曹 霖"; Tab(20); "87"; Tab(35); "84"; Tab(50); "85"
  Print "0501043"; Tab(10); "李文斌"; Tab(20); "94"; Tab(35); "87"; Tab(50); "90"
End Sub
```

程序运行后，单击窗体，窗体中显示输出结果，如图 5-19 所示。

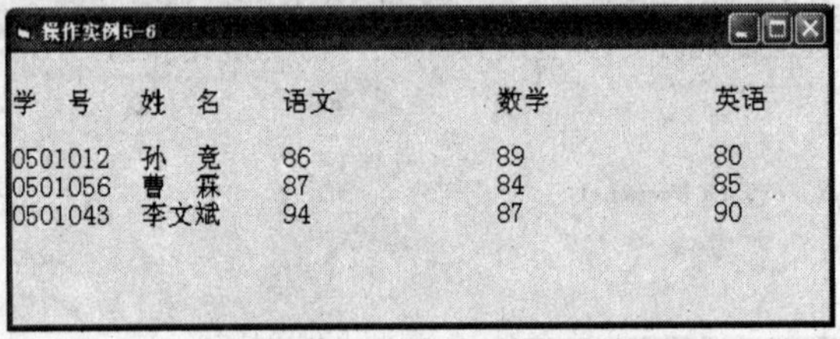

图 5-19　学生成绩的输出

可以看出：Tab(n)函数中的参数 n 的值表示的是从本行最左端起到当前位置的字符位置数。

## 2. Spc()函数

在 Print 的输出中，用 Spc()函数可以跳过 n 个空格。它的格式为：

Spc(n)

其中，参数 n 是一个数值表达式，其取值范围为 0～32 767 的整数。Spc()函数与输出项之间用分号隔开。

【操作实例 5-7】题目要求同【操作实例 5-6】一样，但要求在 Print 方法中使用格式函数 Spc()。

编写的事件过程如下：

```
Private Sub Form_Click()
  Print: Print
  Font.Size=14
  Print " 学 号"; Spc(5); "姓 名"; Spc(5); "语文"; Spc(5); "数学"; Spc(5); "英语"
  Print
  Print "0501012"; Spc(5); "孙 竞"; Spc(5); " 86"; Spc(5); " 89"; Spc(5); " 80"
  Print "0501056"; Spc(5); "曹 霖"; Spc(5); " 87"; Spc(5); " 84"; Spc(5); " 85"
  Print "0501043"; Spc(5); "李文斌"; Spc(5); " 94"; Spc(5); " 87"; Spc(5); " 90"
End Sub
```

运行以上程序，单击窗体后，窗体中显示的结果如图 5-20 所示。

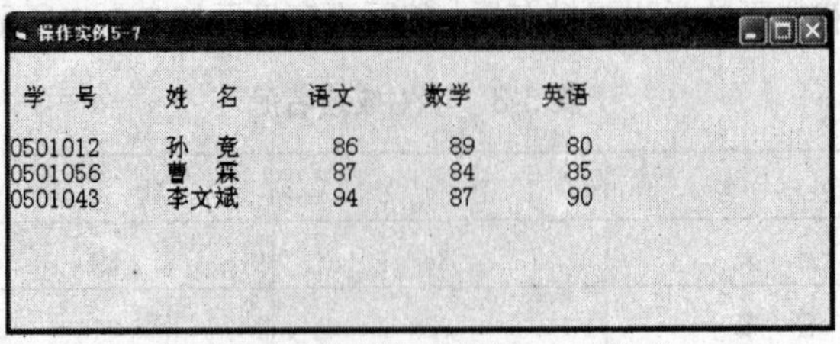

图 5-20　使用格式函数 Spc()输出

读者可将【操作实例 5-6】和【操作实例 5-7】中的 Print 方法进行比较，从中找出 Tab() 函数和 Spc() 函数的相同点和相异点，Spc() 函数和 Tab() 函数作用类似，而且可以互相代替。但应注意，Tab() 函数需要从本行的左端开始计数，而 Spc() 函数只表示两个输出项之间的间隔。

### 3. Space$ () 函数

Space$ () 函数也称为空格函数，它的功能是返回 n 个空格。格式为：

```
Space$(n)
```

例如：

打开"立即"窗口，在其中输入第一行内容"s$ = "AAA"+SPACE(10)+"BBB""后，按【Enter】键，再输入"？s$"，按【Enter】键（？代表 Print），此时在下一行立即显示了操作结果，可以看出：字符串"AAA"与"BBB"中间的 10 个空格，就是 Space$ () 函数的作用，如图 5-21 所示。

图 5-21　"立即"窗口

【操作实例 5-7】讨论到此结束。

最后对用于数据输出的 MsgBox() 函数和 Print 方法的特点做一个简单的小结。

MsgBox() 函数对话框与 InputBox() 函数对话框一样，是模式的。要求用户必须对它给以确认之后，才能进行其他工作，影响整个系统执行的速度和灵活性。所以，仅在屏幕上需要显示一些提示信息、警告信息、询问信息或错误信息等消息，对用户的操作给予一定的提醒或反馈时，才使用 MsgBox() 函数对话框。

Print 方法源自 BASIC 语言的输出概念和方法。由于定位随当前字体的大小而变，所以位置较难确定，特别是屏幕上其他控件较多时，更不易在窗体上定位。当窗体中没有其他控件时，可以考虑使用 Print 方法。此外，Print 方法可以用于即时窗口，调试程序时显示中间结果比较方便。Print 方法还可以用于图片框，作为图片的注释。

## 5.4　习　题

1. 编写程序，用 InputBox() 函数输入数据。

```
Private Sub Form_Click()
    Msg1$="请输入姓名: "
    Msgtitle$="学生情况登记表"
    Msg2$="请输入年龄: "
    Msg3$="请输入性别: "
    Msg4$="请输入籍贯: "
    Studname$=InputBox(Msg1$,Msgtitle$)
    Studage=InputBox(Msg2$,Msgtitle$)
    Studsex$=InputBox(Msg3$,Msgtitle$)
    Studhome$=InputBox(Msg4$,Msgtitle$)
    Cls
    Print Studname$;",";Studsex$;", 现年";
    Print Studage;"岁";", "; Studhome$;"人"
End Sub
```

2. 编写程序，实现 MsgBox()函数的功能。

```
Private Sub Form_Click()
    Msg1$=""
    Msg2$=""
    r=MsgBox(Msg1$,34,Msg2$)
    Print r
End Sub
```

3. 下面程序段的输出结果是什么？

（1）
```
x=8
Print x+1;x+2;x+3
```
（2）
```
x=8.6
y=Int(x+0.5)
Print "y=";y
```

4. 编写程序，通过 InputBox()函数输入 4 个数，计算并在窗体上输出这 4 个数的和及其平均值。

5. 编写程序，要求输入下列信息：姓名、年龄、通讯地址、邮政编码、联系电话，然后用适当的格式在窗体上显示出来。

# 第**6**章 图 形

第 4 章中学习了用图片框和图像框装入、显示图像的方法。但用户常常要求，希望能根据自己的意愿，画一些简单的几何图形。在 Visual Basic 中提供了一些画几何图形的工具，如画点、直线、矩形、正方形、圆、椭圆等。下面讨论 Visual Basic 绘制基本图形的控件和方法。

## 6.1  绘制基本图形的控件

Visual Basic 提供了两种图形控件——直线（Line）和形状（Shape），它们在工具箱中的图标：直线控件为 、，形状控件为 ◎。直线控件用于画线段，形状控件用于绘制矩形、圆、椭圆等简单图形。

### 6.1.1  用直线控件画线段

使用直线控件可以在屏幕上画出直线线段，操作过程是：建立窗体，单击工具箱中的直线控件图标，然后把鼠标移到窗体中所需的起始位置，按下鼠标左键拖动到线段的终止位置，松开鼠标后，窗体上就显示出一条直线线段。

直线控件最常用的属性有：

BorderStyle 属性——用来指定直线的样式。

在直线的"属性"面板中，找到 BorderStyle，单击右端箭头，在下拉菜单中，列出 7 种类型：

0——Transparent，线段是透明的。

1——Solid，（默认）实线段。

2——Dash，虚线段。

3——Dot，点线段。

4——Dash Dot，点划线段。

5——Dash-Dot-Dot，双点划线段。

6——Inside Solid，内实线段。

只有当 BorderWidth 属性值为 1 时，才可以用以上 7 种类型的线段，否则，上述 7 种类型中只有 0 和 6 是有效的。线段效果如图 6-1 所示。

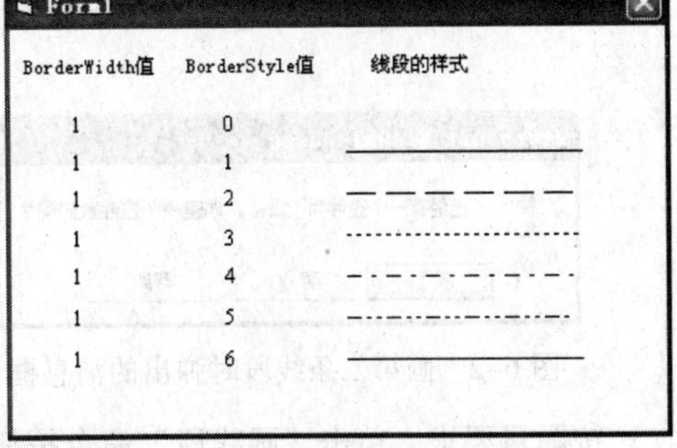

图 6-1  7 种类型线段的效果图

BorderWidth——设置线段的宽度，数值为 1～8 192。

BorderColor——设置线段的颜色。

x1,x2,y1,y2——确定直线段起点和终点的 x 坐标和 y 坐标。可以通过改变 x1,x2,y1,y2 的数值来改变线段的位置。

【操作实例 6-1】在窗体上使用直线控件画出 7 条直线段，对每一条线段设置不同的颜色和样式。

实例中需要用到 Visual Basic 中的颜色函数 QBColor()，在此先进行简单的介绍：QBColor()函数的格式为 QBColor（color），参数 color 为颜色值，是一个 0～15 之间的整数，色值设定如表 6-1 所示。

表 6-1　QBColor 函数色值设定

| 色　值 | 颜　色 | 色　值 | 颜　色 |
|---|---|---|---|
| 0 | 黑 | 8 | 灰 |
| 1 | 蓝 | 9 | 浅蓝 |
| 2 | 绿 | 10 | 浅绿 |
| 3 | 青 | 11 | 浅青 |
| 4 | 红 | 12 | 浅红 |
| 5 | 洋红 | 13 | 浅洋红 |
| 6 | 黄 | 14 | 浅黄 |
| 7 | 白 | 15 | 亮白 |

现在按照【操作实例 6-1】的要求，作如下操作。

（1）建立一个窗体，在工具箱中选择"直线"控件，在窗体上画一条直线段，在其"属性"面板中给出名称（name）为 Lin。

（2）在窗体上再画出第二条直线，对其"名称"属性也定为 Lin，这时会弹出一个消息框，如图 6-2 所示，问"已经有一个控件为'Lin'。创建一个控件数组吗？"，回答"是"，则系统会将该控件作为控件数组 Lin 中的一个元素 Lin(1)，而将第一条直线段定为数组元素 Lin(0)。

（3）以同样的方法再画出 5 条直线段，分别定名为 Lin(2)～Lin(6)。在窗体上再设置两个命令按钮，一个按钮为"画线段"，另一个为"结束"。界面设置如图 6-3 所示。

图 6-2　画第二条线段时弹出的消息框

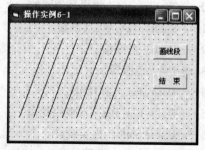

图 6-3　【操作实例 6-1】用户界面

按题目要求，单击"画线段"命令按钮，应画出不同颜色、不同样式的 7 条线段。编写相应的事件过程代码如下：

```
Private Sub Command1_Click()
  For i=0 To 6
    Lin(i).BorderColor=QBColor(i+8)
    Lin(i).BorderStyle=i
  Next i
End Sub

Private Sub Command2_Click()
  End
End Sub
```

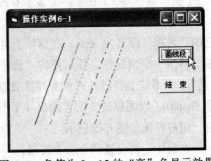

可看到代码中将窗体中的 7 条线段分别使用了色值为 8～15 的"亮"色显示，运行程序，结果如图 6-4 所示。从程序的运行结果可以看出，各条直线的样式也发生了变化。这就是用直线控件画直线的方法。

图 6-4　色值为 8～15 的"亮"色显示效果

## 6.1.2　用形状控件画几何图形

利用 Visual Basic 提供的"形状"控件可以方便地画出矩形、正方形、圆、椭圆等简单的几何图形。

使用形状控件的操作步骤是：单击工具箱中的形状控件图标，然后按下鼠标左键并在窗体中拖动，在适当的位置释放鼠标，窗体上出现一个矩形框，就是形状控件。为该控件设置不同的 Shape 属性，可以得到不同的形状。

形状控件的重要属性有：

Shape——Shape 属性用来确定所画形状的几何特性，它的值可取 0～5 共 6 种，其含义如下：

| | | |
|---|---|---|
| 0——Rectangle | | 矩形（默认） |
| 1——Square | | 正方形 |
| 2——Oval | | 椭圆形 |
| 3——Circle | | 圆形 |
| 4——Rounded Rectangle | | 圆角矩形 |
| 5——Rounded Square | | 圆角正方形 |

FillStyle——FillStyle 属性的设置值决定了形状控件内部的填充线条，它的值可取 0～7 共 8 种，其含义如下：

| | | |
|---|---|---|
| 0——Solid | | 实心 |
| 1——Transparent | | 透明 |
| 2——Horizontal Line | | 水平线 |
| 3——Vertical Line | | 垂直线 |
| 4——Upward Diagonal | | 向上对角线 |
| 5——Downward Diagonal | | 向下对角线 |
| 6——Cross | | 交叉线 |
| 7——Diagonal Cross | | 对角交叉线 |

BorderColor——该属性用来指定形状边界颜色。

BorderWidth——该属性用来指定形状边界宽度。

BorderStyle——该属性用来指定形状边界线的类型（其值为 0～6，含义与直线控件中介绍的相同）。

【操作实例 6-2】在窗体上显示 6 种形状的几何图形。

本题的操作与【操作实例 6-1】类似，首先，建立一个窗体，并在其上画一个形状控件，将它的"名称"命名为 Shap，在窗体上再画出第二个形状，其"名称"属性也命名为 Shap，这时屏幕上弹出一个消息框，提示用户"已经有一个控件为'Shap'。创建一个控件数组吗？"，回答"是"，则系统会将该控件作为控件数组 Shap 中的一个元素 Shap(1)，而将第一个形状定为数组元素 Shap(0)，以同样的方法再画出 4 个形状，分别被定名为 Shap(2)、Shap(3)、Shap(4)、Shap(5)。此时，用户界面如图 6-5 所示。

在窗体上再设置两个命令按钮，一个为"显示形状"，一个为"结束"，程序事件的编码为：

```
Private Sub Command1_Click()
  FontSize=12
  CurrentX=350                          '设置打印"0"的水平坐标
  Print "0";
  For i=1 To 5
    Shap(i).Left=Shap(i-1).Left+800
    Shap(i).Shape=i
    CurrentX=CurrentX+500               '设置打印"i"的水平坐标
    Print i;
  Next i
End Sub

Private Sub Command2_Click()
  End
End Sub
```

运行程序，单击"显示形状"按钮，激发 Command1_Click() 事件过程，运行结果如图 6-6 所示。图形上面的数字表示对应形状的属性值。

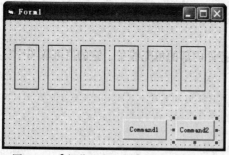

图 6-5　【操作实例 6-2】的用户界面

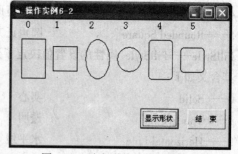

图 6-6　对应形状的属性值

【操作实例 6-2】讨论到此结束。

关于填充线条，前面列出了 FillStyle 属性分别取值 0、1、…、7 共 8 个有效填充值。FillStyle 的意思是用什么样的风格（样式）来填充图形。如果 FillStyle 是不透明的（即值不是 1 的情况），就需要用 FillColor 属性来确定所填充的线条的颜色，默认值为 0（黑色）。

看下面关于 FillStyle 属性的例子。

【操作实例 6-3】为窗体上的 8 个矩形内部填充不同的线条图案。

操作步骤与【操作实例 6-1】、【操作实例 6-2】类似，只是将形状控件的"名称"命名为 Fill，在窗体上画出 8 个形状控件，系统会将这些控件作为控件数组 Fill(0)、Fill(1)、…、Fill(7)。在窗体上再设置两个命令按钮，一个为"填充线条"，一个为"结束"，如图 6-7 所示。

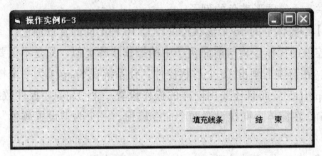

图 6-7　【操作实例 6-3】用户界面

程序事件的编码为：

```
Private Sub Command1_Click()
  CurrentX=400                          '设置打印"0"的水平坐标
  Print "0";
  Fill(0).FillStyle=0                   '显示 FillStyle 值为 0 时的填充状况("实心")
  For i=1 To 7
    Fill(i).Left=Fill(i - 1).Left + 750
    Fill(i).FillStyle=i
    CurrentX=CurrentX + 500             '设置打印"i"的水平坐标
    Print i;
  Next i
End Sub

Private Sub Command2_Click()
  End
End Sub
```

运行程序，单击"填充线条"按钮，将用不同的线条填充图形。填充线的形状如图 6-8 所示。图形上面的数字表示对应形状的 FillStyle 属性值。

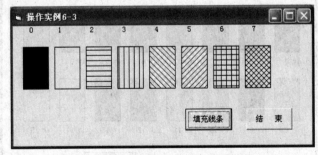

图 6-8　形状对应的 FillStyle 属性值

程序中，FillStyle = 0 及 FillStyle = 1 分别对应"实心"和"透明"。

【操作实例 6-3】讨论到此结束。

关于给图形"着色"的问题，也作一个简单的介绍：图形的 BacksStyle（背景风格）属性有两个值：0——透明（Transparent，默认值），1——不透明（Opaque）。从图 6-5 到图 6-8 中可以看出，几何图形内部是没有颜色、透明的（可以看到窗体的背景颜色）。如果要为这些图形着色，要将 BackStyle 属性定为"不透明"，然后再通过 BackColor 属性设置颜色，将整个图形内填充颜色。下面再举一个给图形着色的例子。

【操作实例 6-4】给窗体上的 16 个形状控件设置 16 种不同的背景颜色。

窗体上画形状控件的操作步骤与前面例子中的操作步骤类似，只是不仅要将形状控件的"名称"命名为 Shape1，在窗体上画出 16 个形状控件，让系统视 Shape1 为一个控件数组 Shape1(0)、Shape1(1)、…、Shape1(15)。而且还要用同样的操作设置一个 Lable1 控件数组 Lable1(0)、Label1(1)、…、Label1(15)，在窗体上同样设置两个命令按钮，一个为"设置颜色"，一个为"结束"。程序代码如下：

```
Private Sub Command1_Click()
  For i=0 To 15
    Shape1(i).FillStyle=1             '设置 FillStyle 为"透明"
    Shape1(i).BackStyle=1             '设置 BackStyle 为"不透明"
    Shape1(i).BackColor=QBColor(i)    '设置背景颜色
    Label1(i).Caption="i="&Str$(i)
  Next i
End Sub

Private Sub Command2_Click()
  End
End Sub
```

从程序代码中可以看出：给图形填充颜色（背景色）时，首先应该将属性 FillStyle（填充方式）设置成 1（透明），否则 FillColor（前景色）的颜色会遮盖背景色，达不到预期的目的。然后再通过 BackColor 属性给图形设置颜色。

运行程序，单击"设置颜色"按钮，激发 Command1_Click() 事件过程，窗体上显示的结果如图 6-9 所示。

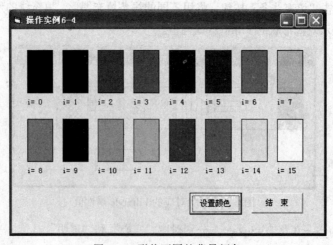

图 6-9　形状不同的背景颜色

读者不妨试验一下，将图形的 FillStyle 属性设为 0（实心，不透明），FillColor（填充颜色）设为红色，此时不论 BackColor 为何种颜色，都被红色所覆盖，如果将 FillStyle 改变（透明），则图形内就显示背景色。

## 6.2　绘制基本图形的方法

Visual Basic 为用户还提供了一些绘制图形的方法，主要有 Pset 方法、Point 方法、Line 方法及 Circle 方法等。下面逐一讨论一下。

### 6.2.1　Pset 方法和 Point 方法

用 Pset 方法可以在屏幕上画出一个点。它的一般格式为：

[<对象名>.] Pset(x,y)[,<颜色>]

其中，对象指窗体或图片框。如果省略，则默认为当前窗体。

例如：

Pset(200,200),4

上述语句的作用是在当前窗体上(200,200)处画出一个红色的点。

再例如：

Picture1.Pset(1500,1000)

则在图片框 Picture1 中(1 500,1 000)处画一个点。

如果没有包括颜色参数，则画出的点的颜色就是对象的前景色（即 ForeColor 属性值）。如果需要指定其他颜色，也可以在 Pset 方法中指定。颜色可以用 RGB()函数指定。例如：

Pset(5 000,1000)，RGB(255,0,0)

RGB 是一个颜色函数，R 表示 Red（红），G 表示 Green（绿），B 表示 Blue（蓝）。RGB()函数有 3 个参数，分别代表红、绿、蓝的比值，每个参数的值为 0～255。RGB(255,0,0)含义是无绿色、蓝色的成分，效果为红色。这 3 个参数不同值的组合可以产生许多种颜色。表 6-2 列出了一些颜色的组合。

表 6-2　RGB 函数颜色效果

| RGB()函数 | 颜　　色 | RGB()函数 | 颜　　色 |
|---|---|---|---|
| RGB(0,0,0) | 黑色 | RGB(0,255,255) | 青色 |
| RGB(255,0,0) | 红色 | RGB(255,0,255) | 洋红色 |
| RGB(0,255,0) | 绿色 | RGB(255,255,0) | 黄色 |
| RGB(0,0,255) | 蓝色 | RGB(0,0,0) | 白色 |

颜色也可以用 QBColor()函数来表示，表 6-1 中已经列出了 QBColor()函数的 16 种颜色值。常用的方法是用 RGB 进行设置。

【操作实例 6-5】创建一个多彩的演示程序，要求窗体中用随机选定的颜色画 20 000 个点，用单击窗体来激活。

单击窗体的过程事件代码为：

```
Private Sub Form_Click()
  For i=1To20000
    R=255*Rnd                                '设置红色
    G=255*Rnd                                '设置绿色
    B=255*Rnd                                '设置蓝色
    xpos=Rnd*ScaleWidth                      '设置水平坐标
    ypos=Rnd*ScaleHeight                     '设置垂直坐标
    PSet (xpos,ypos),RGB(R,G,B)
  Next i
End Sub
```

代码中用到了随机函数 Rnd，还有为窗体（或控件）定位时，设置水平（ScaleWidth）和垂直（ScaleHeight）测量长度的函数。

程序运行后，在窗体上显示的结果如图 6-10 所示。

如果希望"擦除"某个点，只要把该点的颜色设置成背景颜色就可以了。例如：

```
Pset(1000,1000),BackColor
```

将窗体中(1 000,1 000)位置上的点变成背景颜色。

图 6-10　随机颜色效果图

另外，Point 方法和 PSet 方法是密切相关的，它像函数一样调用，返回的是指定位置处的颜色值。例如：

```
PointColor=Point(500,500)
```

将返回点(500,500)处的颜色值。

## 6.2.2　Line 方法

画直线段，除了可以使用直线控件外，还可以使用 Line 方法，可以很方便地画出直线和矩形。

### 1. 画直线

Line 方法最简单的格式为：

```
[<对象>.] Line(x1,y1)-(x2,y2)[,[<颜色>][,B[F]]]
```

例如，下列语句可在窗体上画出一条斜线来。

```
Line (500,500)-(2000,2000)
```

Visual Basic 在画一条直线时，提供了 Line 一些不同形式的画直线方法，例如：

```
Line (1000,100)-(2000,500)                   '语句行1
Line-(3000,300)                              '语句行2
Picture1.Line (100,100)-Step(1000,350)       '语句行3
Form1.Line Step(200,200)-Step(800,1000)      '语句行4
```

其中：

语句行 1 是在起点(1 000,100)与终点(2 000,500)之间绘制一条直线。

语句行 2（即 Line-(3 000,300)）中只有直线的终点坐标，没有起点坐标。Visual Basic 规定：如果没有指定起始坐标，则以"当前点"作为直线的起始坐标。如果前面未执行过 Line 或 PSet，则以(0,0)为"当前点"。现在已执行过一次 Line 方法，在执行完语句行 1 后；"当前点为(2 000,500)，所以执行语句行 2 时，是从(2 000,500)到(3 000,300)画一条直线。

语句行 3（即 Picture1.Line (100, 100)–Step(1 000, 350)）是在指定对象图片框 Picture1 上的 (100,100)与(1 100,450)之间画一条直线。它的第 2 个坐标之前有一个选项 Step，表示 Step 后面的一对坐标是相对于第一个坐标所偏移的大小，所以终点坐标应为起点坐标与偏移量之和，即(100 + 1 000,100 + 350)，也就是(1 100,450)。

语句行 4 是在 Form1 的窗体上画一条直线，给出两点的相对坐标为(200,200)和(800,1 000)。两个坐标的前面都有 Step 选项。第一个坐标前面的 Step，表示 Step 后面的一对坐标是相对于当前坐标的偏移量。这个当前坐标是针对窗体 Form1 而言的，它应该是执行（2）行后的终点坐标(3 000,300)。所以起点坐标为 (3 000 + 200,300 + 200)，即(3 200,500)，而终点坐标则为(3 200+ 800,500 + 1 000)。

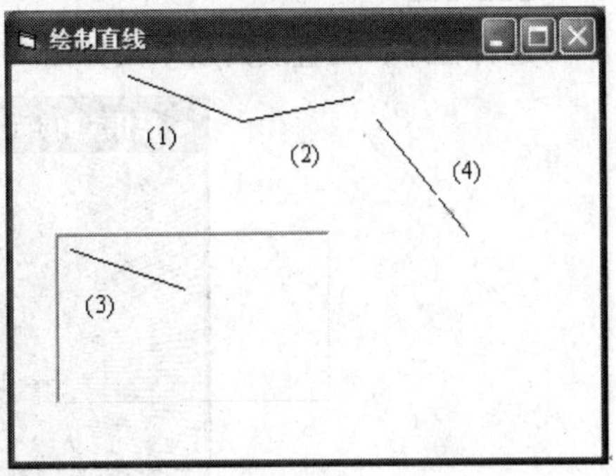

运行上述语句行 1、2、3、4 的效果如图 6–11 所示，读者可以结合文字描述来理解 Line 方法中坐标点、选项 Step 、偏移量等的概念和含义。

图 6–11　用 Line 方法"画"直线

从以上几个例子可以知道 Line 方法的一般格式为：

[<对象>.] Line[[Step](x1,y1)]-[Step](x2,y2)[,[<颜色>][,B[F]]]

其中，对象是指窗体、图片框等，省略时是指窗体。第一个参数 Step 表示它后面的一对坐标是相对于当前坐标的偏移量，第二个参数 Step 表示它后面的一对坐标是相对于第一对坐标的偏移量。如果不指定颜色，则使用所在控件的前景色作为直线的颜色。选项 B、F 是 Line 方法绘制矩形时使用，下面将做介绍。例如：

Line(500,500)-(2000,2000),QBColor(12)

其作用是在(500,500)与(2 000,2 000)之间绘制一条红色的直线。

下面举一个画直线的例子。

【操作实例 6-6】从窗体中央一点出发，分别向窗体 4 个边上每隔一定距离画一条直线。

假设每条线段的起始点（在窗体中央）为(xa, xb)，终止点（在窗体的 4 个边框上，每隔距离 t 选一个点）为(ya, yb)，利用绘图区的标尺（ScaleWidth，ScaleHeight）属性来测量窗体边框的长度，线段颜色为红色。使用窗体单击事件过程，程序代码如下：

```
Private Sub Form_Click()
  Cls
  Dim xa, ya, xb, yb, t As Single
  xa=ScaleWidth/2:xb=ScaleHeight/2:t=60
  ya=0                                    '与窗体左边框连线
  For yb=ScaleHeight To 0 Step-t
      Line (xa,xb)-(ya,yb),QBColor(12)
  Next yb
  yb=0                                    '与窗体上边框连线
  For ya=t To ScaleWidth Step t
      Line (xa,xb)-(ya,yb),QBColor(12)
  Next ya
   ya=ScaleWidth                          '与窗体右边框连线
  For yb=t To ScaleHeight Step t
```

```
    Line (xa,xb)-(ya,yb),QBColor(12)
  Next yb
  yb=ScaleHeight                              '与窗体下边框连线
  For ya=t To ScaleWidth Step t
    Line (xa,xb)-(ya,yb),QBColor(12)
  Next ya
End Sub
```

运行程序，画直线的效果图如图 6-12 所示。

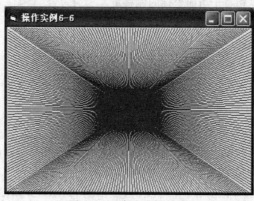

图 6-12　直线的效果图

### 2. 画矩形

Visual Basic 提供了一个很简单的画矩形的方法，在 Line 方法中使用选项 B 时，Visual Basic 把指定的坐标点作为矩形的对角线，画出一个矩形。例如：

```
Line (500,500)-(1000,1000),,B
```

则画出一个以坐标点(500,500)和(1 000,1 000)连线为对角线的矩形。在 B 的前面要有两个逗号，表示中间的颜色值省略了。再例如：

```
Line (500,500)-(1000,1000),,BF
```

也画出一个以坐标点(500,500)和(1 000,1 000)连线为对角线的矩形。但在 B 的后面选了 F 选项，表示矩形框中被 ForeColor 属性的颜色填充了，当然用户也可以使用 QBColor()或 RGB()函数选择自己满意的颜色来填充。例如：

```
Line (500,500)-(1000,1000),QBColor(12),BF
```

## 6.2.3　Circle 方法

Circle 方法可以画出圆形、椭圆形的各种图形，还可以画出圆弧（圆周的一部分）和楔形饼块图形。

### 1. 画圆

Circle 方法画圆的一般格式是：

```
[<对象>.] Circle [Step](x,y),<半径>,[<颜色>]
```

其中，<对象>和 Step 都是可选项。如果省略对象，则默认为当前窗体。(x,y)是圆心坐标。<半径>是圆的半径值。<颜色>选项含义同前。

例如，下面语句将在窗体上画出一个以(1 000,1 000)为圆心，750 为半径的红色圆。

```
Circle (1000,1000),750,QBColor(12)
```

可以利用绘图区的标尺属性将圆的圆心置于窗体的中心处：

```
Circle ((ScaleWidth+ScaleLift)/2,(ScaleWidth+ScaleLift)/2),ScaleWidth/4
```

这样会对用户的操作带来许多方便。

【操作实例6-7】以窗体中心为圆心，画 1 000 个同心彩色圆。

进行如下操作：

建立一个窗体，编写一个画圆的通用过程，画圆的色彩用随机颜色，由随机函数生成，在窗体单击事件过程中调用过程，通用过程的代码如下：

```
Sub CircleDemo()
  Dim Radius
  R=255*Rnd                              '设置红色成分
  G=255*Rnd                              '设置绿色成分
  B=255*Rnd                              '设置蓝色成分
  xpos=ScaleWidth/2                      '设置圆心坐标
  ypos=ScaleHeight/2
  Radius=ypos*0.9*Rnd+1                  '设置半径在窗体高度的一半以内
  Circle (xpos,ypos),Radius,RGB(R,G,B)
End Sub
```

**Form_Click()**事件过程的代码如下：

```
Private Sub Form_Click()
  For i=1 To 1000
    Call CircleDemo
  Next i
End Sub
```

程序运行的结果如图 6-13 所示。

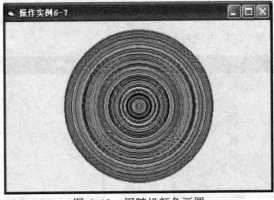

图 6-13 用随机颜色画圆

【操作实例6-8】在窗体中画一个白色方框，并在框中画出五环图。

用 Line 方法画一个白色矩形，在框内用 Circle 方法画出 5 个大小相同、颜色各异的圆环，程序如下：

```
Private Sub Form_Click()
  Line (300,500)-(3000,2000),QBColor(15),BF
  FillStyle=1                            '透明填充下面的圆环
  Circle (1200,1050),300,QBColor(1)
```

```
Circle (1650,1050),300,QBColor(0)
Circle (2100,1050),300,QBColor(4)
Circle (1425,1450),300,QBColor(6)
Circle (1875,1450),300,QBColor(2)
End Sub
```

运行程序，窗体中显示的效果如图 6-14 所示。

### 2. 画圆弧和扇形

用 Circle 画出的圆弧或扇形，是以弧度为单位的，画圆弧、扇形的一般格式是：

[<对象>.] Circle [Step](x,y),<半径>,[<颜色>],<起始角>,<终止角>

由于画圆弧和扇形是通过<起始角>、<终止角>控制的，所以在应用之前，要给出<起始角>、<终止角>的弧度值。当<起始角>、<终止角>取值在 0～2π 时为圆弧，当在<起始角>、<终止角>前加一个负号时，Visual Basic 将画一条连接圆心到负端点的连线，成为"扇形"。

【操作实例 6-9】在窗体上画一个"饼图"。

给出不同的<起始角>、<终止角>的弧度值，观察 Circle 画圆弧和扇形的差异。

```
Private Sub Form_Click()
  Const PI=3.14169265
  BackColor=QBColor(15)
  Circle (1000,1000),500, ,PI/2,PI/3
  Circle (2400,1000),500, ,-PI/2,-PI/3
  Circle (3800,1000),500, ,PI/2,-PI/3
  Circle (1000,2500),500, ,PI/3,PI
  Circle (2400,2500),500, ,-PI/3,-PI
  Circle (3800,2500),500, ,PI/3,-PI
End Sub
```

运行上面的程序，在窗体上显示的画圆弧、扇形的结果如图 6-15 所示。其中窗体上方的 3 幅图形自左向右依次为程序中 4、5、6 行中的 Circle 方法所画；窗体下方的 3 幅图形自左向右依次为程序中 7、8、9 行中的 Circle 方法所画。

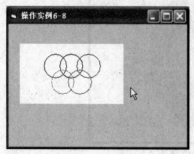

图 6-14　用 Circle 方法"画"五环图

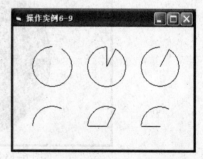

图 6-15　用 Circle 方法生成的各种圆弧和扇形

### 3. 画椭圆

在 Circle 方法画圆弧、扇形的格式中再增加一个参数项——纵横比，就是 Circle 方法画椭圆的一般格式：

[<对象>.] Circle [Step](x,y),<半径>,[<颜色>],,,<纵横比>

椭圆通过纵横轴的不同比率来控制，当纵横轴的比率=1 时，就是圆。纵横比的不同，决定了椭圆的形状不同。

【操作实例6-10】用 Circle 方法在窗体上画纵横比不同的椭圆。

在窗体上,通过纵横比值的变化,画两个椭圆和一个圆。程序如下:

```
Private Sub Form_Click()
   FillStyle=0
   '画一个实心椭圆
   Circle (600,1500),600, , , ,2.5
   FillStyle=1
   '画一个空心椭圆
   Circle (1600,1500),600, , , ,1/2.5
   Circle (3000,1500),600, , , ,1
   '画一个空心圆
End Sub
```

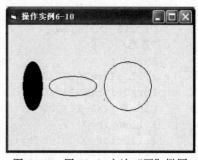

图 6-16  用 Circle 方法"画"椭圆

运行上述程序,在窗体上画出的椭圆及圆的效果如图 6-16 所示。

最后,做一个画图的兴趣题。

【操作实例6-11】在窗体上设置一个计时器、两个命令按钮、一个列表框,用二维动画模拟"地球绕着太阳转,月亮绕着地球转"的天文奇观。

一个命令按钮为"运行"、一个为"结束",标签的标题用黑底红字写"太阳",将窗体的背景设置为黑色,模拟漫漫星空。

参考程序代码如下:

```
Dim Y!, A!, X!, T!, X1, Y1
Private Sub Form_Load()
   Form1.BackColor=QBColor(0)
   Label1.ForeColor=QBColor(12)
   Label1.BackColor=QBColor(0)
   Label1.Caption="太阳"
   Command1.Caption="运行"
   Command2.Caption="结束"
End Sub

Private Sub Command1_Click()
   Timer1.Enabled=True
   FillColor=RGB(255,255,0)
   FillStyle=0
   Circle (3000,2000),150
End Sub

Private Sub Timer1_Timer()
   '地球
   A=2200
   FillColor=RGB(0,0,0)
   ForeColor=RGB(0,0,0)
   Circle (X,Y),80
   FillStyle=1
   ForeColor=QBColor(14)
```

```
Circle (3800,2000),A, , , ,0.5
FillStyle=0
FillColor=QBColor(14)
ForeColor=QBColor(14)
T=T+3.14159/8
X=A*Cos(T/40)+3800
Y=A*Sin(T/40)/2+2000
Circle (X,Y),80
'月亮
A=180
FillColor=RGB(0,0,0)
ForeColor=RGB(0,0,0)
Circle (X1,Y1),30
FillStyle=0
FillColor=QBColor(15)
ForeColor=QBColor(15)
T=T+3.14159/40
X1=A*Cos(T/10)+X
Y1=A*Sin(T/10)+Y
Circle (X1,Y1),30
End Sub

Private Sub Command2_Click()
  End
End Sub
```

运行程序，窗体中的模拟效果如图 6-17 所示。

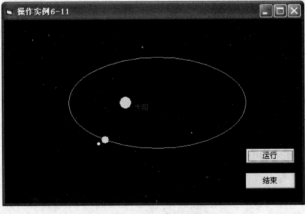

图 6-17　动画模拟效果图

## 6.3　习　　题

1. 做一块简易写字板，功能是：当按下鼠标左键并在窗体上拖动时，将画出线条，单击"清除"
按钮，擦除窗体上的所有字痕。效果如图 6-18 所示。

**提示：** 此题可利用 Pset 方法、窗体的 Activate、MouseDown 及 MouseMove 事件来考虑。

2. 用 Circle、Line 方法在窗体上画一个地球模型，运行效果如图 6-19 所示。

图 6-18　习题 1 运行结果

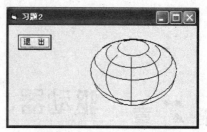

图 6-19　习题 2 运行结果

# 第 7 章 | 驱动器、目录与文件控件

在 Windows 下操作，用户经常使用资源管理器查看文件信息，例如当前驱动器、目录和文件等。Visual Basic 也提供了 3 个类似的文件系统控件：驱动器列表框、目录列表框和文件列表框。使用这 3 个控件，就可以设计出管理用户文件的系统。下面分别对它们进行简单的介绍。

## 7.1 驱动器列表框

驱动器列表框（Drive List Box）控件用于显示系统中所有驱动器名为用户提供选择。它是一个复合式的下拉列表，在工具箱中的驱动器列表框图标为 ▫。在建立驱动器列表框时，系统会自动把用户的所有驱动器名称添加到驱动器列表框中。

驱动器列表框的常用属性有 Drive，主要用于返回或设置程序运行时的当前驱动器。常用的事件有 Change，当用户重新选择驱动器时产生这个事件。常用的方法有 SetFocus（将焦点移至指定的控件）和 Refresh（强制重绘该对象）。现在用一个简单的例题说明驱动器列表框的作用。通过例子来体会这些属性、事件和方法的功能和作用。

【操作实例 7-1】在窗体上设置一个驱动器列表框、一个"结束"命令按钮。当单击驱动器列表框中的某个驱动器名称时，用消息框显示所选的驱动器。

界面设计如题目所述，再增加一个标签，窗体和窗体中控件的属性如表 7-1 所示。

表 7-1  窗体和控件的属性设置

| 对　　象 | 属　　性 | 设　　置 |
| --- | --- | --- |
| 窗体 | Caption | 操作实例 7-1 |
| 标签 1 | Caption | 请选择驱动器 |
| 驱动器列表框 | 名称 | Drive1 |
| 命令按钮 | Caption | 结束 |

界面设计如图 7-1 所示，可以看到驱动器列表框的右端有一个下三角按钮（鼠标指针所指处），在程序运行时，单击此按钮可以打开一个列表，列出当前系统中所能使用的驱动器的名字。列表框的顶部显示当前驱动器的名字，用户如单击列表框中某一驱动器的名字，则顶部立即改为用户

所选的驱动器名。

前面提到，驱动器列表框最重要的属性是 Drive 属性，它用来设置或返回当前驱动器名，但在界面设计时不能使用这个属性，也就是说在"属性"面板中不能设置它的值，它必须在程序代码中赋值。

根据题目的要求，在代码窗口中编写如下程序：

```
Private Sub Drive1_Change()
  MsgBox "当前选中的驱动器是: "&Drive1.Drive
End Sub

Private Sub Command1_Click()
  End
End Sub
```

当 Drive 属性值发生改变时，就产生 Change 事件。在 Drive1_Change()事件过程中，当用户单击列表框中某一驱动器名时，该驱动器名就成为该列表框的 Drive 属性值。例如，当用户选中驱动器 f 后，驱动器列表框中显示 f 驱动器名（见图 7-2（a）），并弹出消息框（见图 7-2（b））。

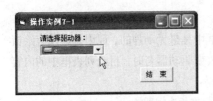

图 7-1 【操作实例 7-1】运行结果

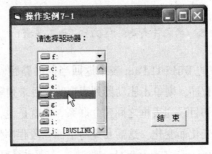

（a）选中 f 驱动器

（b）消息框

图 7-2 选中驱动器及弹出消息框

## 7.2 目录列表框

目录列表框用于显示指定驱动器中当前目录中的所有子目录名（在 Windows 下目录、子目录称为文件夹），以供用户选择。目录列表框（DirList Box）控件在工具箱中的图标为 。当程序运行时，系统将自动把指定驱动器的文件目录显示于目录列表框中。

除了上面驱动器列表框列出的常用属性、事件和方法也适用于目录列表框之外，目录列表框还有一个重要的属性——Path（路径），该属性用来设置和返回当前的路径。下面通过例子来了解一下这些属性是如何使用的。

【操作实例 7-2】在【操作实例 7-1】的用户界面中添加一个目录列表框 DirList1，如图 7-3 所示。当选中某个驱动器后，该驱动器的目录显示在目录列表框中。如果选中某个目录，则用消息框显示被选中的目录名。

在表 7-1 的基础上添加目录列表框和标签 2 的属性值，设置如表 7-2 所示。

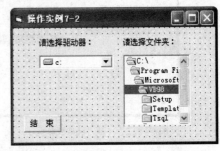

图 7-3 【操作实例 7-2】用户界面

**表 7-2   目录列表框和标签 2 的属性值设置**

| 对 象 | 属 性 | 设 置 |
|---|---|---|
| 标签 2 | Caption | 请选择文件夹 |
| 目录列表框 | 名称 | DirList1 |

在表 7-2 中，目录列表框的"名称"被命名为 DirList1。从图 7-3 中可以看出目录列表框的顶部是根目录 C:\，在 C:\下的子目录名中，其中的子目录 VB 98 被高亮反显（也称为点亮），表示它是系统的当前目录。列表框右侧有一个垂直滚动条，在程序运行时移动滚动条可以浏览全部目录名。从图中可以看出，只有当前子目录 VB 98 是打开的（路径为 C:\Program Files\Microsoft Visual Studio\VB 98），与它同级以及在它之下的子目录（图中有 Setup、Template、Tsql 等）全部是关闭的。这说明，通常情况下，系统只显示当前目录下的子目录名。

双击一个子目录即可打开该子目录，触发目录列表框的 Change 事件过程 DirList1_Change()的发生，程序如下：

```
Private Sub DirList1_Change()                    '目录列表框重新选择事件
  MsgBox "当前选中的文件夹是: "&DirList1.Path      '将重选的路径在消息框中显示
End Sub
```

上面事件过程中的 DirList1.Path 表示返回当前的路径。

如果现在就运行程序，则单击驱动器列表框时，目录列表框中是毫无动静的，原因是还没有给窗体中的驱动器列表框和目录列表框之间建立联系，也就是说，改变驱动器名时，目录列表框中的内容要随驱动器列表框的变化而变化。这需要编写下面一段程序代码：

```
Private Sub Drive1_Change()              '驱动器列表框重新选择事件
  DirList1.Path=Drive1.Drive             '将重选的驱动器符赋予目录列表框的路径属性
End Sub
```

当用户单击驱动器列表框，由当前目录 C:\改变为某一目录，例如是 F:\时，此时就产生了 Change 事件，执行 Drive1_Change()事件过程，Drive1.Drive 的属性值已变为 F:\，把它赋给目录列表框 DirList1 的 Path 属性，从而在目录列表框中显示出 F:\的目录，如图 7-4（a）所示，与此同时目录列表框的 DirList1_Change()事件也显示了信息，如图 7-4（b）所示。驱动器列表框和目录列表框之间建立起了联系。

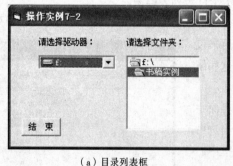

（a）目录列表框                              （b）消息框

**图 7-4   目录列表框和消息框**

**注意**：在上述操作中，当在驱动器列表框中选定 F 驱动器后，在目录列表框中只显示了 F:\下的当前目录"书稿实例"一条目录，并没有显示 F:\下的整个目录结构，若想显示 F:\

下的所有目录，应该回到 F 盘的根目录下，然后用鼠标双
击 F:\盘，此时就显示出了 F :\下的整个目录结构，如图 7-5
所示。

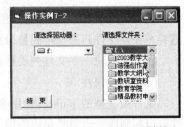

命令按钮的 Command1_Click()事件过程与【操作实例 7-1】
相同，不再赘述。

【操作实例 7-2】讨论到此结束。

图 7-5　"F:\" 下的目录结构

## 7.3　文件列表框

文件列表框（FileListBox）用于显示当前目录中指定类型的所有文件名，供用户选择。文件
列表框控件在工具箱中的图标为 📄。

【操作实例 7-3】在【操作实例 7-2】的窗体中，再添加一个文件列表框，并使目录与文件列
表建立联系。列表框中要列出当前目录下的文件名。

在图 7-5 的基础上，添加一个标签和一个文件列表框，如图 7-6 所示。图中文件列表框中的
滚动条是由于文件数量多，无法在列表框中全部显示出来，系统自动加上的。

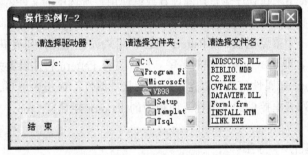

图 7-6　【操作实例 7-3】用户界面

添加的控件属性值的设置如表 7-3 所示。

表 7-3　文件列表框和标签 3 的属性值设置

| 对　象 | 属　性 | 设　置 |
| --- | --- | --- |
| 标签 3 | Caption | 请选择文件名 |
| 文件列表框 | 名称 | DirFile1 |

在设计好用户界面和控件属性值后，进行如下操作。

### 1. 利用 Path 属性使文件列表与目录建立联系

文件列表框也有 Path 属性，用来指定和返回当前目录。在程序运行时，当用户选中目录列表
框中的一个子目录名时，对应这个子目录下的文件在文件列表框中显示出来，这就要求目录列表
框与文件列表框必须建立联系。这种联系需要用程序来实现。当用户选择了某个目录名时，产生
了 Change 事件过程。事件过程的代码如下：

```
Private Sub DirList1_Change()        '目录列表框重新选择事件
   DirFile1.Path=DirList1.Path       '将重选的文件夹路径赋予文件的路径属性
End Sub
```

将目录列表框的 Path 属性值（DirList1.Path）赋给文件列表框的 Path 属性（DirFile1.Pat），这样就使得文件列表框得到目录列表框所指定的路径，显示出用户所选定目录下的文件名。

下面先讨论一下文件列表框的 3 个属性：Path、FileName 和 Pattern。

（1）Path 属性

文件列表框的 Path 属性用来存放文件列表框中文件所在的驱动器名和目录名，利用 Path 属性可以起到改变当前路径的作用。就本例题而言，如果执行了以下语句：

```
DirFile1.Path="C:\VB98"
```

则指定当前路径为 C:\VB 98，文件列表框中显示出 C:\VB 98 目录下的文件名。Path 的默认值是系统的当前路径。

**注意**：目录列表框和文件列表框都有 **Path** 属性，但二者的含义不同。如果有以下两个赋值语句：

```
DirFile1.Path="C:\VB98"        '在文件列表框中显示"VB98"下的全部文件名
DirList1.Path="C:\VB98"        '在目录列表框中显示"VB98"下的目录结构
```

在这里 Path 用来确定文件的路径。

（2）FileName 属性

FileName 属性主要用来在程序运行期间设置或返回用户所选中的文件名。

（3）Pattern 属性

文件列表框还有一个重要属性——Pattern 属性，用来设置在文件列表框中显示文件的类型。它的默认值为"*.*"，即显示所有文件的名字。例如，将 Pattern 属性设置为*.frm，则显示扩展名为 .frm 的文件。Pattern 属性值既可以在设计阶段从"属性"面板中填写，也可以在程序代码中使用，例如在文件列表框控件的"属性"面板中的 Pattern 栏填写*.frm，与程序中下列语句是等价的：

```
DirFile1.Pattern="*.frm"
```

讨论完这些属性的功能之后，就可以继续上面关于例题的操作了。

**2. 使用 FileName 属性设置或返回用户选中的文件名**

在本例题中，用 MsgBox()函数显示被选中的文件名。当用户单击某文件名时，该文件名就被选中，可以通过 FileName 属性得到文件名。

```
Private Sub DirFile1_Click()              '文件列表框重新选择事件
  MsgBox "当前选中的文件名是："&DirFile1.FileName
End Sub
```

运行此程序，当用户单击文件列表框中一个文件名时，则将此文件名送到列表框控件的 FileName 属性，也就是说，从该控件的 FileName 属性得到了用户所选择的文件名。

**3. 使用 Pattern 属性选择要显示文件的类型**

例如：要在某文件夹下选择 Visual Basic 的工程文件*.vbp，可编写如下程序代码：

```
Private Sub DirFile1_Click()              '文件列表框重新选择事件
  DirFile1.FileName="*.bvp"
End Sub
```

最后，给出本例题完整的程序代码：

```
Private Sub DirFile1_Click()          '文件列表框重新选择事件
  MsgBox "当前选中的文件名是: " & DirFile1.FileName
  DirFile1.FileName="*.bvp"           '显示当前目录下扩展名为 "*.bvp" 的文件名
End Sub

Private Sub DirList1_Change()         '目录列表框重新选择事件
  DirFile1.Path=DirList1.Path         '将重选的文件夹路径赋予文件的路径属性
End Sub

Private Sub Drive1_Change()
  DirList1.Path=Drive1.Drive
End Sub

Private Sub Command1_Click()
  End
End Sub
```

运行程序，在某文件夹下选择 Visual Basic 的工程文件*.vbp，并在文件列表框中显示出来，在窗体上运行的效果如图 7-7 所示。

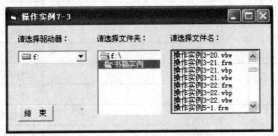

图 7-7　在文件列表框中显示文件名

## 7.4　文件控件的应用

在 Visual Basic 应用程序中，常常需要对文件进行操作（如对文件的打开、复制、删除、重命名等）。在开发这些应用程序时，应该提供对用户方便友好的操作界面。利用本章介绍的内容可以方便地实现这一任务。

【操作实例 7-4】用驱动器、目录和文件列表设计一个用户文件管理器。用于显示指定盘、指定目录、指定文件类型的所有文件，以及对文件进行复制、重命名和删除的操作。界面设计如图 7-8 所示。

图 7-8　"用户文件管理器"界面

在用户文件管理界面中设置驱动器列表框、目录列表框、文件列表框、组合框各一个，标签8个，命令按钮4个，窗体和各控件的属性值设置如表7-4所示。

**表 7-4　窗体和控件属性值设置**

| 对　象 | 属　性 | 设　置 |
|---|---|---|
| 窗体 | 名称 | Form1 |
| | Caption | 操作实例 7-4 |
| 驱动器列表框 | 名称 | Drive1 |
| 目录列表框 | 名称 | DirList1 |
| 文件列表框 | 名称 | DirFile1 |
| 组合框 | 名称 | Combo1 |
| | List | *.*　*.vbp　*.frm |
| | Text | *.* |
| 标签框 1 | Caption | 驱动器列表 |
| | 名称 | Label1 |
| 标签框 2 | Caption | 目录列表 |
| | 名称 | Label2 |
| 标签框 3 | Caption | 文件列表 |
| | 名称 | Label3 |
| 标签框 4 | Caption | 文件类型 |
| | 名称 | Label4 |
| 标签框 5 | Caption | 当前被搜索的目录 |
| | 名称 | Label5 |
| 标签框 6 | Caption | 空 |
| | 名称 | Label6 |
| 标签框 7 | Caption | 当前被选择的文件 |
| | 名称 | Label7 |
| 标签框 8 | Caption | 空 |
| | 名称 | Label8 |
| 命令按钮 1 | Caption | 复制文件 |
| | 名称 | Command1 |
| 命令按钮 2 | Caption | 重命名文件 |
| | 名称 | Command2 |
| 命令按钮 3 | Caption | 删除文件 |
| | 名称 | Command3 |
| 命令按钮 4 | Caption | 结　束 |
| | 名称 | Command4 |

从以下几个方面讨论在实际应用时的操作步骤。

### 7.4.1　装载窗体

在程序运行初始装载窗体时，应将当前路径显示在图 7-8 中的"当前被搜索的目录"下面的标签框中。程序代码如下：

```
Private Sub Form_Load()
   Label6.Caption=DirList1.Path
End Sub
```

程序开始运行后，Label6.Caption 的值将会由于 DirList1_Change()事件过程而发生改变。如果不在初始装载时为 Label6.Caption 赋值，并且不改变目录，则 Label6.Caption 一直为空。

### 7.4.2　建立各文件系统控件间的联系

若要使驱动器列表框、目录列表框和文件列表框保持协调同步工作，需要如下两个事件过程：

```
Private Sub Drive1_Change()
   DirList1.Path=Drive1.Drive        '将驱动器名赋给目录列表框的 Path 属性
End Sub

Private Sub DirList1_Change()
   DirFile1.Path=DirList1.Path
   Label6.Caption=DirList1.Path      '将目录列表框 Path 属性值赋给文件列表框 Path 属性
End Sub
```

当用户选定驱动器列表框中某一驱动器名时，触发 Drive1_Change()事件过程，将驱动器名赋给目录列表框的 Path 属性，使驱动器列表框与目录列表框建立起联系，以便能协调同步工作。

由于目录列表框中的目录发生改变，触发了 DirList1_Change()事件过程，该过程首先将目录列表框的 Path 属性值赋给文件列表框的 Path 属性。然后将目录列表框的 Path 属性值赋给 Label6.Caption，使得在图 7-8 中的"当前被搜索的目录"下面的框中显示出当前目录，如图 7-9 所示。

### 7.4.3　显示用户选择的文件名

假设用单击操作选定文件名，可以设计一个对文件列表框的"单击"事件过程。

```
Private Sub DirFile1_Click()
   Label8.Caption=DirFile1.FileName
   If Right(DirList1.Path,1)="\" Then
     choiceFile=DirList1.Path+DirFile1.FileName
   Else
     choiceFile=DirList1.Path+"\"+DirFile1.FileName
   End If
End Sub
```

先将文件列表框的 FileName 属性（即用户选定的文件名）送给 Label8.Caption 属性，使得在图 7-8 中的"当前被选择的文件"下面的标签框中显示出当前文件名（见图 7-9 中左下角鼠标指针所指处）。

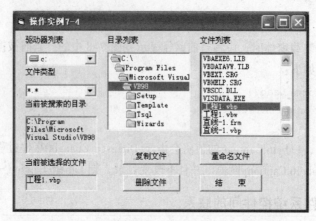

图 7-9　在标签框中显示出当前选定的文件名

考虑到后面要进行复制、删除、重命名等文件操作，应该把被选定的文件名保存下来，并在其他事件过程中对此文件进行操作。准备把文件名放到名为 choiceFile 的字符串变量中。但还有两个问题要解决：

（1）应在文件名前加上路径，从而得到完整的文件名，否则系统无法找到该文件。

（2）如果所选择的目录是根目录，其表示方式为 C:\或 A:\等，即路径字符串的末尾有一个 "\" 符号。如果不是根目录，则无 "\" 符号，如：C:\VB98。这就需要分别针对情况进行处理：对已有的 "\" 号不再加 "\" 号；对原来无 "\" 号的，在路径后面加一个 "\" 号。例如，C:\VB98 下面的文件 Myfile.vbp，应表示为 C:\VB98\Myfile.vbp。上面的 DirFile1_Click() 事件过程中的 If 语句对 DirList.Path 最后一个字符进行判断，如果是 "\"，则 choiceFile 的值是把路径字符串和文件名直接连接起来；如果无 "\" 号，则在路径字符串后加 "\" 号，然后再连接文件名。

### 7.4.4　确定文件列表框的显示内容

用户还应选择文件列表框中需要显示的文件类型（如.vbp 类型、.exe 类型等），用户在组合框 Combo1 中选择需要显示的文件的类型（组合框的位置在图中 "文件显示类型" 这一行文字的下面），所选的类型应放在文件列表框的 Pattern 属性中，其过程如下：

```
Private Sub Combo1_Click()
  DirFile1.Pattern=Combo1.Text
End Sub
```

### 7.4.5　复制文件

如何实现对所选定的文件进行有关的操作。在图 7-9 的窗体中有 3 个文件操作命令按钮，分别是 "复制文件" 命令按钮、"重命名文件" 命令按钮和 "删除文件" 命令按钮，分别对应 3 种操作。如果用户单击 "复制文件" 按钮，则应执行下面的过程，即可实现文件的复制。

```
Private Sub Command1_Click()
  Dim sourFile As String
  Dim destFile As String
  str2$="请输入要复制的目标文件名: "
  sourFile=choiceFile
  destFile=InputBox$(str2$,"复制文件")
```

```
   If destFile <> "" Then
     FileCopy sourFile,destFile
   End If
End Sub
```

先定义 sourFile( 源文件 )和 destFile( 目标文件 )为字符串变量,将前面已选定的文件 choiceFile 赋给变量 sourFile。注意,为了在不同的过程中使用同一个变量,应在设计阶段在窗体的"通用"区将 choiceFile 定义为窗体级变量:

```
Dim choiceFile As String
```

这样,在同一窗体内的两个（或多个）过程中所用的 choiceFile 代表同一个文件。

在上面过程中接着用 InputBox()函数显示一个输入对话框（见图 7–10）。要求用户输入目标文件名,并将它存放在 destFile 中。如果在 InputBox 函数中用户没有输入文件名,单击了"取消"按钮,则 destFile 为空字符串。只有 destFile 不是空字符串时,FileCopy 语句才能执行。

图 7–10　"复制文件"对话框

FileCopy 是 Visual Basic 提供的复制文件的语句,其一般格式为:

```
FileCopy <源文件>,<目标文件>
```

执行 FileCopy 语句,将用户所选定的文件 choiceFile 复制到用户指定的目标文件中去,完成复制文件的操作。目标文件名是用户在输入对话框中指定的。

## 7.4.6　重命名文件

如果用户单击"重命名文件"按钮,则执行以下过程,对文件改写名字。

```
Private Sub Command2_Click()
   Dim oldFile As String
   Dim newFile As String
   Title$="重新命名"
   str0$="请再输入一遍需要修改的文件名（全路径）"
   str1$=choicedFile+Chr$(10)+Chr$(13)+str0$   '***
   str2$="请输入新文件名"
   oldName=InputBox$(str1$,Title$)
   msg$="确认被更改的文件名"&oldName
   p=MsgBox(msg$,35,"数据检查框")
   If p=6 Then
     newName=InputBox(str2$, Titel$)
     Name oldName As newName
     MsgBox "你的新文件名是: "+newName
   End If
End Sub
```

Command2_Click()过程的功能是为一个文件更改名字。文件的重命名与文件的复制一样容易,Visual Basic 提供了一个 Name 语句为文件改名,它的一般格式是:

```
Name <旧文件名> AS <新文件名>
```

通过一个示例说明为一个文件名重命名的操作过程。

（1）在目录列表框中寻找 C:\Program Files\Microsoft Visual Studio\VB98\，在文件列表框中找到文件 Form1.frm （或是任意一个要修改名称的文件），双击该文件，如图 7-11 所示。

（2）单击"重命名文件"按钮，出现一个输入对话框，要求输入要修改名字的文件名，输入 C:\Program Files\Microsoft Visual Studio\VB98\Form1.frm（绝对路径），如图 7-12 所示。

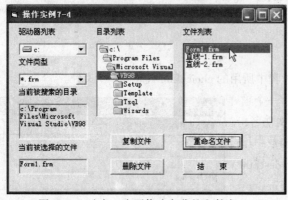

图 7-11    选定一个要修改名称的文件名           图 7-12    在对话框中输入要修改名称的文件名

（3）单击"确认"按钮退出对话框后，调用 MsgBox()函数打开一个标题为"数据检查框"的消息框，由用户再一次确认要改名的文件。函数 MsgBox()返回的值放在变量 P 中，如果用户单击"是"按钮，P 的值为 6，则确认要更改的文件是正确的，如图 7-13 所示。

图 7-13    "数据检查框"消息框

（4）确认要修改的内容后，再次用 InputBox()函数打开输入对话框输入新的文件名，在这里输入 C:\myfile.frm，如图 7-14 所示。最后用 Name 语句完成文件名的更改。

修改成功后，在屏幕上弹出对话框显示新的文件名（包括驱动器及路径名），如图 7-15 所示。

图 7-14    对话框中输入新的文件名           图 7-15    修改成功

当重新进入选择 C:\目录时，会发现文件名已经被成功地修改了。

### 7.4.7    删除文件

如果用户单击"删除文件"按钮，则执行以下过程：

```
Private Sub Command3_Click()
  Dim killedFile As String
```

```
killedFile=choicedFile
Title$="数据检查框"
msg1$="你要删除文件: "&killedFile
x=MsgBox(msg1$,35,Title$)
If x=6 Then
  Kill killedFile
End If
End Sub
```

在 Visual Basic 中删除文件用 Kill 语句, 它的一般格式为:

```
Kill <文件名>
```

删除文件时, 首先要选中要删除的文件, 单击"删除文件"按钮, 弹出如图 7-16 所示的对话框, 单击"是"按钮, 即可完成删除文件的操作。

【操作实例 7-4】的讨论到此全部结束。

图 7-16　删除文件的对话框

## 7.5　习　　题

1. Visual Basic 工具箱中提供了 3 种文件系统控件: 驱动器列表框、目录列表框和文件列表框, 这 3 种控件可以单独使用, 也可以组合使用。当它们组合使用时, 改变驱动器列表框中的驱动器, 目录列表框中显示的目录应同步改变。同样, 目录列表框的目录改变, 文件列表框也应同步改变。实现同步的 Change 事件过程如下:

```
Private Sub Drive1_Change()
  Dri1.Path=Drive1.Drive
End Sub

Private Sub Dir1_Change()
  File1.Path=Dirve1.Path
End Sub
```

试写出每个过程事件是什么控件的什么事件, 并写出程序代码中每行语句的含义。

2. 在窗体上建立一个驱动器列表框 Drive1、目录列表框 Dir1、文件列表框 File1、影像框 Image1, 要求程序运行后, Drive1 的默认盘驱为 C 盘, 选择 File1 中所列的图片文件 (*.bmp 和*.jpg), 则相应的图片显示在 Image1 中。运行结果如图 7-17 所示。

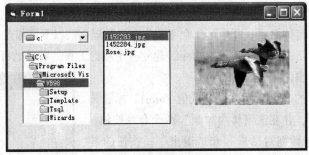

图 7-17　习题 2 的运行结果

# 第 **8** 章  对话框的程序设计

在第 5 章中，已经讨论了 InputBox()函数和 MsgBox()函数，通过这两个输入/输出函数可以建立简单的对话框，即输入对话框和信息框。Visual Basic 中的对话框分为 3 种类型，即预定义对话框、自定义对话框和通用对话框。

预定义对话框也称为预制对话框，这种对话框是由系统提供的。

自定义对话框也称为定制对话框，这种对话框根据自己的需要进行定义和设计。

通用对话框是一种控件，用这种控件可以设计较为复杂的对话框。

本章讨论自定义对话框和通用对话框的使用，最后对文件对话框及其他对话框（颜色、字体、打印对话框等）作一些简单的介绍。

## 8.1  自定义对话框

在第 5 章中看到，尽管预定义对话框（输入对话框和信息框）很容易建立，但在应用上却受到一定的限制。比如，对于信息框来说，只能显示简单信息、一个目标和有限的几种命令按钮，程序设计人员不能改变命令按钮的说明文字，也不能接收用户输入的任何信息。用输入对话框可以接收输入信息，但只限于使用一个输入区域，而且只能使用"确定"和"取消"两个命令按钮。输入对话框和信息框很多情况下无法满足用户的需要，用户可以根据具体需要建立自己的对话框。

如果需要比输入框或信息框功能更多的对话框，则可由用户自己来建立。下面通过一个操作实例，来说明怎样建立用户自定义对话框的操作过程。

这个实例由两个窗体组成，其中第二个窗体作为对话框。按以下操作步骤进行：

（1）选择"文件"→"新建工程"命令，建立一个新的工程。屏幕上将出现一个窗体，把该窗体作为工程的一号窗体。

（2）把 1 号窗体的名称属性值取默认值 Form1，标题属性值取"1 号窗体"，并在该窗体内"画"两个命令按钮，其标题分别为"操作数据对话框"和"退出"；按钮的名称分别取默认值 Command1 和 Command2。1 号窗体如图 8-1 所示。

图 8-1  1 号窗体界面

（3）选择"工程"→"添加窗体"命令，建立第二个窗体。该窗体作为对话框来使用，作为 2 号窗体其属性值设置列于表 8-1 中。

表 8-1  2 号窗体属性值设置

| 对　象 | 属　性 | 设　置 |
| --- | --- | --- |
| 窗体 | 名称 | Form2（默认） |
| | Caption | 数据对话框（2 号窗体） |
| | ControlBox | False |
| | MaxButton | False |
| | MinButton | False |

窗体的控制菜单（系统菜单）、最大化、最小化按钮都被设置为 False（因为对话框一般不需要"最大化"和"最小化"）。在设计阶段窗体标题栏上的内容不会发生变化，只有在程序运行后，控制菜单及最大化、最小化按钮才会消失。

（4）在 2 号窗体内建立控件，其属性设置如表 8-2 所示。

表 8-2  2 号窗体中各控件属性值的设置

| 对　象 | 属　性 | 设　置 |
| --- | --- | --- |
| 框架 | 名称 | Frame1 |
| | Caption | 选择 |
| 单选按钮 1 | 名称 | Option1 |
| | Caption | 数值 |
| | FontSize | 12 |
| 单选按钮 2 | 名称 | Option2 |
| | Caption | 字符串 |
| | FontSize | 12 |
| 标签 | 名称 | Label1 |
| | Caption | 请输入数据： |
| | FontSize | 12 |
| 文本框 | Text | 空 |
| 命令按钮 1 | 名称 | Command1 |
| | Caption | 确定 |
| 命令按钮 2 | 名称 | Command2 |
| | Caption | 取消 |

按照表 8-2 中各控件属性值的设置，2 号窗体也就是"数据对话框"的界面设计如图 8-2 所示。

（5）为 1 号窗体中的两个命令按钮编写事件过程代码：

```
Private Sub Command1_Click()
    Form2.Show                  '显示 2 号窗体
```

```
End Sub
Private Sub Command2_Click()
  End
End Sub
```

程序运行时，单击"操作数据对话框"命令按钮之后，立即显示 2 号窗体，也就是说，打开了"数据对话框"。单击"退出"命令按钮，则结束程序的运行。

（6）为 2 号窗体中的两个命令按钮编写事件过程代码：

```
Private Sub Command1_Click()
  If Option1 Then              '当选中"数值"单选按钮时
    Data1=Val(Text1.Text)
  End If
  If Option2 Then              '当选中"字符串"单选按钮时
    Data1=Text1.Text
  End If
  Print Data1
End Sub


Private Sub Command2_Click()
  Form2.Hide                   '将 2 号窗体隐藏
End Sub
```

程序运行时，在显示 2 号窗体后，首先在框架中做出选择：如果选中"数值"单选按钮，则表示在文本框中输入数值数据；如果选中"字符串"单选按钮，则表示在文本框中输入字符串数据。2 号窗体是一个对话框，所以可在其中输入数据。

具体操作时，为了输入某种类型的数据，应先选中相应的单选按钮。选择输入的数据类型后，再单击文本框，即可输入数据。输入后单击"确定"按钮，所输入的值就被存入变量 data1 中，并在窗体上显示出来，如图 8-3 所示。

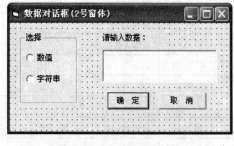

图 8-2　2 号窗体界面

图 8-3　数据对话框运行效果

在该命令按钮的事件过程中，根据选中"数值"或"字符串"单选按钮，对输入的数据需要进行不同的处理（即转换为数值或直接作为字符串保存）。Data1 是一个变体类型变量，既可存放数值数据，也可存放字符串数据。

如果单击"取消"命令按钮，则关闭对话框，即 2 号窗体。

从图 8-3 所示的对话框画面中可以看出，在这个窗体中，没有控制菜单，也没有最大化、最小化按钮，而是一个模态窗口。

## 8.2　通用对话框

用 MsgBox() 和 InputBox() 函数可以建立简单的对话框，即信息框和输入框。如果需要，也可以用上面介绍的方法，定义自己的对话框。当要定义的对话框较复杂时，将会花费较多的时间和精力，需要由程序设计人员逐个按"自定义对话框"的方法来设计这些对话框，这将会增加许多工作量。Visual Basic 提供了"通用对话框"（CommonDialogBox）控件，使得设计这些常用的对话框十分方便。

### 8.2.1　添加通用对话框到工具箱

通常情况下，"通用对话框"控件并不在工具箱中。在使用"通用对话框"之前，需要将它添加到工具箱中。具体的操作方法如下。

（1）在"工程"菜单中选择"部件"命令，或在工具箱上右击，弹出如图 8-4 所示的"部件"对话框。

（2）在"部件"对话框的"控件"选项卡中，选中"Microsoft Common Dialog Control 6.0"选项，在它左面方框中出现"√"，再单击"确定"按钮，"通用对话框"控件的图标就出现在工具箱中了，其图标为 ▥。

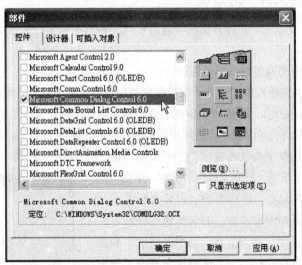

图 8-4　"部件"对话框

通用对话框可以提供 6 种形式的对话框。在显示出"通用对话框"前，应通过设置 Action 属性或调用 Show 方法来选择，如表 8-3 所示。

表 8-3　通用对话框的设置

| Action 属性 | 对话框类型 | 方　　法 |
| --- | --- | --- |
| 1 | 打开文件（Open） | ShowOpen |
| 2 | 保存文件（Save As） | ShowSave |
| 3 | 选择颜色（Color） | ShowColor |
| 4 | 选择字体（Font） | ShowFont |

| Action 属性 | 对话框类型 | 方　　法 |
|:---:|:---:|:---:|
| 5 | 打印（Print） | ShowPrinter |
| 6 | 调用帮助文件（Help） | ShowHelp |

在程序设计阶段，通用对话框按钮以图标形式显示，不能调整其大小（和计时器控件类似），程序运行后消失。

通用对话框名称的默认值为 CommonDialog1、CommonDialog2、……。在实际应用中，为了提高程序的阅读性，建议是名称属性具有一定的含义，如 GetFile、SaveFile 等。另外每种对话框都有自己的默认标题，如"打开"、"存储"等，如果需要，可以通过 DialogTitle 属性设置有实际意义的标题。例如：

```
GetFile.DialogTitle="选择要打开的位图文件"
```

对话框的类型不是在设计阶段设置，而是在程序运行时进行设置。例如：

```
CommonDialog1.Action=1          '设置为"打开文件"类型的对话框
CommonDialog1.Action.ShowOpen   '使用ShowOpen方法设置为"打开文件"类型的对话框
```

### 8.2.2 "打开/保存文件"对话框

【操作实例 8-1】设计一个"打开文件"对话框，并将选中的文件名显示在窗体中。

操作步骤如下：

（1）单击工具箱中的通用对话框的图标。

（2）用拖动鼠标的方法在窗体中某个位置画出通用对话框的图标，前面已说过，这个控件的名称属性名默认为 CommonDialog1。同时在窗体上画出的对话框图标的大小是固定的，不能改变大小。在程序运行时该图标就消失了，因此将通用对话框的图标放在窗体上的任意位置都可以。

（3）在窗体上再画两个命令按钮："打开文件"按钮和"退出"按钮。通过单击"打开文件"按钮触发一个事件，显示出"打开文件"对话框，单击"退出"按钮，结束程序的运行。窗体界面如图 8-5 所示。

（4）在窗体上再画两个标签框，其名称属性分别定义为 LblTitle 和 LblFile，用于标识信息"选中的文件"和被选中的实际文件名。LblTitle 的 Caption 属性设置为"选中的文件"，LblFile 的 Caption 属性设置为空，如图 8-5 所示。这里需要说明的是建立图 8-5 的窗口，只是为了产生"打开文件"对话框，并获得所选的文件名，但并不是真正打开所选的文件。

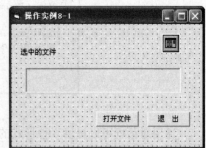

图 8-5　【操作实例 8-1】用户界面

（5）单击窗体中的通用对话框图标，使之"激活"（即图标四周出现 8 个控制点）。再右击，在弹出的快捷菜单中选择"属性"命令，弹出"属性页"对话框，如图 8-6 所示。

（6）从图 8-6 中可以看出："属性页"对话框中有 5 个选项卡，分别是"打开/另存为"、"颜色"、"字体"、"打印"和"帮助"，供用户选择。选择"打开/另存为"选项卡，在选项卡上显示了相关的 9 项属性。"属性页"中的这些属性既可以在设计时设定，也可以在运行时指定，有些属性还可以作为控件的返回值使用。

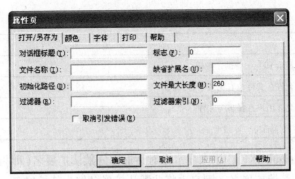

图 8-6　"属性页"对话框

① 对话框标题（DialogTitle）：用来给出对话框的标题内容，"打开"对话框的默认值就是"打开"。

② 文件名称（FileName）：用来给出对话框中"文件名"的初始值。用户在对话框中的文件列表框中选中的文件名也放在此属性中，即用它能设置和返回选中的文件名。

③ 初始化路径（InitDir）：用来指定对话框中显示的初始目录。若不设置该属性，则系统默认显示当前目录。

④ 过滤器（Filter）：用来指定在对话框中显示的文件类型。该属性可以设置多个文件类型，供用户在对话框的"文件类型"下拉列表框中选择。Filter 属性值由一对或多对文本字符串组成，每对字符用符号"|"隔开（"|"称为管道符），在"|"的前面部分称为"描述符"，后面部分一般为通配符或文件扩展名，称为"过滤符"，各对字符串之间要用"|"隔开。过滤器属性的格式如下：

窗体对话框名.Filter=描述符 1 | 过滤符 1 | 描述符 2 | 过滤符 2,…

例如：

CommonDialog2.Filter=AllFile (*.*)|*.*|(.bmp)|.bmp|(.vbp)|*.vbp|

这些描述符 1，描述符 2，…是显示在"打开文件"对话框中"文件类型"下拉列表中的文字说明，是供用户看的，将按描述符的原样显示出来，例如上面描述符 1 已指定为"AllFile (*.*)"，那么在"打开文件"对话框的"文件类型"下拉列表框中按原样显示"AllFile (*.*)"。如果用户在设置时不写"AllFile"而写"全部文件"，就会在"打开文件"对话框中的"文件类型"下拉列表中显示"全部文件"字样。过滤符是有严格规定的，由通配符和文件扩展名组成，如："*.*"表示选择全部文件，"*.frm"是选择扩展名为 .frm 的文件，"*.vbp"是选择扩展名为 .vbp 的文件。"描述符 | 过滤符"必须成对出现，缺一不可。Filter 属性由一对或多对"描述符 |过滤符"组成，中间以"|"相隔。

⑤ 标志（Flags）：用来设置对话框的一些选项，常用的标志选项如表 8-4 所示。

表 8-4　标志（Flags）选项

| Flags 值 | 说　明 |
| --- | --- |
| 1 | 在"对话框"中显示"Read Only Check"（只读检查）选择框 |
| 2 | 如果保存的文件名盘上已存在，则显示一个询问用户是否覆盖已有文件的消息框 |
| 4 | 不显示"Read Only Check"（只读检查）选择框 |
| 8 | 保留当前目录 |

| Flags 值 | 说　明 |
|---|---|
| 16 | 显示 Help（帮助）按钮 |
| 256 | 允许在文件中有无效字符 |
| 512 | 允许用户选择多个文件 |
| ⋮ | |

⑥ 默认扩展名（DefaultEXE）：用来显示在对话框中的默认扩展名（即指定默认的文件类型）。如果用户输入的文件名不带扩展名，则自动将此默认扩展名作为其扩展名。

⑦ 文件最大长度（MaxFileSize）：以字节为单位，用来指定 FileName（文件名称）的最大长度，取值范围为 1~2 048，默认值为 256。

⑧ 过滤器索引（FilterIndex）：用来指定默认的过滤符。其设置值为一个整数。用 Filter 属性设置多个过滤符之后，每个过滤符都有一个值，第一个过滤符的值为 1，第二个过滤符的值为 2，……，用 FilterIndex 属性可以指定作为默认显示的过滤符。例如：

```
CommonDialog1.FilterIndex=3
```

表示把第三个过滤符作为默认显示的过滤符，就上面的例子而言，打开对话框后，在"文件类型"列表框内显示的是"*.vbp"。

在以上 8 项中，有些选项系统给出了默认值；有些需要用户根据需要设定。假设做如下设定。

① 对话框标题：打开文件。

② 初始化路径：F:\书稿实例。

③ 过滤器：AllFile (*.*) | *.*　|(.bmp) | .bmp | (.vbp) | *.vbp |。

然后单击"确定"按钮，完成参数的设置。此时"属性页"对话框如图 8-7 所示。

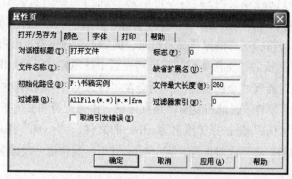

图 8-7　"属性页"的属性值设置

在图 8-5 中单击"打开文件"按钮事件过程的代码如下：

```
Private Sub Command1_Click()
  CommonDialog1.Action=1
  LblFile.Caption=CommonDialog1.FileName
End Sub
```

程序运行开始后，单击窗体上的"打开文件"命令按钮，即执行上面的事件过程，第 2 行 CommonDialog1.Action = 1 的作用是显示出一个题目所要求的"打开文件"对话框，如图 8-8 所示。

从图中可以看出，在"查找范围"下拉列表框中列出了所指定的路径（F:\书稿实例）下的文件名。在下部"文件类型"下拉列表框中，显示出在前面指定的过滤器描述符（AllFile*.*、Frm文件、vbP文件），如果选中 AllFile*.*，那么按其对应的过滤符（*.*）在上面的列表框中就显示出全部文件；如果选择"Frm文件"，那么按其对应的过滤符（*.frm），在上面的列表框中显示其后缀为.frm 的文件名。用户可以从中选择需要打开的文件，并单击"打开"按钮。上面Command1_Click()事件过程中第 3 行的作用是将"打开文件"对话框的有关信息反馈给图 8-8 的窗体。CommonDialog1.FileName 是在通用对话框 CommonDialog1 中所选中的文件名（图中选中的是"操作实例6-4.vbp"），将它显示在图 8-9 所示窗体中的标签框内。

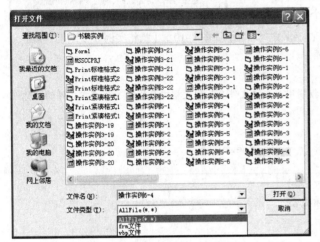

图 8-8　"打开文件"对话框

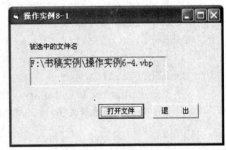

图 8-9　将选中的文件名显示在列表框中

**注意**：当用户选择了其中一个文件名并单击"打开"按钮后，并没有实际执行打开一个文件的操作。如果要打开该文件，还应该编写相应的程序段进行处理。例如，可以在上面的事件过程中第二行（LblFile.Caption = CommonDialog1.FileName）后面添加 5 行语句。

```
Private Sub Command1_Click()
  CommonDialog1.Action=1
  Label2.Caption=CommonDialog1.FileName
  Open CommonDialog1.FileName For Input As #1  '以下为文件操作语句
  Do Until EOF(1)
    Input #1,s$
    Print s$
  Loop
End Su
```

用户在"打开文件"对话框中所选择的文件名就是 CommonDialog1.FileName 属性的值。执行打开该文件的操作后，从该文件中逐个记录读入，并在窗体上显示出来。

在上例中设计阶段利用"属性页"对话框设置有关属性，在实际操作中，也可以在通用对话框控件的"属性"面板的属性表中直接指定属性值（Action 属性除外），还可以在运行阶段在程序中对属性赋值。

【操作实例 8-1】的讨论到此结束。

下面再举一个打开、保存对话框的例子。

**【操作实例 8-2】** 编写程序，建立"打开"和"保存"对话框。

在这个实例中，不在设计阶段利用"属性页"对话框设置有关属性，而在程序代码中对属性设置值，在运行阶段赋予属性值。

在窗体上画一个通用对话框控件，其 Name 属性为 CommonDialog1（默认值），再画两个命令按钮，其 Name 属性分别为 Command1 和 Command2，Caption 属性分别为"建立'打开'对话框"和"建立'保存'对话框"，如图 8-10 所示。然后编写两个事件过程。

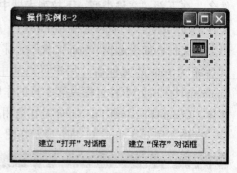

图 8-10　【操作实例 8-2】用户界面

建立"打开"对话框的事件过程如下：

```
Private Sub Command1_Click()
  CommonDialog1.FileName=""
  CommonDialog1.Flags=4096     '指明用户在"文件名"列表框中只能输入已存在文件的名称
  CommonDialog1.Filter=""
  CommonDialog1.FilterIndex=3
  CommonDialog1.DialogTitle="Open File(*.exe)"
  CommonDialog1.Action=1
  If CommonDialog1.FileName="" Then
    MsgBox "没有选择文件。",37,"请核查"
  Else
    '对所选择的文件进行处理
    Open CommonDialog1.FileName For Input As #1
    Do While Not EOF(1)
      Input #1,a$
      Print a$
    Loop
    Close #1
  End If
End Sub
```

Command1_Click() 事件过程用来建立一个 Open 对话框，程序运行后，单击图 8-10 中的"建立'打开'对话框"按钮，弹出如图 8-11（a）所示的"OpenFile(*.exe)"对话框，可以在这个对话框中选择要打开的文件，选择后单击"打开"按钮，所选择的文件名即作为对话框的 FileName 属性值。过程中的"CommonDialog1.Action = 1"用来建立该对话框，它与语句"CommonDialog1 ShowOpen"是等价的。

不过该对话框似乎有些名不副实，因为它并不能真正"打开"文件，而仅仅是用来选择一个文件，至于选择以后的处理，包括打开、显示等，该对话框就无能为力了。在上面的过程中，前半部分用来建立该对话框，设置对话框的各种属性，"Else"行之后的部分用来对选择的文件进行处理，首先打开文件，然后逐行显示文件内容。如果在对话框中单击"取消"按钮，会弹出如图 8-11（b）所示的消息框。

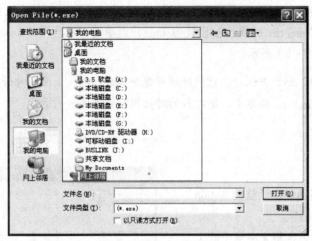

（a）"Open File(*.exe)" 对话框　　　　　　　　　（b）消息框

图 8-11　打开操作和消息框

建立"保存"对话框的事件过程如下：

```
Private Sub Command2_Click()
  CommonDialog1.CancelError=True
  CommonDialog1.Filter="frm 文件|*.frm|All Files(*.*)|*.*"
  CommonDialog1.FilterIndex=1
  CommonDialog1.DialogTitle="Save File As (*.frm)"
  CommonDialog1.Flags=6
  CommonDialog1.Action=2
End Sub
```

Command2_Click() 事件过程用来建立一个 Save File As(*.frm)对话框，程序运行后，单击图 8-10 中的"建立'保存'对话框"按钮，屏幕上弹出如图 8-12（a）所示的 Save File As(*.frm)对话框。可以在这个对话框中选择要保存的文件，选择后单击"保存"按钮，所选择的文件名即作为对话框的 FileName 属性值。过程中的 CommonDialog1.Flags = 6 一行中的 6 = 2 + 4，表示同时具备 Flags = 2 和 Flags = 4 的特性。而 CommonDialog1.Action = 2 一行用来建立该对话框，它与语句 CommonDialog1.ShowSave 是等价的。

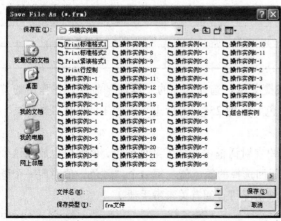

（a）"Save File As(*.frm)"对话框　　　　　　　　（b）出错信息

图 8-12　保存操作和出错信息

和"打开"对话框一样，"保存"对话框也只能用来选择文件，本身不能执行保存文件的操作。在上面的事件过程中，由于 CancelError 属性被设置为 True，当单击"取消"（Cancel）按钮时，将产生出错信息，如图 8-12（b）所示。

注意：在不同版本的 Windows 中，所打开的对话框的外观可能会不太一样。上面的对话框是在 Windows XP 中打开的，在其他 Windows 版本中，所打开的对话框可能是另一种画面。

【操作实例 8-2】的讨论到此结束。

### 8.2.3 "颜色"对话框

"颜色"对话框用来设置颜色。当通用对话框的 Action 属性值为 3 时，就会产生"颜色"对话框。

【操作实例 8-3】利用"颜色"对话框将文本框中的文字改变颜色。

界面设计如图 8-13 所示。在窗体上放一个通用对话框、一个文本框、两个命令按钮，属性值设置如表 8-5 所示。

图 8-13 【操作实例 8-3】的界面设计

表 8-5 属性设置

| 对　　象 | 属　　性 | 设　　置 |
|---|---|---|
| 窗体 | Caption | 操作实例 8-3 |
| 文本框 | 名称 | Text1 |
| | Caption | 祝你成功！ |
| | FontSize | 24 |
| | FontName | 华文新魏 |
| 通用对话框 | 名称 | ColorDialog |
| | Flags | 1 |
| | Color | 255 |
| 命令按钮 1 | 名称 | Command1 |
| | Caption | 改变颜色 |
| 命令按钮 1 | 名称 | Command2 |
| | Caption | 结束 |

接着将通用对话框激活，右击，弹出快捷菜单，选择其中的"属性"命令，在弹出的"属性页"对话框的"颜色"选项卡中设置"颜色"值为 255、"标志"值为 1。此时"属性页"如图 8-14 所示。

"颜色"属性用来设置初始颜色，如果用户在对话框中选择了某种颜色，该颜色也放在这个属性中，也就是说利用"颜色"属性能设置或返回选择的颜色值。每一个"颜色"值对应一个颜色（例如，红色为 255，黄色为 65 535，……详细情况可查阅有关参考手册）。

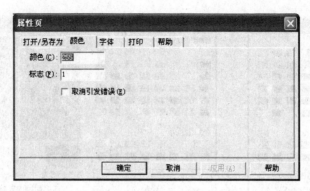

图 8-14 设置"属性页"下的"颜色"属性

"颜色"对话框的 Flags 属性有 4 种取值（见表 8-6），其中 1 是必需的，用它可以打开一个颜色对话框，并可设置或读取 Color 属性。

表 8-6 颜色对话框部分 Flags 属性值的含义

| Flags 的值 | 作 用 |
| --- | --- |
| 1 | 使得 Color 属性定义的颜色在首次显示时对话框随着显示出来 |
| 2 | 打开完整对话框，包括"用户自定义颜色"窗口 |
| 4 | 禁止选择"规定自定义颜色"按钮 |
| 8 | 显示一个"Help"按钮 |

"改变颜色"命令按钮的事件过程如下：

```
Private Sub Command1_Click()
    ColorDialog.Action=3
    Text1.ForeColor=ColorDialog.Color
End Sub
```

Command1_Click() 事件过程中 ColorDialog.Action = 3 语句行将对话框定义成"颜色"对话框，并打开"颜色"对话框。而语句行 Text1.ForeColor = ColorDialog.Color 的作用是：在用户选择好颜色后，将该颜色值赋给文本框中的"前景色"，从而使文本框中的文字改变颜色。

程序运行开始后，用户单击窗体中的"改变颜色"按钮，触发上面 Command1_Click()事件过程，屏幕弹出"颜色"对话框，如图 8-15（a）所示。

在"颜色"对话框中，如果单击"规定自定义颜色"按钮，则可打开"自定义颜色"对话框，它附加到"颜色"对话框的右侧，这样的"颜色"对话框称为"完整对话框"（见图 8-15（b）），右侧有一方块，方块内显示各种颜色，可以单击所需要的颜色。如果"颜色"对话框的 Flags 属性值同时设置了 1 和 2，则可打开完整对话框；如果同时设置 1 和 4，则禁止打开右边的"自定义颜色"对话框，在这种情况下，对话框中的"规定自定义颜色"按钮无效。

假若从"颜色"对话框的"基本颜色"栏中选择蓝色（用户也可以选择别的颜色），然后单击"确定"按钮，则文本框中的文字随即改变为蓝色（或指定其他颜色），如图 8-16 所示。

【操作实例 8-3】的讨论到此结束。

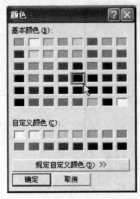

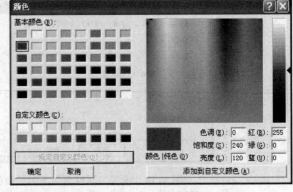

（a）"颜色"对话框　　　　　　　　　　　（b）颜色的"完整对话框"

图 8-15　"颜色"对话框和"颜色"的完整对话框

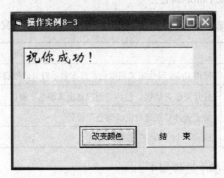

图 8-16　运行效果

### 8.2.4　"字体"对话框

在 Visual Basic 中，字体通过 Font 对话框或字体属性设置。利用通用对话框控件，可以建立一个"字体"对话框，并可以在其中设置应用程序所用的字体。

在通用对话框中设计"字体"对话框，当 Action = 4 时，定义并打开一个"字体"对话框。

【操作实例 8-4】用"字体"对话框设置文本框中显示的字体。

在窗体上设置 1 个文本框，1 个命令按钮和 1 个通用对话框。在文本框中输入一些信息，将命令按钮的标题写为"设置字体"，如图 8-17 所示。

图 8-17　【操作实例 8-4】用户界面

将命令按钮的名称属性值设置为 CmdFont，将通用对话框的名称属性值设置为 DialogFont。右击通用对话框图标，在快捷菜单中选择"属性"命令，弹出"属性页"对话框（见图 8-18），通过"属性页"设置属性值。"属性页"中包括"字体名称"、"字体大小"、"标志"等属性。其中"标志"用来规定对话框的外形。例如，Flags = 1 时，只显示屏幕显示的字体，Flags = 2 时，只列出打印机字体，Flags = 3 时，列出打印机和屏幕字体，Flags = 4 时，显示一个 Help 按钮……。

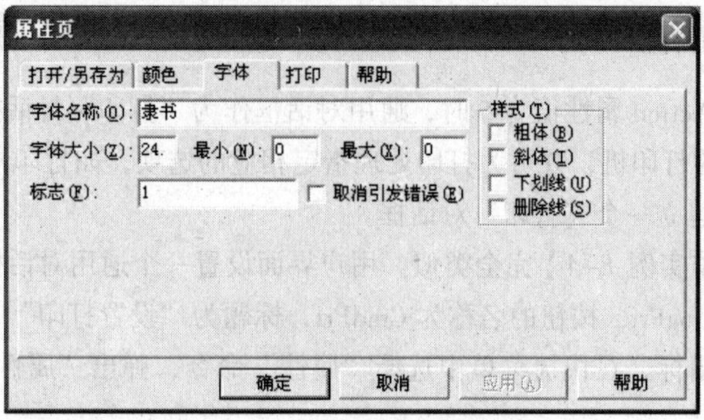

图 8-18 "属性页"对话框

"样式"框架中有 4 个复选框,分别是"粗体"、"斜体"、"下画线"和"删除线"。

上述关于字体名称、大小和字体风格的属性既可以用于设置字体的属性,也能够在程序运行时返回用户设置字体时选中的属性值。

CmdFont_Click() 事件过程的代码如下:

```
Private Sub CmdFont_Click()
    DialogFont.Action=4                      '屏幕显示"字体"对话框
    Text1.FontName=DialogFont.FontName
    Text1.FontSize=DialogFont.FontSize
    Text1.FontBold=DialogFont.FontBold
    Text1.FontItalic=DialogFont.FontItalic
    Text1.FontUnderline=DialogFont.FontUnderline
    Text1.FontStrikethru=DialogFont.FontStrikethru
End Sub
```

程序运行后,单击图 8-17 中的"设置字体"按钮,弹出"字体"对话框,如图 8-19 所示。对话框中各项属性的初始值就是在"属性页"窗口中设置的值。用户如果确认此值就直接单击"确定"按钮,否则,还可以重新选择各属性值。

用户单击"字体"对话框中的"确定"按钮,会弹出一个如图 8-20 所示的窗体。窗体的文本框中的"秋水共长天一色"文字是在设计阶段的"属性"面板中设置的。

【操作实例 8-4】讨论到此结束。

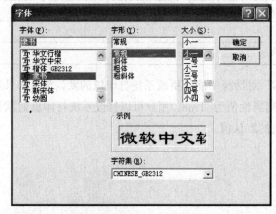

图 8-19 "字体"对话框

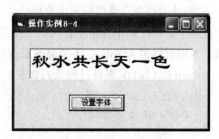

图 8-20 弹出的窗体

### 8.2.5 "打印"对话框

当通用对话框的 Action 属性值为 5 时，通用对话框作为"打印"对话框使用。用"打印"对话框可以选择要使用的打印机，并可为打印处理指定相应的选项，如打印范围、数量等。

【操作实例 8-5】建立一个"打印"对话框。

操作步骤与【操作实例 8-4】完全类似。用户界面设置一个通用对话框和一个按钮，通用对话框的名称属性为 DialogPri，按钮的名称为 CmdPri，标题为"设置打印"，图 8-21 所示。

右击通用对话框图标，在快捷菜单中选择"属性"命令，弹出"属性页"对话框，图 8-22 所示。

图 8-21 【操作实例 8-5】界面

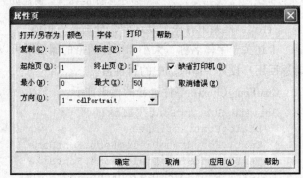

图 8-22 "属性页"对话框

通过"属性页"设置属性值。在"属性页"中，"标志"属性用来设置对话框的一些选项，当Flags取不同值时表示了不同的含义，Flags部分值的含义如表8-7所示。"起始页"和"终止页"属性指定从第几页打印到第几页（如果要设置这两个属性，"标志"属性值应选为2）。"最大"和"最小"属性用来规定"起始页"和"终止页"的范围。

表 8-7 打印对话框部分 Flags 属性值的含义

| Flags 的值 | 作　　用 |
| --- | --- |
| 0 | 返回或设置"所有页"选项按钮的状态 |
| 1 | 返回或设置"选定范围"选项按钮的状态 |
| 2 | 返回或设置"页"选项按钮的状态 |
| 4 | 禁止"选定范围"选项按钮 |
| 8 | 禁止"页"选项按钮 |

"默认打印机"属性用来设置用户在"打印"对话框中能否更改系统打印机的默认值，如果选中此项（该项左侧小方格中有"√"标志），则属性值为 True，用户可以修改系统打印机的默认值，否则属性值为False，不能修改系统打印机的默认值。

CmdPri_Click() 事件过程代码如下：

```
Private Sub CmdPri_Click()
  DialogPri.Action=5
End Sub
```

运行开始后，用户单击"设置打印"按钮，会弹出一个"打印"对话框，如图 8-23 所示。

图 8-23 "打印"对话框

可以看出：图中各项初始值是设计阶段在"属性页"中指定的。用户可以根据打印需要改变"打印"对话框中各项的值。

另外，如果不使用"属性页"的方法设置对话框的属性，而直接在代码中来指定，那么本例题的 CmdPri_Click() 事件过程代码如下：

```
Private Sub CmdPri_Click()
  DialogPri.Copies=1
  DialogPri.Min=1
  DialogPri.Max=50
  DialogPri.Flags=1
  DialogPri.Action=5
End Sub
```

读者不难看出，它与图 8-22 "属性页"对话框中的设置是一样的。

应该说明：这个例题和前面的"打开/另存为"对话框一样，现在仅显示"打印"对话框，并未真正实现打印操作，如需实现打印功能，应另编写程序。

【操作实例 8-5】讨论到此结束。

限于篇幅，只对通用对话框的操作做了一个最简单的介绍，使读者有一个初步的概念，有兴趣的读者可以参考 Visual Basic 的有关资料做进一步的学习讨论。

## 8.3 习　题

1. 在窗体上添加一个通用对话框和一个"打开"命令按钮，如图 8-24 所示。当单击"打开"按钮时，弹出"打开文件"对话框。
2. 写出创建窗体自定义对话框的一般操作步骤。

图 8-24 习题 1 用户界面

# 第 9 章 菜单的程序设计

在 Windows 环境下，应用软件一般都是通过菜单来实现各种操作的。而对于 Visual Basic 应用程序来说，当操作比较简单时，一般通过控件来执行；而当要完成较复杂的操作时，学会菜单的设计和操作，在软件开发中就更方便和专业化了。

在实际应用中，菜单可分为两种类型，一种为下拉式菜单，一种为弹出式菜单，在 Windows 下读者已经多次见过这两种菜单。下面结合操作实例，分别对这两种类型的菜单进行简单的介绍。

## 9.1  Visual Basic 的菜单编辑器

### 9.1.1  下拉式菜单

Visual Basic 提供了设计菜单的工具——菜单编辑器，但是这个菜单编辑器不在工具箱中，而是在窗体的工具栏中，按钮图标为圙，单击该按钮图标，弹出"菜单编辑器"对话框，如图 9-1 所示。

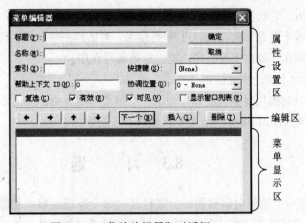

图 9-1  "菜单编辑器"对话框

除了上面介绍的方法外，还可以用下面两种方法打开"菜单编辑器"对话框。

（1）选择"工具"→"菜单编辑器"命令，打开"菜单编辑器"对话框。

（2）在窗体的空白处右击，在弹出的快捷菜单中选择"菜单编辑器"命令。

利用"菜单编辑器"对话框，可以对所要设计的菜单的各个属性进行设置。

从图 9-1 中可以看出："菜单编辑器"对话框分为上中下三部分，上半部分称为属性设置区，用来对菜单的属性进行设置；中部称为编辑区，由 7 个按钮组成，用来对输入的菜单进行简单的编辑；下半部分称为菜单显示区，用户建立菜单时输入的菜单项名称、级别和快捷键在这里显示出来。

使用菜单编辑器能够建立一个应用程序的菜单系统，菜单系统中往往包含多个菜单项，由于每个菜单项都可以接受 Click 事件，所以可以把每一个菜单项看成是一个控件，也就是说在菜单编辑器中包含多个控件，每一个控件都有自己的名字，对每一个控件需要分别进行属性的设置，当然在程序中，也要分别对每个控件编写相应的程序。在设计阶段，对属性的设置可通过菜单编辑器进行，在程序运行过程中，也可以通过语句改变属性的值。

建立菜单以后，每一个菜单项的名字（就是该控件的"名称"属性值）都会出现在代码窗口的"对象"下拉列表框（即"代码窗口"顶部左端的下拉列表框）中。

建立一个菜单的操作步骤大致如下。

（1）创建窗体，在窗体中设置有关控件。

（2）打开"菜单编辑器"对话框。

（3）在"菜单编辑器"对话框中设置各菜单项。

（4）为相应的菜单命令添加编写事件过程。

关于菜单编辑器的使用，通过例子来说明。

【操作实例 9-1】设置一个菜单如图 9-2 所示。菜单上共有 5 个菜单标题，分别是文件、编辑、视图、运行和帮助，其中"视图"菜单的下一级菜单中有"英文"、"中文"，"英文"下有二级子菜单"小写"、"大写"，在"大写"、"小写"前显示选项标志"√"。

按照下面的 5 个操作步骤来创建一个菜单界面。

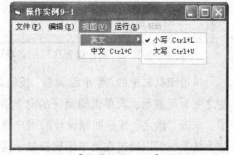

图 9-2 【操作实例 9-1】用户界面

第一步：填写属性设置区的各项内容

在菜单编辑器的标题栏中输入中文"编辑"二字，标题栏输入的内容就是 Caption 属性的属性值。

在"名称"文本框中输入 MenuEdit。这个名称是在程序代码中引用菜单控件时使用的名字。前缀 Menu 表示这是一个菜单控件。

"索引"文本框用于控件数组，见下一小节"菜单的有效性控制"介绍，在这里不填写。

"快捷键"框是一个下拉列表，可以从中选择一个快捷键，不过，此处"编辑"是菜单项分组标题，是顶级菜单，通常用【Alt + 英文字母】作为快捷键打开它。只要在标题"编辑"的后面填写"(&E)"，用户界面上就显示"编辑(E)"，表示同时按下【Alt】键和【E】键就可以打开"编辑"菜单标题。所以快捷键栏就用默认值（None）。

"帮助上下文 ID"和"协调位置"两项可以不填。

"复选"框用于在菜单项前显示"√"，表示该菜单命令处于活动状态。因为"编辑"不是菜单项命令，不必为它设置活动状态。

"有效"属性就是 Enabled 属性，需要选中。

"可见"属性就是 Visible 属性，需要选中。

填写完属性区的内容，可以看到在"菜单显示区"已经出现了"编辑(&E)"，并高亮反显，如图 9-3 所示。

**第二步：**利用"编辑区"的功能按钮做简单编辑

单击编辑区的"下一个"按钮，在菜单显示区中反显示条向下移动一行，以便在该位置定义下一个新菜单项。按照操作步骤一的操作过程，定义另一个菜单标题（顶级菜单），它的标题是"文件(&F)"，名称是 MenuFile，这时菜单显示区在"编辑(&E)"之下又显示一条"文件(&F)"。

单击菜单编辑器的"确定"按钮，回到 Visual Basic 设计的用户界面，可以看到"编辑(&E)"、"文件(&F)"都在"菜单显示区"显示了，由于最先制作了"编辑"菜单标题，所以"编辑"排在了"文件"的左边，如图 9-4 所示，这与大多数应用程序的习惯不同，应该修改。

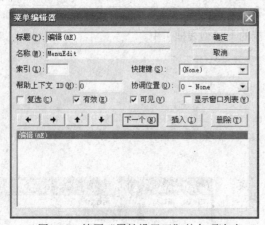

图 9-3　填写"属性设置区"的各项内容

图 9-4　"编辑"被排在了左边

单击工具栏中的"菜单编辑器"按钮，重新进入菜单编辑器。选中菜单显示区的"文件(&F)"，使之变为反显示，再单击编辑区的向上箭头　↑　，则"文件(&F)"就上移到"编辑(&E)"的上面了。单击"确定"按钮回到设计的用户界面可以看到"文件(&F)"已移到"编辑(&E)"的左边了。这个结果也可以通过在菜单编辑器显示区激活"编辑(&E)"项，单击向下箭头　↓　来完成。可见，上下箭头都是用来调整菜单项之间先后顺序的。单击向上箭头按钮，将使菜单显示区中的当前菜单项向上移动一项；单击向下箭头按钮，则使当前菜单项向下移动一项。

在"菜单编辑器"中，如果菜单显示区的反显条在第一条"文件(&F)"上，单击"插入"按钮（该命令按钮用于在当前位置的前面插入一个空行），就在"文件(&F)"的上面又插入一个空行，以便能在该位置定义一个新的菜单。假若下一个菜单不想写在"文件(&F)"的前面，那么再单击"删除"按钮删除这个空行。

通过连续单击两次"下一个"按钮，使反显条出现在"编辑(&E)"的下一个空位。在这个空位上，定义新菜单项，其标题为"视图(&V)"，名称为"MenuView"，选中"有效性"和"可见性"。

**第三步：**为顶级菜单制作子菜单

接着要为"视图(&V)"制作一级子菜单。单击"下一个"按钮，再单击右箭头　→　，菜单显示区反显条内出现 4 个小点，这 4 个点代表该菜单项在运行时作为一级子菜单显示。若再单击一次右箭头，则会在原基础上再增加 4 个点，表示该项菜单作为二级子菜单显示。在 Visual Basic 中，一个主菜单最多可下拉出 5 层子菜单。因此，菜单右边最多可有 20 个点。和前面叙述的操作相同，为这个菜单设置标题为"英文"，名称为 MenuEng，同样选中"有效性"和"可见性"。

按照题目所要求的菜单设置，按照前面叙述的操作方法，用户可将其余的菜单逐一设置出来，如图 9-5 所示。

**第四步**：制作"无效"的菜单

细心的读者会发现，在图 9-5 中设置最后的顶级菜单"帮助(&H)"时，在属性设置区的"有效"框为空，单击菜单编辑器的"确定"按钮，回到 Visual Basic 设计的用户界面，此时的用户界面如图 9-6 所示。

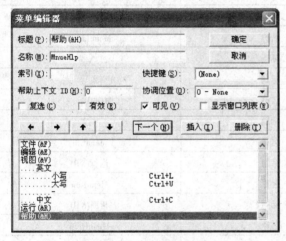

图 9-5 设置出所有菜单

图 9-6 "帮助"菜单是"无效"的

可看到前面几项顶级菜单都是黑色显示，而最后的"帮助"菜单是灰色显示，这是因为在定义"帮助(&H)"菜单时，没有选中该菜单对象的"有效"复选框，从而使"帮助"菜单在程序运行时是无效的。

**第五步**：添加"分隔线"

在图 9-5 所示的菜单显示区中，"大写"和"中文"两菜单命令之间有一个小横线，它的运行结果是一条分隔线。假若一个菜单标题下菜单项很多，通常将它们按功能分组然后用分隔线分隔。制作分隔线只需在其标题栏中输入减号，名称栏可以输入任意符号，因为不会为分隔符编写事件过程代码，但各个对象的名称栏是必须填写的，不能为空，否则系统将不允许单击"确定"按钮，退出"菜单编辑器"对话框。

另外，在图 9-5 的菜单显示区中为菜单命令"大写"、"小写"、"中文"都设置了快捷键，但菜单命令"英文"没有设置快捷键。这是因为："英文"还有下级菜单，它本身不能执行命令，即不能触发事件过程，所以给它设置快捷键是没有意义的。

当菜单编辑器中的各菜单制作、填写完成后，最后一定要单击"确定"按钮后，才能使所设置的各菜单、菜单命令生效。

本例中各菜单和菜单命令的属性值可以归纳为表 9-1，未设置的属性可使用默认值。

表9-1　各菜单、菜单命令属性设置

| 对　象 | 属　性 | 设　置 |
| --- | --- | --- |
| 菜单标题 1 | 标题 | 文件(&F) |
| | 名称 | MenuFile |
| 菜单标题 2 | 标题 | 编辑(&E) |
| | 名称 | MenuEdit |
| 菜单标题 3 | 标题 | 视图(&V) |
| | 名称 | MenuView |
| 一级子菜单 1 | 标题 | 英文 |
| | 名称 | MenuEig |
| 二级子菜单 1 | 标题 | 小写 |
| | 名称 | MenuLcase |
| | 复选 | √ |
| 二级子菜单 2 | 标题 | 大写 |
| | 名称 | MenuUcase |
| 一级子菜单 2 | 标题 | 中文 |
| | 名称 | MenuChi |
| 菜单标题 4 | 标题 | 运行(&R) |
| | 名称 | MenuRun |
| 菜单标题 5 | 标题 | 帮助(&H) |
| | 名称 | MenuHelp |
| | 有效性 | 不选（空） |

创建一个菜单界面的操作到此就全部完成了。

菜单界面设计好了，相当于完成了制作按钮时设置按钮属性，还需要为每个菜单命令编写事件过程代码。

菜单只有一个 Click 事件，触发 Click 事件完成一项任务，同按钮的 Click 事件的作用一样，只是表现形式不同。正是由于菜单命令与命令按钮的作用一样，才把菜单控件放在命令按钮控件之后介绍。只要把命令按钮的代码段照搬到相应的菜单命令下就可以了。

现在，在图 9-6 所示窗体的下部再设置一个标签，其属性 BorderStyle 取值为 1，标题（Caption）属性设置为空白。那么本例的各个事件过程代码如下：

```
Private Sub MenuChi_Click()                    '"中文"菜单项
  Label1.Font.Size=24
  Label1.Font.Name="隶书"
  Label1.Caption="你  好！"
End Sub

Private Sub MenuLcase_Click()                  '英文"小写"菜单项
  Label1.Font.Size=16
  Label1.Caption="How do you do !"
  MenuLcase.Checked=True                       '"复选框"属性的设置
```

```
  MenuUcase.Checked=False
End Sub

Private Sub MenuUcase_Click()                        '英文 "大写" 菜单项
  Label1.Font.Size=16
  Label1.Caption="HOW DO YOU DO !"
  MenuLcase.Checked=False                            ' "复选框" 属性的设置
  MenuUcase.Checked=True
End Sub

Private Sub MenuRun_Click()
  Shell "C:\WINDOWS\notepad.exe", vbNormalFocus       '用 Shell 函数打开 "记事本"
'窗口
End Sub
```

在事件过程 MenuChi_Click()中, 设置了 Label1 对象的字体 Font 属性的子属性 "字体大小" 的值为 24, "字体" 为隶书, 当运行程序、选择 "视图" 菜单下的 "中文" 命令时, 窗体下部的标签框中显示 "你好!" 字样。

事件过程 MenuLcase_Click()与 MenuUcase_Click() 的代码几乎是一样的, 首先将标签中字符的 "大小" 确定为 16, 显示的内容都是 How do you do !, 只是区分了大小写, 不同之处在于: 在

MenuLcase_Click()中的 "MenuLcase.Checked = True" 把菜单中 "小写" 菜单命令项前面的复选框中打了 "√"; 而 MenuUcase_Click() 中的 "MenuUcase.Checked = True" 使 "大写" 菜单命令项前面的复选框中打了 "√"。程序运行后, 当用户选定不同的菜单命令后, 在窗体下部的标签中将显示出相应的文字内容。例如当用户选定 "大写" 菜单命令, 那么窗体中显示菜单选择和运行结果如图 9-7 所示。

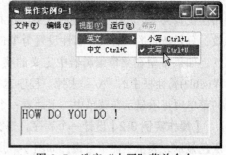

图 9-7　选定 "大写" 菜单命令

在过程事件 MenuRun_Click()中只有一行程序行 "Shell "C:\WINDOWS\notepad.exe", vbNormalFocus", 其中用到了 Shell 函数。在前面曾使用过 Shell 函数, 现结合本例题作一简单介绍。

Shell 是一个系统函数, 用来调用一个可执行文件, 例如可以调用系统的记事本 notepad.exe 或计算器 calc.exe 等。既然是函数, 就应有一个函数返回值, 若由于某些原因调用可执行文件不成功, 则函数返回值为 0。若不需要返回值, 则可以使用函数的命令形式, 本例中就是使用了命令形式。

Shell()函数的标准形式为:

```
Shell(pathname [,windowstyle])
```

Pathname 是被调用可执行文件的路径及文件名, windowstyle 为可选参数, 表示在程序运行时窗口的样式。它的值与窗口样式如表 9-2 所示。

表 9-2　windowstyle 参数的值与窗口样式

| 常　　数 | 值 | 窗　口　样　式 |
|---|---|---|
| vbNormalFocus | 1 | 一般化, 获得焦点 |
| vbMinimizedFocus | 2 | 最小化, 获得焦点 |

续上表

| 常　　数 | 值 | 窗　口　样　式 |
|---|---|---|
| vbMaximizedFocus | 3 | 最大化，获得焦点 |
| vbNormalNoFocus | 4 | 一般化，失去焦点 |
| vbMinimizedNoFocus | 6 | 最小化，失去焦点 |

事件过程中的程序行 "Shell "C:\WINDOWS\notepad.exe", vbNormalFocus" 对照表 9-2 可以知道它与程序行 "Shell "C:\WINDOWS\notepad.exe",4" 是等价的。程序行的功能是：当用户选择"运行"菜单命令时，系统将利用 Shell() 函数来调用 Windows 下的"记事本"功能，在屏幕上打开"记事本"窗口，供用户使用。

【操作实例 9-1】的讨论到此全部结束。

### 9.1.2　菜单的有效性控制

上面介绍的利用菜单编辑器所创建的菜单是固定的，菜单中的某些菜单项应能根据执行条件的不同进行动态的变化，即当条件满足时可以执行，否则不能执行。上面已经介绍过了菜单项的"有效"属性，菜单项的有效性就是通过这个属性来控制的。实际上，只要把一个菜单项的"有效"属性设置为 False，就可以使其失效，运行时该菜单项变为灰色；为了使一个失效的菜单项变为有效，只要把它的"有效"属性设置为 True 就可以了。

如果希望在菜单编辑器中定义的菜单项不显示，可以在菜单编辑器中将菜单项的"可见"(Visible)属性框中的"√"去掉。程序运行时，"可见"属性被设置为 False（即框中没有"√"）的菜单项将不显示在菜单中。下面看一个简单例子。

【操作实例 9-2】设计一个程序，当文本框没有任何字体时，"运动项目"菜单项中的各项为灰色显示，表示当前不可用，如图 9-8 所示。当用户向文本框中输入了运动员的名字、并在菜单项中选择了运动项目后，窗体的文本框中显示运动员的名字和选择的项目名称，而菜单项下只显示所选项目，并在选项前加一个"√"记号，如图 9-9 所示。

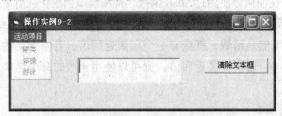

图 9-8　菜单项中的各项当前"无效"

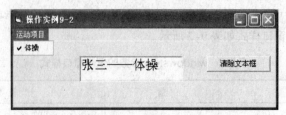

图 9-9　文本框输入有效数据使相关菜单项成为"有效"

例如，将"运动项目"菜单项下的菜单命令放在一个控件数组 Sport 中，所谓控件数组，是指若干个控件使用一个名称（控件数组名称），它们具有相似的功能，在控件数组内，各控件称为控件数组元素，以索引号区分它们，在程序代码中，若控件数组的名称为 Sport，则用 Sport(i) 表示其中第 i 个控件元素。例中窗体及各控件元素的属性值列于表 9–3 中，默认值不包含在内。

表 9-3　窗体及各控件元素属性值设置

| 对　象 | 属　性 | 设　置 |
|---|---|---|
| 窗体 | 标题 | 操作实例 9–2 |
| 顶级菜单 | 标题 | 运动项目 |
| 一级子菜单 1 | 标题 | 球类 |
| | 名称 | Sport |
| | 索引 | 1 |
| 一级子菜单 2 | 标题 | 体操 |
| | 名称 | Sport |
| | 索引 | 2 |
| 一级子菜单 3 | 标题 | 游泳 |
| | 名称 | Sport |
| | 索引 | 3 |
| 文本框 | Text | 空 |
| | FontSize | 16 |

事件过程代码如下：

```
Private Sub MenuMain_Click()              '单击菜单项标题"运动项目"时执行的代码
  If Text1.Text="" Then
    Sport(1).Enabled=False
    Sport(2).Enabled=False
    Sport(3).Enabled=False
  Else
    Sport(1).Enabled=True
    Sport(2).Enabled=True
    Sport(3).Enabled=True
  End If
End Sub


Private Sub Sport_Click(Index As Integer)    '单击下级菜单（控制数组）时执行的代码

  Select Case Index
    Case 1
      Sport(1).Checked=True
      Sport(2).Visible=False
      Sport(3).Visible=False
      Sport(1).Visible=True
      Text1.Text=Text1.Text & "——球类"
    Case 2
```

```
     Sport(1).Visible=False
     Sport(2).Checked=True
     Sport(3).Visible=False
     Sport(2).Visible=True
     Text1.Text=Text1.Text & "——体操"
   Case 3
     Sport(1).Visible=False
     Sport(2).Visible=False
     Sport(3).Checked=True
     Sport(3).Visible=True
     Text1.Text=Text1.Text & "——游泳"
   End Select
End Sub

Private Sub Command1_Click()
  Text1.Text=""
  Sport(1).Visible=True
  Sport(2).Visible=True
  Sport(3).Visible=True
  Sport(1).Checked=False
  Sport(2).Checked=False
  Sport(3).Checked=False
  Text1.SetFocus
End Sub
```

程序代码共有 3 段。由事件过程 MenuMain_Click()可以确认，当文本框中用户没有输入内容时，"运动项目"菜单下的各子菜单处于"无效"状态。事件过程 Sport_Click(Index As Integer)的作用是：当用户在文本框中输入自己的名字、单击"运动项目"菜单，可在一级菜单中选出自己满意的菜单项后，系统根据用户的选择，将选中的项显示在"运动项目"菜单下，并在其名字前面打"√"，而将没有选中的项隐藏。显示效果如图 9-9 所示。事件过程 Command1_Click() 使得每次用户选择之前，将文本框清空，同时使菜单恢复到初始状态。例如，某用户可以这样来操作：单击"清除文本框"按钮→在文本框中输入"李四"→单击"运动项目"菜单→在下级菜单中选择，假若选了"球类"。

再单击"运动项目"菜单，此时窗体中显示的结果如图 9-10 所示。此时在"运动项目"菜单下，只显示"球类"菜单命令，而其余的选项都被隐藏起来了。

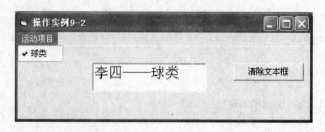

图 9-10　在文本框中输入"球类"之后的菜单界面

【操作实例 9-2】讨论到此结束。

## 9.2 弹出式菜单

前面设计的菜单是显示在窗体的菜单栏上的，不能跟踪用户的操作。弹出式菜单是独立于菜单栏、可以显示在窗体任何位置上的一种浮动式菜单。它经常被用来快速地在屏幕上显示一些菜单命令。

弹出式菜单所弹出的菜单仍然来源于下拉式菜单，只是显示方式和位置有所变化。因此，弹出式菜单仍然通过菜单编辑器来完成。

【操作实例 9-3】将【操作实例 9-2】中的菜单制作成弹出式菜单。在窗体中设置一个文本框，程序运行时，在窗体上单击鼠标右键，弹出菜单，在菜单中选定某一菜单命令项时，文本框中显示该菜单命令项的名字（标题），用户界面如图 9-11 所示。

图 9-11 菜单中选中的内容在文本框中显示

首先应设计一个弹出式菜单，具体操作步骤如下：

（1）在"菜单编辑器"中建立一个顶级菜单（没有缩进符号），名称可以任意设定，因为顶级菜单项的名称在菜单弹出的时候不显示，这里将其设置为 MenuSport。

（2）将顶层菜单的"可见"（Visible）属性设置为 False，这样在程序运行时，不显示这个菜单，可见，顶级菜单的标题写与不写都意义不大。

（3）单击"下一个"命令按钮，再单击 ➡ 按钮，依次输入弹出式菜单中的各菜单项的值。各菜单项的属性如表 9-4 所示，完成设计的"菜单编辑器"对话框如图 9-12 所示。

表 9-4 窗体及各控件元素的属性值设置

| 对 象 | 属 性 | 设 置 |
| --- | --- | --- |
| 窗体 | 标题 | 操作实例 9-3 |
| 顶级菜单 | 名称 | MenuSport |
| 弹出菜单项 1 | 标题 | 球类 |
| | 名称 | Sport1 |
| 弹出菜单项 2 | 标题 | 体操 |
| | 名称 | Sport2 |
| 弹出菜单项 3 | 标题 | 游泳 |
| | 名称 | Sport3 |
| 文本框 | Text | 空 |
| | FontName | 楷体_GB2312 |
| | FontSize | 16 |

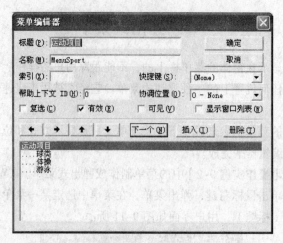

图 9-12　完成设计的"菜单编辑器"对话框

下面为弹出式菜单编写时间过程代码：

```
Private Sub Form_MouseDown(Button As Integer, Shift As Integer, X As Single,
Y As Single)
  If Button=2 Then PopupMenu MenuSport, 4 Or 2
End Sub
Private Sub Sport1_Click()
  Text1.Text="球类"
End Sub

Private Sub Sport2_Click()
  Text1.Text="体操"
End Sub

Private Sub Sport3_Click()
  Text1.Text="游泳"
End Sub
```

程序运行时，一般情况下，窗体中是不显示弹出式菜单的。需要显示时，Visual Basic 是利用窗体对象的弹出菜单方法 PopupMenu 来显示的。利用该方法可以将至少含有一个子菜单项的任何一个下拉式菜单作为弹出式菜单显示。

PopupMenu 方法的格式为：

[窗体名.] PopupMenu <菜单项名>[,Flag [,X[,Y[,BoldCommand]]]]

其中：

菜单项名——指通过菜单编辑器设置的，至少有一个子菜单项的菜单名称。

Flag——一个标志性参数，用于进一步定义弹出式菜单所弹出的位置和行为。用常量描述的位置和行为参数如表 9-5 与表 9-6 所示。

行为常数定义了弹出式菜单的鼠标选择方式。若要同时指定位置常数及行为常数，可用逻辑运算符 Or 将两者结合起来，如 4 Or 2。

X、Y——用于指定弹出菜单的弹出位置。若省略，则在鼠标所在位置弹出菜单。

表 9-5　弹出式菜单的位置常量

| 位置常量值 | 说　明 |
|---|---|
| 0 | 弹出式菜单的左上角位于 X（默认） |
| 4 | 弹出式菜单的上框中央位于 X |
| 8 | 弹出式菜单的右上角位于 X |

表 9-6　弹出式菜单的行为常量

| 行为常量值 | 说　明 |
|---|---|
| 0 | 弹出式菜单的命令项只对鼠标左键作出响应（默认） |
| 2 | 弹出式菜单的命令项对鼠标左键、右键都作出响应（只用于 MouseDown 事件） |

BoldCommand——用于指定在弹出菜单中，想用加粗效果显示的菜单项名称。在一个弹出式菜单中只能有一个菜单项具有加粗效果。

通过以上讲解可知 MouseDown(Button As Integer, …) 事件过程中条件语句：

If Button=2 Then PopupMenu MenuSport,4 Or 2

所表达的意思是：如果用户在窗体上右击，那么在鼠标当前位置中央显示弹出菜单（位置常量 4）。Button=2 表示右击；如果想让用户单击左键显示弹出菜单，可令 Button = 1。Button 是鼠标事件中的一个参数。这个参数是在发生鼠标事件时系统自动获得的，它的含义是被用户按下或释放鼠标按钮时获得的一个整数值：在该整数的二进制位中，b0=1 表示鼠标的左键被按下；b1=1 表示鼠标的右键被按下；b2=1 表示鼠标的中键被按下。

当在弹出式菜单中选择"球类"或"体操"或"游泳"命令时，就激发了 Sport1_Click()或 Sport2_Click()或 Sport3_Click()事件过程，从而在文本框中显示所选菜单项的名字，如图 9-13 所示。

图 9-13　文本框中显示所选菜单项的名字

程序运行时，每次只能显示一个弹出式菜单。若已经显示了一个弹出式菜单，则不再执行其他的 PopupMenu 事件，直到弹出菜单中的一个命令项被选中或这个菜单被取消。

【操作实例 9-3】的讨论到此全部结束。

## 9.3　习　　题

1. 选择"工具"菜单中的"菜单编辑器"命令，弹出"菜单编辑器"对话框，在窗体中建立菜单项，如表 9-7 所示。

表 9-7　窗体中菜单项设置

| 级　别 | 标　题 | 名　称 |
|---|---|---|
| 一级菜单 | 成绩登录 | S1 |
| 二级菜单 | 博士研究生 | M11 |
|  | 硕士研究生 | M12 |

| 级　别 | 标　题 | 名　称 |
|---|---|---|
| 二级菜单 | 本科生 | M13 |
| | 专科生 | M14 |
| 一级菜单 | 成绩查询 | Q1 |
| 二级菜单 | 博士研究生 | M21 |
| | 硕士研究生 | M22 |
| | 本科生 | M23 |
| | 专科生 | M24 |
| 一级菜单 | 成绩处理 | P1 |
| 二级菜单 | 博士研究生 | M31 |
| | 硕士研究生 | M32 |
| | 本科生 | M33 |
| | 专科生 | M34 |

2. 在窗体上设置一个文本框（Text1），设置它的 MultiLine 属性为 True，ScrollBars 属性为 2_Vertical。用"菜单编辑器"建立菜单，菜单栏中完成表 9-8 所示的一些简单功能，再添加一个通用对话框（cdlColor）。用户界面如图 9-14 所示，程序运行时，在文本框中输入内容后，通过菜单来设置文本框中字体的大小（18）、前景（红色）、背景（青色）、字体（隶书）等。运行效果如图 9-15 所示。

图 9-14　习题 2 的用户界面

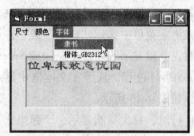

图 9-15　程序运行效果

表 9-8　菜单项的属性及功能

| 菜　单　项 | 标　题 | 名　称 | 功　能 |
|---|---|---|---|
| 一级菜单 | 尺寸 | mnuSize | |
| 二级菜单 | 大 | mnuBig | 设置字号为 18 |
| 二级菜单 | 小 | mnuSmall | 设置字号为 11 |
| 一级菜单 | 颜色 | mnuColor | |
| 二级菜单 | 背景色（&B） | mnuBack | 设置文本框的背景色 |
| 二级菜单 | 前景色（&F） | mnuFore | 设置文本框的前景色 |
| 一级菜单 | 字体 | mnuFont | |
| 二级菜单 | 隶书 | mnuLishu | 设置字体为隶书 |
| 二级菜单 | 楷体_GB2312 | mnuKaiti | 设置字体为楷体 |

# 第 *10* 章　多文档界面窗体

在解决实际问题的过程中，有时需要通过 Visual Basic 多文档界面（MDI）窗体来实现，多文档界面允许创建在单个窗体中包含多个窗体的应用程序。像 Microsoft Excel 与 Microsoft Word for Windows 这样的应用程序就具有多文档界面。本章对多文档界面窗体的基本操作进行简单的介绍。

## 10.1　多文档界面的特点

应用程序界面是用户与应用程序进行交互操作的最主要的部分。在 Windows 下由于环境的不同，应用程序的界面可能是不一样的。一般有单文档界面（Single Document Interface，SDI）和多文档界面（Multiple Document Interface，MDI）之分。所谓单文档界面的应用程序是指一次只能打开一个文档的应用程序，想要打开另一个文档时，必须先关闭已打开的文档。例如，在 Windows 下的应用程序 WordPad（记事本），就是一个典型的单文档界面应用程序。而多文档界面的应用程序是指一次可以打开多个相同样式的文档，并且同时可以对多个文档进行编辑的应用程序。典型的多文档界面的应用程序有 Microsoft Excel 和 Microsoft Word 应用程序等。例如，可以在 Microsoft Excel 下打开多个工作簿文件进行编辑操作。图 10-1 所示的多文档窗体就是在一个 Microsoft Excel 应用程序中同时打开 3 个工作簿文件的界面。

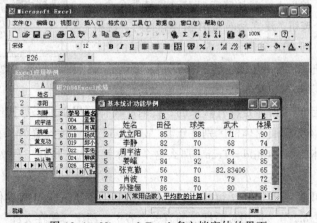

图 10-1　Microsoft Excel 多文档窗体的界面

实际上，一个多文档界面的应用程序可以包含 3 类窗体：MDI 父窗体（简称 MDI 窗体，即主窗体）、MDI 子窗体（简称子窗体）及普通窗体（或称为标准窗体）。普通窗体与 MDI 窗体没有直接的从属关系，可以从 MDI 窗体中将普通窗体移出去。一个应用程序只能有一个父窗体（MDI 窗体），而每一个子窗体只能在父窗体范围内显示，不能移动到父窗体的边界以外。

## 10.2　建立多文档界面的应用程序

建立一个多文档界面应用程序，实际上就是为应用程序创建多文档界面窗体及其子窗体。

创建 MDI 窗体的一般操作步骤如下：

（1）选择"文件"→"新建工程"命令，然后创建一个工程或打开一个已有的工程。

（2）选择"工程"→"添加 MDI"窗体命令，然后进入"添加 MDI 窗体"对话框。

（3）在"添加 MDI 窗体"对话框中，选择"新建"选项卡。

（4）在"新建"选项卡中，选择"MDI 窗体"图标，然后单击"打开"按钮，即可在指定工程中，创建一个名字为 MDIForm1 的 MDI 窗体。

在"工程"面板中将同时显示新创建的 MDI 窗体。

**注意：** 在一个应用程序中，只能有一个 MDI 窗体，当一个应用程序中已经存在一个 MDI 窗体时，"工程"菜单中的"添加 MDI 窗体"命令就成为灰色显示，表示"无效"，已不能再选用。

建立 MDI 子窗体的一般操作步骤如下：

（1）在工程中先建立一个新窗体或打开一个已有窗体。

（2）在该窗体的"属性"面板中，将其 MDIChild 属性设置为 True。

完成上述步骤，就可以将该窗体定义为一个 MDI 子窗体。一个应用程序中可以有多个 MDI 子窗体。注意，当加载 MDI 窗体时，它的子窗体是不会被自动加载到 MDI 窗体下的，如果在代码中引用了这个子窗体的某个属性，这个窗体就被自动加载。

下面通过例子来说明创建 MDI 窗体和建立 MDI 子窗体的操作过程。

**【操作实例 10-1】** 建立一个具有基本功能的简化书写器。

首先建立一个简单书写器，具体操作步骤如下：

（1）在"工程"菜单下，选择"添加 MDI 窗体"命令，再单击"打开"命令按钮，建立新的 MDI 窗体，这时，就添加了一个 MDI 窗体（即 MDI 父窗体）。从图 10-2 所示的"工程"面板中可以看到这个新添加的窗体。

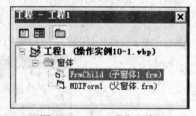

图 10-2　"工程"面板

（2）设置 MDI 窗体的子窗体。子窗体既可以是已经存在的窗体，也可以是新建立的窗体。在设计阶段子窗体与 MDI 窗体是没有联系的，此时子窗体可以单独添加控件、设置属性、编写代码等。MDI 子窗体与普通窗体的区别在于其 MDIChild 属性被设置为"真"（True）。也就是说，如果某个窗体的 MDIChild = True，那么这个窗体就成为它所在工程文件中 MDI 窗体的子窗体。

（3）创建了 MDI 窗体和 MDI 子窗体后，根据本例题的要求，在 MDI 窗体中添加一个通用对话框（具体操作参见 8.2 节"通用对话框"的有关内容），用于"保存文件"等操作。

（4）在子窗体中添加一个文本框。将文本框控件设置为可处理多行文本（Multiline = True）。窗体及各控件的属性设置如表 10-1 所示。

表 10-1  窗体及各控件的属性设置

| 对　象 | 属　性 | 设　置 |
|---|---|---|
| MDI 窗体 | 名称 | Forml |
| | Caption | 简易书写器 |
| 通用对话框 | 名称 | CMDialog1 |
| 窗体 | 名称 | FrmChild |
| | Caption | 编辑区 |
| | MDIChild | True |
| 文本框 | 名称 | TxtWrite |
| | Multiline | True |
| | Text | 空 |

按上述属性设置完毕，运行程序。可以在编辑区输入文字，窗口如图 10-3 所示。

（5）保存 MDI 应用程序。与普通的工程文件类似，每个窗体（本例题有两个窗体：MDI 窗体和它的子窗体）应分别保存为不同的文件，然后保存所在的工程文件。

（6）建立菜单。按照例题的要求，还需要为初步建成的窗体添加菜单。选中 MDI 窗体，再选择“工具”→“菜单编辑器”命令。建立一个主菜单“文件”，包含两个子菜单项“新建”和“退出”，如图 10-4 所示。主菜单“文件”下“新建”菜单命令的名称为 MenuNew，“退出”菜单命令的名称是 MenuExit。

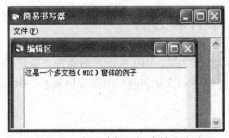

图 10-3  在“编辑区”内输入文字

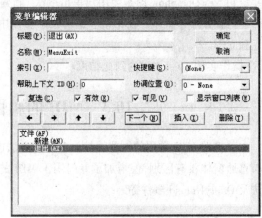

图 10-4  利用“菜单编辑器”建立菜单项

下面编写 MDI 窗体中的事件过程代码。分别编写两个菜单命令的单击事件过程，MenuNew_Click()代码如下：

```
Private Sub MenuNew_Click()
  Dim NewDoc As New FrmChild     '定义一个新的窗体对象变量 NewDoc
  NewDoc.Show
End Sub
```

MenuExit_Click() 代码如下：

```
Private Sub MenuExit_Click()
    End
End Sub
```

在程序开始运行后，在 MDI 窗口连续 3 次选择"文件"→"新建"命令，屏幕上显示了 3 个相同的"编辑区"窗体（对象），如图 10-5 所示。每个新窗体对象都与原有窗体具有相同的属性、事件和方法，即继承了 FrmChild 对象的属性、事件和方法。现在，讨论一下事件过程 MenuNew_Click() 中涉及的一些问题。

在 MenuNew_Click() 的变量声明语句 Dim NewDoc As New FrmChild 中定义了一个新的变量 NewDoc。这个变量的类型不是熟悉的类型，它是

图 10-5　新建三个"编辑区"子窗体

一个特定的窗体变量 FrmChild。在例题中 FrmChild 是 MDI 子窗体的名称。语句 Dim NewDoc As New FrmChild 的作用是定义一个变量，这个变量的类型是自己定义的一个窗体，是一个对象变量。这种对象又称为特定控件类型对象（某些属性已被赋值，具有特定的意义）。

声明对象变量与声明普通变量的方式基本相同，一般格式如下：

```
Dim <变量名> As [New]<对象类型>
```

语句 Dim NewDoc As New FrmChild 就是声明了一个对象变量，它所引用的对象类型是 FrmChild 窗体，FrmChild 本身是一个对象。

语句 NewDoc.Show 即是当用户单击一次"新建"菜单命令时，在屏幕上显示一个 FrmChild 窗体——"编辑区"窗体。在每个"编辑区"窗体中，用户可以单独进行编辑操作，各窗体之间是相互独立的。

【操作实例 10-1】讨论到此结束。

## 10.3　MDI 的属性、事件和方法

本节将对 MDI 常用的一些属性、事件和方法进行简单的介绍。MDI 所使用的属性、事件和方法与普通窗体没有区别，但增加了专门用于 MDI 的属性、事件和方法，包括 MDIChild 属性、Arrange 方法及 QueryUnload 事件等。

### 10.3.1　MDIChild 属性

如果一个窗体的 MDIChild 属性被设为 True，则该窗体将作为 MDI 父窗体的子窗体，MDIChild 属性的默认值为 False。

窗体的 MDIChild 属性只能通过"属性"面板设置，不能在程序代码中设置。在设置该属性之前，必须首先定义 MDI 窗体。

## 10.3.2 Arrange 方法

Arrange 方法用来以不同的方式排列 MDI 中的窗体或图标。其格式为：

< MDI 窗体>.Arrange <方式>

其中，< MDI 窗体> 是需要重新排列的 MDI 窗体的名字，该窗体内含有子窗体或图标。<方式> 是一个整数值，用来指定 MDI 窗体中子窗体或图标的排列方式，可以取以下 4 种值，如表 10-2 所示。

表 10-2　Arrange 方法的方式设置值

| 文 字 常 量 | 值 | 作　　　用 |
| --- | --- | --- |
| VbCascade | 0 | 各子窗体按层叠方式排列 |
| VbTileHorizontal | 1 | 各子窗体按水平平铺方式排列 |
| VbTileVertical | 2 | 各子窗体按垂直平铺方式排列 |
| VbArrangeIcons | 3 | 当各子窗体被最小化为图标时，能够使图标重新排列 |

## 10.3.3 QueryUnload 事件

QueryUnload 事件是在关闭窗体或结束应用程序运行时发生的。当关闭一个 MDI 窗体时，QueryUnload 事件首先在 MDI 父窗体发生，然后在所有的子窗体中发生。如果所有的子窗体上都没有取消 QueryUnload 事件的操作，那么 Unload 事件首先卸载所有的子窗体，然后再卸载 MDI 窗体。

这个事件过程的用途通常是在关闭一个应用程序之前确保每一个窗体中没有未完成的任务。在窗体卸载之前在 QueryUnload 事件过程中编码，进行某些文件的保存等工作。例如，如果某一窗体中还有未保存的新数据，则执行这个事件可以询问用户是否存盘。

一个简单的 QueryUnload 事件过程如下：

```
Private Sub MDIForm_QueryUnload(Cancel As Integer, UnloadMode As Integer)
  Dim Msg
  Msq="你确实要退出应用吗？"                   '设置信息文本
                                '如果用户单击 No 按钮，那么停止 QueryUnload
  If MsgBox(Msg,VbQuestion+VbYesNo,Me.Caption)= VbNo Then Cancel=True
End Sub
```

## 10.3.4 WindowState 属性

WindowState 属性用来设置窗口的操作状态，可以通过"属性"面板或程序代码设定。有以下 3 种取值，如表 10-3 所示。

表 10-3　WindowState 属性值描述

| 符 号 常 量 | 值 | 描　　　述 |
| --- | --- | --- |
| vbNormal | 0 | 默认值。正常，可以被其他窗口框住 |
| VbMinimized | 1 | 最小化。最小化为一个图标 |
| VbMaximized | 2 | 最大化。扩大到最大尺寸 |

在窗体被显示之前，WindowState 属性常常被设置为正常（0）值，因为它的状态由 Height、

Left、ScaleHeight、ScaleWidth、Top 和 Width 属性的设置值所决定。如果窗体显示后被隐藏，那么窗体不论在显示期间对 WindowState 属性做过什么改变，再次显示时，仍将反映以前的属性状态。例如：

Form1.WindowState=1

将把窗体（或子窗体）Form1 最小化为一个图标。

下面再看一个 MDI 应用程序的例子。

【操作实例 10-2】建立一个 MDI 窗体和 3 个子窗体，以不同的排列方式显示子窗体。

建立 MDI 窗体和子窗体与【操作实例 10-1】基本相同，可按以下步骤进行：

（1）建立 MDI 窗体。选择"工程"→"添加 MDI 窗体"命令，即可建立一个名为 MDIForm1 的窗体。此时，"工程"面板中有两个窗体：Form1 和 MDIForm1。

（2）建立子窗体。单击"工程"面板中的 Form1，把它的 MDIChild 属性设置为 True，使其成为 MDI 窗体的子窗体。执行两次"工程"→"添加窗体"命令，建立两个新的窗体 Form2 和 Form3，把它们的 MDIChild 属性分别设置为 True，使之成为 MDI 窗体的子窗体。此时，"工程"面板中的"工程 1"已经有了 4 个窗体。

（3）指定启动窗体。选择"工程"→"工程 1 属性"命令，弹出"工程属性"对话框，在对话框的"启动对象"框中选择 MDIForm1 后，单击"确定"按钮，此时就把 MDI 窗体设为启动窗体。

（4）设置 MDI 窗体的控制区。双击"工程"面板中的 MDIForm1 选项，使其成为当前窗口，如图 10-6 所示。

为了在它上面设置命令按钮，首先设置一个图片框（PictureBox）。此时，MDI 窗体分成了上下两个区域，图片框占据上半部。上半部称为控制区，用以添加控件；下半部称为工作区，用来显示子窗体。控制区一旦建立，就与窗体同宽，其宽度不能调整。高度则可以通过下边界的矩形控制点调整。控制区位置不要太大，应该留出足够的工作区用以显示子窗体。图 10-7 所显示的就是已经建立了控制区的 MDI 窗体。

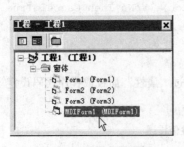

图 10-6　"工程"面板

图 10-7　建立了控制区的 MDI 窗体

（5）建立命令按钮。在 MDI 窗体的控制区绘制两个命令按钮 Command1 和 Command2，将其 Caption 属性分别设置为"排列"和"退出"。在"工程"面板中双击子窗体 Form1 的图标，使其成为当前窗体，在 Form1 上建立一个命令按钮 Command1，Caption 属性为"显示"。同样，分别在 Form2 和 Form3 建立"显示"命令按钮。

　　程序代码是针对每一个窗体编写的，使用"工程"面板可以很方便地进行切换。方法是：首先单击窗体图标，然后单击"工程"面板左上角的"查看代码"按钮，指定窗体的代码编辑窗口就显示在屏幕上。

　　在 MDIform1 窗体中，编写以下过程代码：

```
Option Explicit

Private Sub MDIForm_Load()
  Form1.Show
  Form2.Show
  Form3.Show
End Sub

Private Sub Command1_Click()
  Dim MDIFrom1 As MDIForm
  Dim p As Integer
  p=InputBox("选择排列方式（0—2）: ")
  Select Case p
    Case 0
      MDIForm1.Arrange 0        '层叠显示子窗体
    Case 1
      MDIForm1.Arrange 1        '水平平铺子窗体
    Case 2
      MDIForm1.Arrange 2        '垂直平铺子窗体
    Case 3
      MDIForm1.Arrange 3        '子窗体被最小化为图标时，能够使图标重新排列
  End Select
End Sub

Private Sub Command2_Click()
  End
End Sub
```

　　在子窗体 Form1 中，编写以下程序代码：

```
Private Sub Command1_Click()
  BackColor=RGB(255,0,0)    '&HFF&
  Print "子窗体 1"
End Sub
```

　　在子窗体 Form2 中，程序代码如下：

```
Private Sub Command1_Click()
  BackColor=RGB(0,255,0)      '&HFF00&
  Font.Size=24
  Print "子窗体 2"
End Sub
```

　　在子窗体 Form3 中，程序代码如下：

```
Private Sub Command1_Click()
  BackColor=RGB(0,0,255) '  &HFF0000
Font.Size=16
  Print "子窗体 3"
End Sub
```

　　程序运行后，窗体显示的初始状态如图 10-8 所示（默认显示为 Arrange=0 的状况）。如果单击 MDIForm1 窗体的"排列"命令按钮，输入选择排列方式值 1，那么各子窗体的排列状态如图 10-9 所示（水平平铺显示子窗体）。

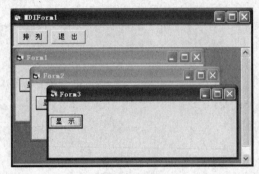 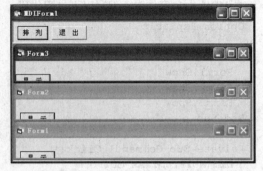

图 10-8　各子窗体按层叠方式排列（Arrange= 0）　图 10-9　各子窗体按层水平平铺方式排列（Arrange= 1）

　　如果单击 MDIForm1 窗体的"排列"命令按钮，输入选择排列方式值 2，那么各子窗体排列状态如图 10-10 所示（垂直平铺显示子窗体）。

　　如果单击各子窗体的"显示"命令按钮，执行各子窗体的 Command1_Click()事件过程，此时 Form1、Form2、Form3 的背景颜色分别为红色、绿色、蓝色，字体分别为 5 号、16 号和 24 号大小显示，在 MDIForm1 窗体中看到的显示结果如图 10-11 所示。

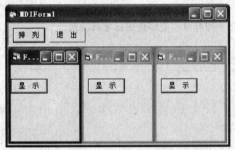 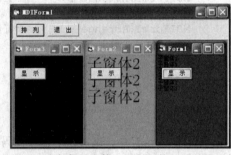
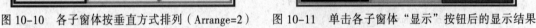

图 10-10　各子窗体按垂直方式排列（Arrange=2）　图 10-11　单击各子窗体"显示"按钮后的显示结果

　　本例题只是对 MDI 做了一些示意性操作，在应用程序中，还需要作很多细致的处理，例如通常要为各个子窗体设计菜单，根据需要动态增加和卸载窗体，利用文件装载数据，添加 QueryUnload 事件过程进行数据维护以及用各种属性方法丰富界面设计等。所有这些待读者在应用程序开发实践中去逐步学习提高。

　　【操作实例 10-2】的讨论到此结束。

　　最后，再把建立 MDI 应用程序的操作过程叙述一遍。

　　（1）创建 MDI 窗体。一个工程文件中只能建立一个 MDI 窗体。

　　（2）创建 MDI 子窗体。先创建一个新窗体（或者打开一个存在的窗体），然后把它的 MDIChild 属性设置为 True。子窗体建立后不能单独运行，程序运行时也不能立即显示，只有在执行加载窗体等程序时才能显示。

　　（3）编写程序代码。

　　（4）将 MDI 窗体设置为启动窗体。

（5）程序调试成功后，要适时保存文件：每个子窗体要保存为一个文件，MDI 窗体要保存为一个文件，最后保存工程文件。

## 10.4　习　　题

1. 阐述创建多文档应用程序的步骤。
2. 多文档窗体中的子窗体可以有什么排列方式？如何设定？
3. 将【操作实例 10-2】创建多文档窗体的操作过程在计算机上做一遍。

# 第 *11* 章 | 在应用程序中插入 OLE 对象

OLE 的含义是对象的链接与嵌入（Object Linking and Embedding），它的作用是将其他应用程序的对象链接或嵌入到 Visual Basic 应用程序中来，例如 Word 文档、Excel 工作表、图像、声音等，使得在 Visual Basic 中能够使用其他应用程序的数据。OLE 在工具箱中的图标为 ▦。

## 11.1　一个使用 OLE 插入对象的实例

先看一个使用 OLE 插入对象的具体例子。

【操作实例 11-1】在 Visual Basic 窗体上添加一个 OLE 控件，并在这个 OLE 控件中嵌入一个事先建立好的 Excel 工作表。

具体操作步骤如下：

（1）首先准备好一个 Excel 工作表作为嵌入到 OLE 控件的对象。在硬盘上准备好一个名字为"Excel 应用举例"的工作表，以备嵌入使用。

（2）启动 Visual Basic，并在窗体上添加一个 OLE 控件。单击工具箱中的 OLE 控件，用鼠标在窗体上拖拉（或双击 OLE 控件）；此时，窗体上就会出现一个"插入对象"对话框，如图 11-1 所示。用户就是使用这个对话框来插入链接或嵌入对象的。

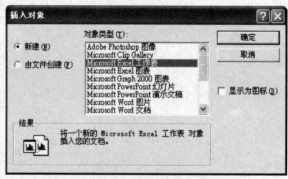

图 11-1　"插入对象"对话框

在"插入对象"对话框中，出现一个能链接或嵌入应用程序的可用对象的清单。在选中"新建"单选按钮（默认选择）的情况下，用户只要选中其中的一种对象类型，然后单击"确定"按钮就可以插入一个嵌入的 OLE 对象，这个对象是一个新的、可以被以后的数据填充的空对象。

如果用户已经建立好了要嵌入的对象，也可以将已经存在的对象当作 OLE 对象插入，方法是在"插入对象"对话框中选中"由文件创建"单选按钮，然后单击"浏览"按钮，在"浏览"对话框中选择要插入的文件，单击"打开"按钮返回"插入对象"对话框。这时单击"确定"按钮就会在窗体上插入一个嵌入对象，当从文件嵌入数据时，OLE 控件中显示的是指定文件的"数据复印件"，也就是说，把指定文件的数据复制了一份送入 OLE 控件中。如果在单击"确定"按钮之前选中了"链接"复选框（图 11-2 中鼠标箭头所指处），这时就插入了一个链接对象。如果用户在"插入对象"对话框中选中了"显示为图标"复选框，那么插入 OLE 控件中的对象就以图标的方式显示。

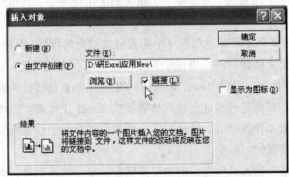

图 11-2　选中"由文件创建"单选按钮

（3）本例题要求的是嵌入一个事先建立好的 Excel 工作表，所以在图 11-2 所示的"插入对象"对话框中选中"由文件创建"单选按钮。单击"浏览"按钮，在"浏览"对话框中选择要插入的"Excel 应用举例"文件，单击"打开"按钮返回"插入对象"对话框，单击"确定"按钮，OLE 对象"Excel 应用举例"文件就嵌入到 OLE 控件中了，如图 11-3 所示。

| 姓名 | 成绩 | 名次 | 排名次函数RANK(X1,X3,X3) |
|------|------|------|--------------------------|
| 武立阳 | 224 | 7 | 返回单元格X1在垂直区域X2中的排位名 |
| 李静 | 236 | | X3是排位的方式；X3为零或省略以降序排 |
| 周宇洁 | 238 | | X3不为零以升序排列。 |
| 姜峰 | 215 | | |
| 张克勤 | 217 | | 操作步骤是： |
| 肖波 | 225 | | 1、选定区域B2:B16，并命名为CJ（成绩） |
| 孙雅俪 | 224 | | 2、选定C2单元格并输入公式"=RANK(B2,( |
| 曹晓军 | 238 | | 3、按下编辑栏中的"√"，C2单元格显示名 |
| 庄文军 | 208 | | 4、向下拖拉C2的"填充柄"，可得到所有 |

图 11-3　OLE 对象文件嵌入到了 OLE 控件中

【操作实例 11-1】的操作、讨论到此结束。

通过上面的讨论了解到 OLE 控件不仅可以嵌入一个对象，还可以链接一个对象，那么嵌入一个对象和链接一个对象有什么不同呢？看下面的讨论。

## 11.2　OLE 中的嵌入对象和链接对象

OLE 中嵌入对象与链接对象的不同之处在于，插入到 OLE 控件的对象（数据）所保存的位置不同——与嵌入对象相关的数据包含在 OLE 中，并可与 Visual Basic 应用程序一起存储，也就是说与对象相关的全部数据都将被复制和纳入到嵌入对象的应用程序中。由于这个原因，嵌入对象可能会大大增加文件的大小。其他应用程序不能访问嵌入对象中的数据。所以，如果要保持在应用程序中创建和编辑的数据，嵌入是有效的手段。

例如，将一个 Excel 工作表嵌入到 Visual Basic 应用程序中时，Visual Basic 是将 Excel 工作表自身（实际上是该 Excel 工作表的"复印件"）插入到应用程序中，其他的程序是不允许访问被嵌入对象的。

所谓链接一个对象，实际上是在应用程序中插入链接对象的指针，而并非插入实际数据本身。与链接对象相关的数据是由创建它的应用程序管理，存储在 OLE 之外的。如果把 Excel 工作表链接到 Visual Basic 应用程序中，则是 Visual Basic 将 Excel 工作表的指针（即地址）插入到应用程序中，在调用该文件时，根据它的地址去访问被链接的 Excel 工作表。因此，一个数据源可以链接到多个应用程序，当数据被改变时，链接程序中所看到的数据内容也将发生改变，链接可以在多个应用程序之间保持数据的一致性。

简而言之，链接对象和嵌入对象之间的主要区别是：对于嵌入对象，嵌入将对象本身插入，相关的数据包含在 OLE 控件中；对于链接对象，链接将对象的"指针"插入，相关的数据存储在 OLE 控件之外。

## 11.3　OLE 对象的建立

在【操作实例 11-1】中，利用"插入对象"对话框，在应用程序中没有编写任何代码就为 OLE 控件创建了一个嵌入对象。要在运行时创建链接或嵌入对象，需要在程序代码中使用 OLE 控件的方法和属性。下面举例说明如何利用编程来创建嵌入或链接对象。

【操作实例 11-2】设计一个程序，在一个 OLE 控件中嵌入 Word 文档，在另一个 OLE 控件中链接 Word 文档。设计界面如图 11-4 所示，由两个 OLE 控件和两个命令按钮组成。

具体操作步骤如下：

（1）按照题目的要求，设置用户界面，单击工具箱中的 OLE 控件图标，然后在窗体上拖动鼠标生成 OLE 容器控件，同时屏幕上显示"插入对象"对话框，通过编程代码来实现对象的嵌入和链接，不使用"插入对象"对话框，所以可选择对话框中的"取消"按钮，关闭"插入对象"对话框，用相同的操作在界面上分别设置 OLE1 和 OLE2，最后再画出两个命令按钮，如图 11-4 所示。

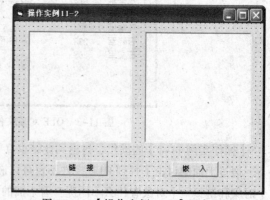

图 11-4　【操作实例 11-2】用户界面

（2）界面上各控件的属性设置如表 11-1 所示。

**表 11-1　各控件的属性设置**

| 对　象 | 属　性 | 设　置 |
|---|---|---|
| 窗体 | 名称 | Form1 |
| | Caption | 操作实例 11-2 |
| OLE1 | 名称 | OLE1 |
| | AutoActivate | 2-DoubleClick |
| OLE2 | 名称 | OLE2 |
| | AutoActivate | 2-DoubleClick |
| 命令按钮 1 | 名称 | Linking |
| | Caption | 链接 |
| 命令按钮 2 | 名称 | Embedding |
| | Caption | 嵌入 |

表中 OLE 的 AutoActivate 属性的作用是用来设置激活对象的，激活的方式有以下 4 种。

0——Manual 表示"手动的"，对象不能自动激活。

1——GetFocus 表示当得到焦点时对象被激活。

2——DoubleClick 表示当双击时对象被激活（默认值）。

3——Automatic 表示"自动的"，对象能自动激活。

本例中选择默认值 DoubleClick。把 OLE1 的名称设置为 Linking，把 OLE2 的名称设置为 Embedding。

编写单击"链接"命令按钮的事件过程为：

```
Private Sub Linking_Click()
  OLE1.Class="Word.Document.8"
  OLE1.SourceDoc="D:\宋词欣赏.doc"
  OLE1.Action=1               '有文件的内容建立一个链接对象
End Sub
```

程序行"OLE1.Class = "Word.Document.8""中 OLE 控件的 Class 属性表示是嵌入或链接到 OLE 控件中对象的类名（也可以不在程序中指定而在界面设计时在"属性"面板中设置 Class 的属性值：单击它打开一个"选定类"对话框，如图 11-5 所示，此对话框给出了系统中可用的类名，从中选择一个要嵌入对象的类名称）。确定对象的类名称为 Word.Document.8。

程序行"OLE1.SourceDoc = "D:\宋词欣赏.doc""中的 SourceDoc 属性表示要链接的文件名（包括路径）。

为程序行 OLE1.Action = 1 中的 Action 属性设置一个值，它的功能是通知系统进行何种操作。Action 属性共有 14 个值可供选择，说明如下：

0——建立一个内嵌对象。

图 11-5　"选定类"对话框

2——有文件的内容建立一个链接对象。

4——复制对象的数据和属性到系统剪贴板。

5——将系统剪贴板中的数据粘贴到 OLE 容器控件。

6——从应用程序中获取当前数据，并修改 OLE 容器控件的内容。

7——激活 OLE 控件。

9——关闭 OLE 对象。

10——删除 OLE 对象。

11——将对象保存到数据文件中。

12——加载一个保存到数据文件中的 OLE 对象。

14——显示插入对象对话框。

15——显示特殊粘贴对话框。

17——更新对象支持的动词列表。

18——把一个对象存入 OLE1 文件格式。

本例中 OLE 的 Action 属性值为 1，即通知系统进行链接操作。此属性只能在程序中使用，在设计阶段不可用。

编写单击"嵌入"命令按钮的事件过程为：

```
Private Sub Embedding_Click()
    OLE2.Class="Word.Document.8"
    OLE2.SourceDoc="D:\宋词欣赏.doc"
    OLE2.Action=0                        '建立一个内嵌对象
End Sub
```

对象 OLE2 的 Class 属性和 SourceDoc 属性与 OLE1 相同，所以类名也是"Word.Document.8"，实例中两个 OLE 控件使用同一个文件，所以文件名也为"D:\宋词欣赏.doc"，Action 属性设置为 0，表示进行的是嵌入对象的操作。

运行上面的程序，单击"链接"命令按钮，执行 Linking_Click()事件过程，系统将"D:\宋词欣赏.doc"链接到 OLE1 控件中，它是一个事先准备好的 Word 文档，如图 11-6 中左侧 OLE1 中的文字所示。单击"嵌入"按钮，执行 Embedding_Click()事件过程，将"D:\宋词欣赏.doc"嵌入到 OLE2 控件中，如图 11-6 中右侧 OLE2 中的文字所示。由于链接和嵌入的是同一个文件，所以表面上看执行的结果是一样的，但实际上它们是完全不一样的，有着本质上的区别，前面谈到：链接是由指针指向了文件所在的位置，而嵌入的是一份数据的"复印件"。文件中数据本身的改变会影响链接的内容，但却不会影响嵌入的内容。为了说明这一点，现在用以下操作来说明链接和嵌入的不同。

（1）在屏幕显示图 11-6 的窗体中，右击左侧 OLE1 中任意位置，弹出一个快捷菜单，选择其中的"编辑"命令，如图 11-7 所示。

（2）系统自动打开 Word 文档"D:\宋词欣赏.doc"，将文档内容设置为三号华文彩云字体，

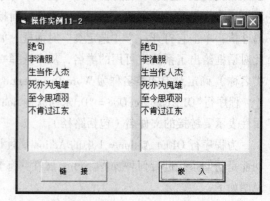

图 11-6　"链接"和"嵌入"表面看是一样的

并将修改后的文件存盘，即单击"保存"按钮。

（3）在将修改后的文件进行保存时，会看到在 OLE1 控件中的数据也相应被修改了，而 OLE2 中的数据则没有发生任何改变，如图 11-8 所示。

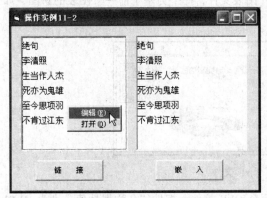

图 11-7　选择 OLE1 的"编辑"命令

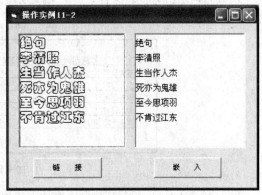

图 11-8　编辑后的 OLE1 数据被修改了

【操作实例 11-2】的操作、讨论到此结束。

本章的两个实例只是嵌入对象和链接对象操作中最简单的情形，在实际应用时，要根据具体问题选择适当的 OLE 控件的属性和方法来解决。例如，要在运行时创建链接或嵌入对象，需要在代码中使用 OLE 容器控件的方法和属性。可以用 OLE 容器控件的 CreateLink 方法，在运行时从文件中创建一个链接对象：

```
oleChart.CreateLink(App.Path & "D:\宋词欣赏.doc")
```

要在运行时从文件中创建一个嵌入的对象，可以使用 CreateEmbed 方法：

```
oleObj1.CreateEmbed(App.Path & "D:\宋词欣赏.doc")
```

有兴趣的读者可以参阅有关手册，学习和了解更多的内容。

## 11.4　OLE 对象的编辑

事实上在讨论【操作实例 11-2】时，已经用到了编辑一个 OLE 对象的操作，在 Visual Basic 中，不论是在设计阶段还是在运行阶段，用户随时都可以对 OLE 对象进行编辑。

在设计阶段，如果要编辑 OLE 对象，只要在 OLE 控件上右击，就会立即弹出一个如图 11-9 所示的快捷菜单。用户可以利用快捷菜单中的"编辑"命令编辑 OLE 对象。

在运行阶段，如果要编辑 OLE 对象，同样在 OLE 控件上右击，立即弹出一个如图 11-9 所示的快捷菜单，用户同样可以利用快捷菜单中的"编辑"命令编辑 OLE 对象。读者可自己上机操作一下，熟悉和掌握它的使用方法。

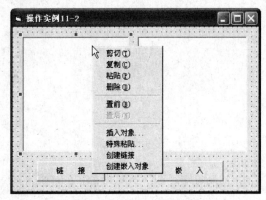

图 11-9　OLE 的快捷菜单

## 11.5 习　　题

用 Excel 创建两个.xls 文件，一个文件为 Excel 图表文件，一个为基于前一个图表的饼图，如图 11-10 所示。

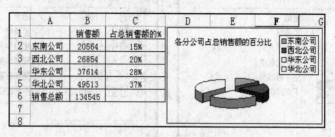

| | A | B | C | D | E | F | G |
|---|---|---|---|---|---|---|---|
| 1 | | 销售额 | 占总销售额的% | | | | |
| 2 | 东南公司 | 20564 | 15% | | | | |
| 3 | 西北公司 | 26854 | 20% | | | | |
| 4 | 华东公司 | 37614 | 28% | | | | |
| 5 | 华北公司 | 49513 | 37% | | | | |
| 6 | 销售总额 | 134545 | | | | | |
| 7 | | | | | | | |
| 8 | | | | | | | |

图 11-10　两个.xls 文件

进入 Visual Basic 设计环境，在窗体上添加两个 OLE 控件，控件的名称属性值分别为 OLE1和 OLE2，将事先创建好的两个.xls 文件分别链接或嵌入到 OLE1 和 OLE2 中。运行程序并对它们进行修改，观察两个对象的变化。

| ASCII | 字　符 | ASCII | 字　符 | ASCII | 字　符 |
|-------|--------|-------|--------|-------|--------|
| 032 | 空格 | 064 | @ | 096 | ' |
| 033 | ! | 065 | A | 097 | a |
| 034 | " | 066 | B | 098 | b |
| 035 | # | 067 | C | 099 | c |
| 036 | $ | 068 | D | 100 | d |
| 037 | % | 069 | E | 101 | e |
| 038 | & | 070 | F | 102 | f |
| 039 | ' | 071 | G | 103 | g |
| 040 | ( | 072 | H | 104 | h |
| 041 | ) | 073 | I | 105 | i |
| 042 | * | 074 | J | 106 | j |
| 043 | + | 075 | K | 107 | k |
| 044 | , | 076 | L | 108 | l |
| 045 | – | 077 | M | 109 | m |
| 046 | . | 078 | N | 110 | n |
| 047 | / | 079 | O | 111 | o |
| 048 | 0 | 080 | P | 112 | p |
| 049 | 1 | 081 | Q | 113 | q |
| 050 | 2 | 082 | R | 114 | r |
| 051 | 3 | 083 | S | 115 | s |
| 052 | 4 | 084 | T | 116 | t |
| 053 | 5 | 085 | U | 117 | u |
| 054 | 6 | 086 | V | 118 | v |
| 055 | 7 | 087 | W | 119 | w |
| 056 | 8 | 088 | X | 120 | x |

续上表

| ASCII | 字　　符 | ASCII | 字　　符 | ASCII | 字　　符 |
|-------|---------|-------|---------|-------|---------|
| 057 | 9 | 089 | Y | 121 | y |
| 058 | : | 090 | Z | 122 | z |
| 059 | ; | 091 | [ | 123 | { |
| 060 | < | 092 | \ | 124 | \| |
| 061 | = | 093 | ] | 125 | } |
| 062 | > | 094 | ^ | 126 | ~ |
| 063 | ? | 095 | _ | 127 | * |

说明：在 ASCII 字符集中，0～31 表示控制码，32～127 表示字符码。常用的控制码有：【BackSpace】键码为 8，【Tab】键码为 9，换行码为 10，【Enter】键码为 13，【Esc】键码为 27。

# 附录 **B** │ Visual Basic 常用的属性

| 属　性 | 说　明 |
|---|---|
| AbsolutePosition | 返回 RecordSet 对象中的当前记录的记录号 |
| Action | 返回或设置将要被显示的 CommomDialog（通用对话框）控件的类型 |
| ActiveControl | 返回具有焦点的那个控件 |
| ActiveForm | 返回当前的活动窗体 |
| Align | 返回或设置一个数值，用来决定某个对象是否能够在窗体中的任何位置，以任何尺寸显示或者决定某个对象是否能够自动调整尺寸，以适应窗体的宽度的变化 |
| Alignment | 返回或设置单选按钮或复选框的对齐方式，或者文本在某个控件中的对齐方式等 |
| AutoRedraw | 控制对象是否刷新或重画 |
| AutoSize | 控制对象是否自动调整大小以适应所包含的内容 |
| BackColor | 设置或返回指定对象的背景颜色 |
| BackStyle | 设置或返回指定对象的背景模式 |
| BorderStyle | 设置或返回指定对象的边框模式 |
| BOF | 当记录指针指向文件开头，即第一条记录的前面时，值为 True，否则值为 False |
| BOFAction | 当记录指针移到 BOF（文件开头）处时，再发送向前移动记录指针的命令，程序如何处理，有两种值，0 表示记录指针回到第一条记录处，1 表示记录指针停留在 BOF 处 |
| Borderwidth | 返回或设置指定对象的边界宽度 |
| Cancel | 返回或设置一个值，确定窗体中的某个命令按钮是否为"取消"按钮 |
| Caption | 返回或设置指定对象的标题 |
| Checked | 返回或设置一个值，确定指定菜单项目的后面是否有一个用户选定标记 |
| ClipControls | 当发生 Paint 事件时是否重绘整个窗口的内容 |
| Color | 返回或设置指定对象的颜色 |
| Columns | 返回或设置一个值，决定某个列表框控件中是否能水平或垂直卷动，同时决定各列中的项目以何种方式显示 |
| Controlbox | 返回或设置一个值，决定指定窗体上的控制菜单框是否在程序运行期间显示出来 |
| Copies | 返回或设置打印副本的数量 |
| Connect | 设置数据控件要访问的数据库的类型。默认值是 Access |

| 属　　　性 | 说　　　明 |
|---|---|
| Count(个数) | 返回指定集合中对象的数目 |
| CurrentX(x 坐标) | 返回或设置下一次显示方法或绘制方法的 X 坐标 |
| CurrentY(y 坐标) | 返回或设置下一次显示方法或绘制方法的 Y 坐标 |
| Database | 返回一个对 Data 控件中数据库的引用值 |
| DatabaseName | 返回或设置指定 Data 控件中数据源的名称和路径 |
| DataChanged | 返回或设置一个数值，用来确定某个绑定控件中的数据是否已经改变 |
| DataField | 返回或设置一个值，用来将某个控件与当前记录中的某个字段绑定 |
| Datasource | 指定一个将当前控件与数据库绑定的 Data 控件 |
| Default（默认） | 返回或设置一个数值，决定窗体中的某个命令按钮是否是默认的命令按钮 |
| DialogTitle | 返回或设置在某个对话框标题条中显示的字符串 |
| DragMode（拖动方式） | 设置拖动方式 |
| DrawMode（画图方式） | 返回或设置绘图时图形线条的产生方式及线形控件和形状控件的外观 |
| DragIcon（拖动图标） | 返回或设置用户在执行拖动操作时的鼠标指针图标 |
| DrawStyle | 返回或设置画线的线型 |
| DrawWidth | 设置画线的宽度 |
| Drive | 在程序运行期间返回或设置选定的驱动器 |
| Enabled | 返回或设置指定对象是否可用 |
| EOF | 当记录指针指向文件结尾，即最后一条记录的后面时，值为 True，否则值为 False |
| EOFAction | 　当记录指针移到 EOF（文件结尾）处时，再往后移动记录指针，程序如何处理。有 3 种值，0 表示记录指针回到最后一条记录处，1 表示记录指针停留在 EOF 处，2 表示记录指针在 EOF 处，且运行 AddNew 方法，添加一条新的记录 |
| FileName | 返回或设置选定文件的路径和名称 |
| FileNumber | 指定文件号 |
| FillColor | 返回或设置填充的颜色 |
| FillStyle | 返回或设置某个几何控件的图案或样式 |
| Filter | 返回或设置指定对话框中类型列表框的过滤表达式 |
| FilterIndex | 返回或设置打开或存储对话框的默认过滤表达式 |
| Flags | 返回或设置指定对话框的选项 |
| FontBold | 返回或设置指定对象的粗体字体式样 |
| FontCount | 返回可用字体种类 |
| FontItalic | 返回或设置字体为斜体式样 |
| FontName | 返回或设置字体名称 |
| Font | 返回或设置字体名称 |
| FontSize | 返回或设置字体大小 |
| FontStrikethru | 返回或设置字体是否加中划线 |
| FontTransparent | 返回或设置字体与背景是否叠加 |

续上表

| 属　　　性 | 说　　　明 |
|---|---|
| FontUnderline | 返回或设置指定对象中的字体加下画线否 |
| ForeColor | 返回或设置对象的前景颜色 |
| Height | 返回或设置对象的高度 |
| HelpContextID | 返回或设置与对象相关的帮助上下文识别代码 |
| HelpFile | 在应用程序中调用 Help 文件 |
| Hidden | 返回或设置文件列表框中是否显示 Hidden 文件（隐含文件） |
| HideSelection | 当控制转移到其他控件时，文本框中选中的文本是否仍高亮度显示 |
| Icon | 窗体最小化后显示的图标 |
| Image | 窗体或图片框的图形句柄 |
| Index | 返回或设置控件数组中控件的下标 |
| Interval | 设置计时器操作的时间间隔，单位毫秒 |
| ItemData | 用于列表框或组合框中的某个具体项目，与 List 属性有关 |
| KeyPreview | 窗体先收到键盘事件还是控件先收到键盘事件 |
| LargeChange | 滚动框在滚动条内变化的最大值 |
| Left | 返回或设置某对象的左边界与其容器对象的左边界之间的距离 |
| LinkItem | 返回或设置在某次 DDE（动态数据交换）对话期间传递给目标控件的数据 |
| LinkMode | 返回或设置 DDE（动态数据交换）链接的类型 |
| LinkTopic | 用来设置将要进行 DDE（动态数据交换）链接的应用程序名 |
| List | 返回或设置列表框和组合框中的项目 |
| ListCount | 返回列表框和组合框中项目的个数 |
| ListIndex | 返回或设置某个控件中当前选择项的序号 |
| Max | 返回或设置滚动条的最大值（水平滚动条的滚动框位于最右侧，垂直滚动条的滚动框位于最下侧） |
| MaxButton | 表示某窗体是否具有最大化按钮 |
| MaxLength | 指定文本框所能接受的最多字符 |
| MDIChild | 确定一个窗体是否是子窗体 |
| Min | 返回或设置滚动条的最小值（水平滚动条的滚动框位于最左侧，垂直滚动条的滚动框位于最上侧） |
| MinButton | 表示某窗体是否具有最小化按钮 |
| MousePointer | 设备鼠标指针的形状 |
| Multiline | 指定文本框能否接受并显示多行文本 |
| MultiSelect | 设置文件列表框或列表框为多项选择 |
| Name | 返回对象名称 |
| NegotiateMenus | 设置窗体和窗体上的控件是否共享一个菜单条（True 窗体上的控件被激活后将其菜单显示到窗体的菜单条上，False 不共享一个菜单条） |
| NewIndex | 列表框或组合框最近一次加入的项目的下标 |
| NoMatch | 用 Find 查询方法在表中查询满足某一条件的记录时，如果未找到符合条件的记录，则该属性值为 True，否则值为 False |

续上表

| 属　　性 | 说　　明 |
|---|---|
| Normal | 返回或设置文件列表框是否含有 Normal 文件（普通文件） |
| Page | 指定打印机当前页号 |
| Parent | 返回控件所在的窗体 |
| PasswordChar | 返回或设置文本框是否用于输入密码 |
| Path | 返回或设置当前路径 |
| Pattern | 返回或设置文件列表框中将要显示的文件类型 |
| Picture | 返回或设置指定的控件中显示的图形文件 |
| ReadOnly | 设置文本框、文件列表框和数据控件是否能被编辑<br>（True——不能编辑，False——可以编辑） |
| RecordCount | 返回 RecordSet 对象的记录的个数 |
| RecordSet | 返回或设置数据控件的 RecordSet 对象 |
| RecordSetType | 返回或设置数据控件要创建的 RecordSet 对象的类型。有 3 种值，0 表示一个表类型 RecordSet；1 表示一个 dynaSet 类型 RecordSet，默认值；2 表示一个快照类型 RecordSet，代表一组记录的静态复制，可以用来查找数据或产生报表，但不能修改记录 |
| RecordSource | 设置数据控件的数据源 |
| ScaleHeight | 自定义的坐标系的纵坐标轴（垂直方向的高度） |
| ScaleLeft | 自定义的坐标系起点的横坐标 |
| ScaleMode | 自定义的坐标系的单位 |
| ScaleWidth | 自定义的坐标系的横坐标轴（水平方向的宽度） |
| ScaleTop | 自定义的坐标系起点的纵坐标 |
| ScrollBar | 设置某对象是否具有水平或垂直滚动条 |
| Selected | 设置或返回文件列表框或列表框内项目的选择状态 |
| SelLength | 设置或返回所选文本的长度 |
| SelStart | 设置或返回所选文本的起点 |
| SelText | 设置或返回所选的文本字符串 |
| Shape | 设置或返回某形状控件的外观 |
| Shortcut | 设置菜单项热键 |
| SmallChange | 设置滚动条的最小变化值 |
| Sorted | 设置列表框或组合框中各列表项在程序运行时是否自动排序（True：自动排序 False：不排序） |
| Stretch | 返回或设置某图形是否能改变尺寸以适应图像框的大小 |
| Style | 返回或设置组合框的类型和显示方式 |
| System | 设置文件列表框是否显示系统文件 |
| TabIndex | 返回或设置控件的选取顺序 |
| TabStop | 用【Tab】键移动光标时是否对某个控件轮空 |
| Tag | 设置控件的别名 |

续上表

| 属 性 | 说 明 |
|---|---|
| Text | 返回或设置将在文本框中显示的内容，或组合框中作为输入区接收用户输入的内容. 或列表框中列表框部分的选定项目 |
| Title | 标题属性 |
| Top | 控件与其容器对象的顶部边界的距离 |
| TopIndex | 设置或返回显示在列表框或文件列表框顶部的项目 |
| TwipsPerPixelX | 返回某对象中每个像素的水平 twip 值 |
| TwipsPerPixelY | 返回某对象中每个像素的垂直 twip 值 |
| Value | 返回或设置滚动条的滚动框当前所在的位置，或单选按钮和复选框控件的状态等 |
| Visible | 返回或设置某对象是否可见 |
| Width | 返回或设置对象的宽度 |
| WindowState | 表示窗体在运行阶段的显示状态 |
| WordWrap | 标签框中显示的内容是否自动折行 |
| X1 | 返回或设置直线控件所绘制的直线或矩形的起点水平坐标 |
| Y1 | 返回或设置直线控件所绘制的直线或矩形的起点垂直坐标 |
| X2 | 返回或设置直线控件所绘制的直线或矩形的终点水平坐标 |
| Y2 | 返回或设置直线控件所绘制的直线或矩形的终点垂直坐标 |

# 附录 C  Visual Basic 常用的事件

| 事件名称 | 功能 |
| --- | --- |
| Activate | 在某个对象变为活动窗口时发生 |
| Change | 在某个控件的内容被用户或程序代码改变时发生 |
| Click | 当用户单击某个对象时发生 |
| Dblclick | 当用户双击某个对象时发生 |
| Deactivate | 在某个对象不再成为活动窗口时发生 |
| DragDrop | 在某次鼠标拖动操作完成时或使用 Drag 方法并将 action 参数设置为 2 时发生 |
| DragOver | 在某次鼠标拖动操作的进行过程中发生 |
| DragDown | 当某个组合框控件的列表部分正要被放下时发生（当 Style 属性为 1 时此事件不会发生） |
| GotFocus | 在某个对象获得焦点时发生 |
| KeyDown | 在某个对象具有焦点的情况下，键盘上按下一个键时发生 |
| KeyPress | 在键盘上按下并随即释放一个键时发生 |
| KeyUp | 在某个对象具有焦点的情况下，当用户释放一个键时发生 |
| Load | 当窗体被加载时发生 |
| LostFocus | 在对象失去焦点时发生 |
| MouseDown | 当用户按下鼠标按键时发生 |
| MouseMove | 在移动鼠标时发生 |
| MouseUp | 当用户释放鼠标按键时发生 |
| Paint | 当窗口的内容被重绘时发生 |
| PathChange | 当用户指定新的 FileName 属性或 Path 属性从而改变路径时发生 |
| PatternChange | 当用户指定新的 FileName 属性或 Pattern 属性从而改变当前文件类型时发生 |
| QueryUnload | 在某个窗体关闭或应用程序结束之前发生 |
| Resize | 在某个对象第一次显示或某个对象的窗口大小被改变时发生 |
| Reposition | 将记录指针从 X 记录移到 Y 记录时，引发该事件。引发此事件时，当前记录是 Y 记录 |
| Scroll | 当用户用鼠标在滚动条内拖动滚动框时发生 |
| Timer | 在计时器控件中用 Interval 属性所规定的时间间隔经过时发生 |
| Unload | 当某个窗体被关闭或用 Unload 命令卸载时发生 |
| Validate | 记录指针从 X 记录移到 Y 记录时，引发该事件。引发该事件时，当前记录仍为 X 记录 |

# 附录 **D** | Visual Basic 常用的方法

| 方 法 名 称 | 功　　能 |
|---|---|
| AddItem | 将一个项目添加到列表框或组合框中 |
| Addnew | 在一个数据表中添加一条新的空白记录 |
| Circle | 在窗体或图片框等对象上绘制圆、椭圆或圆弧 |
| Clear | 清除列表框、组合框或系统剪贴板上的内容 |
| Cls | 清除窗体或图片框上由 Print 方法及绘图方法所显示的文本信息和图形 |
| Delete | 删除当前记录 |
| Drag | 开始、结束或取消某个控件的拖动操作 |
| Edit | 将当前记录的内容调到缓冲区供用户修改 |
| EndDoc | 结束文件打印 |
| GetData | 从剪贴板对象中复制一幅图形 |
| GetText | 从剪贴板对象中返回一个文本字符串 |
| Hide | 隐藏指定的对象，但并不卸载 |
| Line | 在窗体或图片框等对象上绘制直线或矩形 |
| Move | 移动窗体或控件并可改变其大小 |
| NewPage | 结束当前页的打印，命令打印机输纸并进入新的一页 |
| Point | 以长整数的形式返回窗体或图片框中某点的红、绿、蓝三色的组合值 |
| Print | 在窗体、图片框、打印机或调试窗口上输出文本信息 |
| PrintForm | 将窗体上的内容送往打印机打印 |
| Pset | 以指定的颜色在指定的对象上绘制一个点 |
| Refresh | 重新显示某个窗体或组件的整体 |
| Remove | 从集合中删除一个项目 |
| RemoveItem | 从列表框或组合框中移去一个项目 |
| Scale | 定义一个坐标系统 |
| SetData | 按指定的格式把一幅图放到剪贴板上 |
| SetFocus | 将焦点移动到指定的对象上 |

续上表

| 方 法 名 称 | 功　　能 |
|---|---|
| SetText | 按指定的格式把文本字符串放到剪贴板上 |
| Show | 显示指定的窗体或其他对象 |
| ShowColor | 显示 CommonDialog 控件的"颜色"对话框 |
| ShowFont | 显示 CommonDialog 控件的"字体"对话框 |
| ShowOpen | 显示 CommonDialog 控件的"打开文件"对话框 |
| ShowPrinter | 显示 CommonDialog 控件的"打印"对话框 |
| ShowSave | 显示 CommonDialog 控件的"存储文件"对话框 |
| TextHeight | 返回某个对象中以当前字体显示的文本字符串的高度 |
| TextWidth | 返回某个对象中以当前字体显示的文本字符串的宽度 |
| Update | 将所作的修改更新到数据库中 |

# Visual Basic 常用的系统函数

| 函 数 名 称 | 功　　能 |
|---|---|
| Abs | 以相同的数据类型返回一个数字的绝对值 |
| Asc | 返回指定字符串中第一个字符的 ASCII 值 |
| Atn | 返回指定数字的反正切值 |
| Chr | 返回指定的 ASCII 所对应的字符 |
| Cos | 以双精度浮点数的形式返回一个角度的余弦值 |
| Date | 返回当前系统日期 |
| DataValue | 返回一个变体类型的日期 |
| Day | 返回一个 1～31 之间的整数，用来表示一月中的某一天 |
| DoEvents | 将控制权转移给 Windows 操作系统，以便操作系统能够处理其他事件 |
| Eof | 在顺序文件或随机文件中，当文件指针到文件尾部时，返回真，否则返回假 |
| Error | 返回指定的错误代码所对应的错误信息 |
| Exp | 以双精度浮点数的形式返回以 e（自然对数的底）为底的指数 |
| FileAttr | 以长整数的形式返回用 Open 命令打开的文件的模式 |
| FileDataTime | 返回指定文件初次建立或最后一次修改的日期和时间 |
| FileLen | 返回指定文件的长度（字节数） |
| Fix | 返回一个数字的整数部分 |
| Format | 根据函数中格式表达式的要求，以变体字符串的形式返回经过格式化的表达式 |
| FreeFile | 返回 Open 命令使用的下一个有效的文件号码 |
| Hex | 以字符串的形式返回一个数字的十六进制值 |
| Hour | 返回一个 0～23 之间的整数，用来代表一天中的某个小时 |
| Iif | 根据指定条件表达式的值，返回两部分中的一个 |
| Input | 从已打开的指定文件中返回一个或多个字符 |
| InputBox | 　输入对话框函数。在对话框中显示一行提示信息，等待用户输入文本，以字符串的形式返回文本框中的内容 |
| Int | 返回一个数字的整数部分 |
| IsEmpty | 返回一个布尔值，用来确定指定变量是否已经初始化 |

续上表

| 函 数 名 称 | 功　能 |
|---|---|
| Lbound | 返回一个数组中指定维的最小可用下标 |
| Lcase | 将指定字符串中的全部大写字母转换成对应的小写字母，而其余字符不变，并返回该值 |
| Left | 返回指定字符串中最左边的若干字符 |
| Len | 返回指定字符串的字符个数或返回存储某个变量所需要的字节数 |
| LoadPicture | 将指定的图形加载 |
| Loc | 以长整数的形式返回某个已打开文件中文件指针的当前读写位置 |
| LOF | 以长整数的形式返回用 Open 命令打开的指定文件的字节数 |
| Log | 以双精度浮点数的形式返回一个数字的自然对数 |
| Ltrim | 删除指定字符串的首部空格，并返回该字符串 |
| Mid | 返回指定字符串中指定位置开始指定数目的若干字符 |
| Minute | 返回一个 0～59 之间的整数，用来代表一小时中的某一分钟 |
| Mouth | 返回一个 1～12 之间的整数，用来代表一年中的某个月份 |
| MsgBox | 消息函数。在一个对话框中显示一行提示信息，等待用户单击某个按钮，以短整数的形式返回用户选定的按钮的代码 |
| Now | 返回当前系统的日期和时间 |
| Oct | 以字符串的形式返回一个数字的八进制值 |
| QBColor | 返回指定的颜色代码 |
| RGB | 返回一个红、绿、蓝三色（RGB）的组合值 |
| Right | 返回指定字符串中最右边指定数目的若干字符 |
| Rnd | 以单精度浮点数的形式返回一个随机数 |
| Rtrim | 删除指定字符串的尾都空格，并返回该字符串 |
| Second | 返回秒数（0～59 之间） |
| Seek | 返回文件指针的当前读写位置 |
| Sgn | 返回 1、 –1 或 0，分别代表正数、负数或零 |
| Shell | 执行一个程序，如果执行成功，则返回该程序的任务识别代码，否则返回 0 |
| Sin | 以双精度浮点数的形式返回一个角度的正弦值 |
| Space | 返回指定数目的空格 |
| Spc | 在 Print # 命令或 Print 方法中插入空格，以确定数据的输出位置 |
| Sqr | 以双精度浮点数的形式返回一个数（不小于 0）的平方根 |
| Str | 将一个数字转换成对应的数字字符串，并返回该字符串 |
| String | 返回由若干个同一个字符组成的字符串 |
| Tab | 在 Print # 命令或 Print 方法中插入制表符或空格，以确定数据的输出位置 |
| Tan | 返回一个角度的正切值 |
| Time | 返回当前的系统时间 |
| Timer | 返回自午夜以来所经过的秒数 |
| TimeValue | 以变体的形式返回一个时间 |

| 函 数 名 称 | 功　　能 |
| --- | --- |
| Trim | 删除指定字符串的首部和尾部空格，并返回该字符串 |
| Ubound | 返回一个数组指定维的上界 |
| Ucase | 将指定字符串中的全部小写字母转换成对应的大写字母，而其余字符不变，并返回该值 |
| Val | 将一个字符串中第一个连续可表示成数值的子字符串转化成对应的数值并返回 |
| VarType | 返回指定变量的数据类型值 |
| Weekday | 返回一个用来表示一星期中某一天的整数 |
| Year | 返回一个用来表示年份的整数 |

# 附录 *F*   Visual Basic 常见的错误信息

| 错 误 代 码 | 含　义 |
| --- | --- |
| 1 | 编译/运行错误 |
| 5 | 无效函数调用 |
| 6 | 溢出 |
| 7 | 内存不够 |
| 9 | 下标超出范围 |
| 10 | 重复定义 |
| 11 | 除数为零 |
| 13 | 类型不匹配 |
| 17 | 无法继续运行 |
| 28 | 堆栈空间不足 |
| 35 | 没有定义函数 |
| 51 | 内部错误 |
| 52 | 文件名或文件号错误 |
| 53 | 文件未发现 |
| 54 | 文件模式（Mode）不符 |
| 55 | 文件已打开 |
| 57 | 设备 I/O 错误 |
| 58 | 文件已经存在 |
| 59 | 文件记录长度不对 |
| 61 | 磁盘已满 |
| 62 | 输入超过文件尾 |
| 63 | 文件记录号不对 |
| 64 | 文件名有错 |
| 67 | 文件太多 |
| 68 | 设备未准备好 |

续上表

| 错 误 代 码 | 含 义 |
|---|---|
| 70 | 拒绝请求 |
| 71 | 磁盘驱动器未准备好 |
| 74 | 驱动器不能改名或重复使用 |
| 75 | 路径/文件名错误 |
| 76 | 没找到指定路径 |
| 91 | 对象变量未设置 |
| 93 | 无效的模式串 |
| 290 | 错误的数据格式 |
| 320 | 在此文件名中无法使用字符设备名 |
| 321 | 无效的文件格式 |
| 340 | 控件数组中该元素不存在 |
| 342 | 没有足够的空间分给该控件数组 |
| 360 | 对象已加载 |
| 361 | 无法装入或删除此对象 |
| 362 | 无法删除在设计阶段建立的控件 |
| 363 | 找不到自定义控件 |
| 364 | 对象已删除 |
| 365 | 在这个环境下无法删除 |
| 366 | 无 MDI 窗体可供装入 |
| 380 | 无效属性值 |
| 381 | 无效属性数组索引 |
| 382 | 运行阶段无法设置该属性 |
| 383 | 属性只读 |
| 384 | 在窗体最大化或最小化的情况下无法修改该属性 |
| 385 | 使用属性数组时，必须指定下标 |
| 386 | 运行阶段无法使用该属性 |
| 387 | 该属性不能在这个控件上设置 |
| 388 | 不能从父菜单设置 Visible 属性 |
| 389 | 无效的按钮 |
| 390 | 没有定义的值 |
| 391 | 无法使用的名称 |
| 392 | MDI 的子窗口无法隐藏 |
| 393 | 该属性只能写入 |
| 395 | 不能用分隔条作为菜单项名称 |
| 400 | 窗体已经显示，无法以"模态"模式显示 |
| 401 | 以"模态"模式显示时，无法以"非模态"模式显示 |

续上表

| 错 误 代 码 | 含　义 |
|---|---|
| 402 | 必须先关闭或隐藏最上层的"模态"窗口 |
| 403 | MDI 不能以"模态"模式显示 |
| 404 | MDI 子窗体不能以"模态"模式显示 |
| 420 | 无效的对象引用 |
| 421 | 该对象无此方法 |
| 422 | 属性找不到 |
| 423 | 属性或控件找不到 |
| 424 | 必须是对象 |
| 425 | 使用无效的对象 |
| 426 | 只能有一个 MDI 窗体 |
| 427 | 无效的对象类型，只能是菜单控件 |
| 428 | 弹出式菜单至少要有一个子菜单 |
| 460 | 无效的剪贴板格式 |
| 461 | 指定的格式与数据格式不匹配 |
| 480 | 无法建立 AutoRedraw 图像 |
| 481 | 无效的图片 |
| 482 | 打印机错误 |
| 520 | 不能清除剪切板 |
| 521 | 无法打开剪切板 |
| 607 | 欲存取尚未打开的数据库 |
| 630 | 属性只读 |
| 643 | 属性找不到 |
| 647 | 删除方法需要名称参数 |
| 2420 | 数字语法错误 |
| 2421 | 日期语法错误 |
| 2422 | 字符串语法错误 |
| 2423 | 非法使用"，"、"！"、"（ ）" |
| 2424 | 非法名称 |
| 2425 | 非法函数名 |
| 2426 | 函数在表达式中不可用 |
| 2428 | 在函数作用域内非法使用的参数 |
| 2431 | 语法错误 |
| 2437 | 非法使用垂直滚动条 |
| 2439 | 函数的参数个数不对 |
| 2440 | IIF 函数缺（） |
| 2442 | 非法使用括号 |

续上表

| 错 误 代 码 | 含　　义 |
|---|---|
| 2443 | 非法使用 IS 操作符 |
| 2445 | 表达式太复杂 |
| 2446 | 运算时内存溢出 |
| 2450 | 非法引用窗体 |
| 2452 | 非法引用父属性 |
| 2453 | 非法引用控件 |
| 2454 | 非法引用 "!" |
| 2455 | 非法引用属性 |
| 2459 | 在设计阶段不能引用父属性 |
| 2467 | 表达式中所指的对象不存在 |
| 2474 | 没有激活的控件 |
| 2475 | 没有激活的窗体 |

# 参 考 文 献

[1]  谭浩强，等. Visual Basic 程序设计[M]. 2 版. 北京：清华大学出版社，2004.

[2]  龚沛曾，等. Visual Basic 程序设计教程：6.0 版[M]. 北京：高等教育出版社，2000.

[3]  林卓然. VB 语言程序设计[M]. 北京：电子工业出版社，2003.

[4]  梁普选，等. 新编 Visual Basic 程序设计教程[M]. 2 版. 北京：电子工业出版社，2004.

[5]  李子川. Visual Basic 程序设计[M]. 杭州：浙江大学出版社，2003.

[6]  王克己. Visual Basic 4.0 参考手册[M]. 北京：人民邮电出版社，1997.

[7]  杨秦建，等. Visual Basic 大学基础教程. 2 版[M]. 北京：电子工业出版社，2007.

[8]  谭浩强，等. Visual Basic6.0 程序设计参考手册[M]. 北京：人民邮电出版社，2003.

笔 记 栏

笔记栏